পরিবেশ বিজ্ঞান

সুব্রত রায়

KHANNA BOOK PUBLISHING CO. (P) LTD.
PUBLISHER OF ENGINEERING AND COMPUTER BOOKS
4C/4344, Ansari Road, Darya Ganj, New Delhi-110002
Phone: 011-23244447-48 **Mobile:** +91-99109 09320
E-mail: contact@khannabooks.com
Website: www.khannabooks.com

Dear Readers,

To prevent the piracy, this book is secured with HIGH SECURITY HOLOGRAM on the front title cover. In case you don't find the hologram on the front cover title, please write us to at contact@khannabooks.com or whatsapp us at +91-99109 09320 and avail special gift voucher for yourself.

Specimen of Hologram on front Cover title:

Moreover, there is a SPECIAL DISCOUNT COUPON for you with EVERY HOLOGRAM.

How to avail this SPECIAL DISCOUNT:

Step 1: Scratch the hologram
Step 2: Under the scratch area, your "coupon code" is available
Step 3: Logon to www.khannabooks.com
Step 4: Use your "coupon code" in the shopping cart and get your copy at a special discount
Step 5: Enjoy your reading!

ISBN: 978-93-5538-151-4
Book Code: DIP207BE

Environmental Science

by Subrat Roy

[Bengali Edition]

First Edition: 2021

Published by:

Khanna Book Publishing Co. (P) Ltd.
Visit us at: **www.khannabooks.com**
Write us at: **contact@khannabooks.com**
CIN: U22110DL1998PTC095547

To view complete list of books,
Please scan the QR Code:

KPH

Printed in India.

प्रो. अनिल डी. सहस्रबुद्धे
अध्यक्ष
Prof. Anil D. Sahasrabudhe
Chairman

सत्यमेव जयते

अखिल भारतीय तकनीकी शिक्षा परिषद्
(भारत सरकार का एक सांविधिक निकाय)
(शिक्षा मंत्रालय, भारत सरकार)
नेल्सन मंडेला मार्ग, वसंत कुंज, नई दिल्ली–110070
दूरभाष : 011–26131498
ई–मेल : chairman@aicte-india.org

ALL INDIA COUNCIL FOR TECHNICAL EDUCATION
(A STATUTORY BODY OF THE GOVT. OF INDIA)
(Ministry of Education, Govt. of India)
Nelson Mandela Marg, Vasant Kunj, New Delhi-110070
Phone : 011-26131498
E-mail : chairman@aicte-india.org

পূর্বকথা

ইঞ্জিনিয়ারিং শতাব্দী ধরে মানবজাতি ও সমাজের অগ্রগতি ও সম্প্রসারণে অত্যন্ত গুরুত্বপূর্ণ ভূমিকা পালন করেছে। ভারতীয় উপমহাদেশে উদ্ভূত ইঞ্জিনিয়ারিং ধারণাগুলি বিশ্বে একটি চিন্তাশীল প্রভাব ফেলেছে।

অল ইন্ডিয়া কাউন্সিল ফর টেকনিক্যাল এডুকেশন (AICTE) 1987 সালে প্রতিষ্ঠার পর থেকে টেকনিক্যাল শিক্ষার্থীদেরকে সম্ভাব্য সকল উপায়ে সহায়তা করার জন্য সর্বদা অগ্রগণ্য ছিল। AICTE এর লক্ষ্য ছিল মানসম্মত কারিগরি শিক্ষার প্রচার করা এবং এর মাধ্যমে শিল্পকে আরও উচ্চতায় নিয়ে যাওয়া এবং শেষ পর্যন্ত আমাদের প্রিয় মাতৃভূমি ভারতকে একটি আধুনিক উন্নত রাষ্ট্রে পরিণত করা। এখানে উল্লেখ করা অকার্যকর হবে না যে ইঞ্জিনিয়াররা আধুনিক সমাজের মেরুদণ্ড - যত ভাল ইঞ্জিনিয়ার তত ভাল শিল্প এবং যত ভাল শিল্প তত উন্নত দেশ।

NEP 2020 আঞ্চলিক ভাষায় সকলের কাছে শিক্ষার কথা ভাবছে যার ফলে প্রতিটি শিক্ষার্থী যথেষ্ট দক্ষ এবং যোগ্য হয়ে ওঠে এবং জাতীয় প্রগতি এবং উন্নয়নে অবদান রাখার অবস্থানে থাকতে পারে।

AICTE গত কয়েক বছর ধরে নিরলসভাবে কাজ করে আসছিল এমন একটি ক্ষেত্র হল তার সমস্ত ইঞ্জিনিয়ারিং শিক্ষার্থীদের বিভিন্ন আঞ্চলিক ভাষায় প্রস্তুত আন্তর্জাতিক স্তরের উচ্চমানসম্পন্ন মাঝারি মূল্যের বই সরবরাহ করা। এই বইগুলি কেবল সহজ ভাষা, বাস্তব জীবনের উদাহরণ, সমৃদ্ধ বিষয়বস্তুর কথা মাথায় রেখে তৈরি করা হয়নি বরং এই দৈনন্দিন পরিবর্তিত বিশ্বে শিল্পের প্রয়োজনের কথাও মাথায় রাখা হয়েছে। এই বইগুলি ইঞ্জিনিয়ারিং অ্যান্ড টেকনোলজির AICTE মডেল পাঠ্যক্রম 2018 অনুসারে তৈরি।

সারা ভারত থেকে বিশিষ্ট অধ্যাপক মহান জ্ঞান এবং অভিজ্ঞতার সাথে একাডেমিক সংঘের সুবিধার জন্য এই বইগুলি লিখেছেন। AICTE আত্মবিশ্বাসী যে এই বইগুলি এর সমৃদ্ধ বিষয়বস্তু সহ কারিগরি শিক্ষার্থীদের বৃহত্তর এবং মানসম্পন্ন বিষয়গুলি আয়ত্ত করতে সহায়তা করবে।

AICTE এই ইঞ্জিনিয়ারিং বিষয়গুলিকে আরও সুস্পষ্ট করার জন্য মূল লেখক, সমন্বয়কারী এবং অনুবাদকদের কঠোর পরিশ্রমের প্রশংসা জ্ঞাপন করছে।

(Anil D. Sahasrabudhe)

৷# কৃতজ্ঞতাস্বীকার

ডিপ্লোমা ছাত্রদের জন্য কারিগরি বইটি প্রকাশ করার জন্য লেখক এআইসিটিই -এর কাছে তাদের সূক্ষ্ম পরিকল্পনা এবং বাস্তবায়নের জন্য কৃতজ্ঞ।

এটিকে ছাত্রদের জন্য বন্ধুত্বপূর্ণ করে তোলার জন্য এবং একটি শৈল্পিক পদ্ধতিতে আরও ভাল আকার দেওয়ার জন্য আমরা আন্তরিকভাবে বইটির পর্যালোচনাকারী ড. এস পি মিশ্রের মূল্যবান অবদানকে স্বীকার করি।

এছাড়াও আমরা অত্যন্ত সম্মানের সাথে বলেছি যে এই বইটি এআইসিটিই মডেল পাঠ্যক্রমের সাথে এবং জাতীয় শিক্ষা নীতি (NEP)-2020-এর নির্দেশিকাগুলির সাথে সামঞ্জস্যপূর্ণ। আঞ্চলিক ভাষায় শিক্ষার প্রসারের দিকে, এই বইটি নির্ধারিত ভারতীয় আঞ্চলিক ভাষায় অনুবাদ করা হচ্ছে।

বাংলা ভাষায় অনুবাদে অবদানের জন্য আমরা ডঃ গৌতম মুখার্জীকেও ধন্যবাদ জানাতে চাই।

আমরা শ্রী বুদ্ধ চন্দ্রশেখর, CCO NEAT এআইসিটিইকে আমাদের আন্তরিক শুভেচ্ছা জানাতে চাই যার AI ভিত্তিক অনুবাদক টুল অনুবাদের উদ্দেশ্যে ব্যবহার করা হয়েছিল।

পরিশেষে, আমরা প্রকাশনা সংস্থা মেসার্স খান্না বুক পাবলিশিং কোম্পানি প্রাইভেট লিমিটেড, নিউ দিল্লিকে, আমাদের আন্তরিক ধন্যবাদ জানাতে চাই, যার পুরো টিম এটিকে একটি চমৎকার অভিজ্ঞতা করার জন্য প্রকাশনার সমস্ত দিকগুলিতে সহযোগিতা করার জন্য সর্বদা প্রস্তুত ছিল আছে।

সুব্রত রায়

মুখবন্ধ

“পরিবেশ বিজ্ঞান” শিরোনামের বইটি পরিবেশ প্রকৌশল ও বিজ্ঞানের ক্ষেত্রে আমাদের অভিজ্ঞতার ফল। এই বইটি লেখার মূল উদ্দেশ্য হল ডিপ্লোমা শিক্ষার্থীদের মধ্যে পরিবেশ বিজ্ঞানের মৌলিক ধারণা গড়ে তোলা এবং সেই সাথে বিষয়টির অন্তর্দৃষ্টি পেতে সক্ষম করা। বিসতৃত কভারেজ এবং অপরিহার্য সম্পূরক তথ্য প্রদানের উদ্দেশ্যকে মাথায় রেখে, আমরা এআইসিটিইর সুপারিশকৃত বিষয়গুলিকে অত্যন্ত সুশৃঙ্খলভাবে এবং পুরো বই জুড়ে অন্তর্ভুক্ত করেছি। বিষয়টির তহবিলমূলক ধারণাগুলি সহজতম উপায়ে ব্যাখ্যা করা র চেষ্টা করা হয়েছে।

পাণ্ডুলিপি তৈরির প্রক্রিয়ার সময়, আমি বিভিন্ন মানসম্মত পাঠ্য বই বিবেচনা করেছে ছি এবং সেই অনুযায়ী, যেমন উন্নত বিভাগ, বিষয়গত এবং বহুনির্বাচনী প্রশ্ন ইত্যাদি।। সকল বিষয়কে প্রাসঙ্গিক চিত্র সহ সমর্থিত করা হয়েছে যাতে শিক্ষার্থীরা বিষয়টিকে আরও ভালোভাবে বুঝতে পারে। বইটিতে মোট চারটি ইউনিট রয়েছে। প্রথম ইউনিট বাস্তুতন্ত্র নিয়ে কাজ করেছে , দ্বিতীয় ইউনিট বায়ু এবং শব্দ দূষণ নিয়ে, তৃতীয় ইউনিট শক্তির নবায়নযোগ্য উৎস সম্পর্কে আলোচনা করেছে এবং চতুর্থ বিষয় কঠিন বর্জ্য ব্যবস্থাপনা, ISO 14000 এবং পরিবেশ ব্যবস্থাপনার উপর আলোকপাত করেছে। এটি লক্ষ করা গুরুত্বপূর্ণ যে সমস্ত ইউনিটে আমরা প্রাসঙ্গিক ওয়েবসাইট এবং রেফারেন্স বইগুলির একটি তালিকা অন্তর্ভুক্ত করেছি।

“পরিবেশ বিজ্ঞান” -এর বর্তমান বইটি আচ্ছাদিত বিষয়গুলির উপর একটি পুঙ্খানুপুঙ্খ ভিত্তি প্রদান করা র জন্য প্রস্তুত করবে I পরিবেশ বিজ্ঞানের এই অংশটি শিক্ষার্থীদের 21 তম শতাব্দীতে আরোপিত পরিবেশগত চ্যালেঞ্জ মোকাবিলা এবং সংশ্লিষ্ট উদ্দীপক প্রশ্নের মোকাবিলায় বইয়ে অন্তর্ভুক্ত বিভিন্ন বিষয়ের ধারণা প্রয়োগ করা প্রস্তুত করবে। উপ-বিষয়গুলি গঠনমূলক উপায়ে উপস্থাপন করা হয়েছে যা অবশ্যই শিক্ষার্থীদের সমাজকে দূষণমুক্ত ইকো-সিস্টেম বজায় রাখতে সাহায্য করবে।

আমি আন্তরিকভাবে আশা করি যে বইটি শিক্ষার্থীদের পরিবেশ বিজ্ঞানের মৌলিক ধারণাগুলি শিখতে এবং আলোচনা করা অনুপ্রাণিত করবে এবং অবশ্যই বিষয়টির একটি শক্ত ভিত্তির বিকাশে অবদান রাখবে। আমি সমস্ত উপকারী মন্তব্য এবং পরামর্শকে স্বাগত জানাই যা বইটির ভবিষ্যত সংস্করণের উন্নতিতে অবদান রাখবে। শিক্ষক এবং শিক্ষার্থীদের হাতে এই বইটি তুলে দিতে পেরে আমি অত্যন্ত আনন্দিত। বইটিতে অন্তর্ভুক্ত বিভিন্ন দিক নিয়ে কাজ করা সত্যিই একটি অত্যন্ত আনন্দ দায়ক ছিল I

সুব্রত রায়

ফলাফল ভিত্তিক শিক্ষা

ফলাফল ভিত্তিক শিক্ষা বাস্তবায়নের জন্য প্রথম প্রয়োজন একটি ফলাফল ভিত্তিক পাঠ্যক্রম তৈরি করা এবং শিক্ষা ব্যবস্থায় ফলাফল ভিত্তিক মূল্যায়ন অন্তর্ভুক্ত করা। ফলাফল ভিত্তিক মূল্যায়নের মাধ্যমে, মূল্যায়নকারীরা মূল্যায়ন করা সক্ষম হবে যে শিক্ষার্থীরা নির্ধারিত মান, নির্দিষ্ট এবং পরিমাপযোগ্য ফলাফল অর্জন করেছে কিনা। ফলাফল ভিত্তিক শিক্ষার যথাযথ ব্যবস্থার সাথে সকল স্তরের শিক্ষার্থীদের জন্য ন্যূনতম মান অর্জনের একটি সুনির্দিষ্ট অঙ্গীকার থাকবে। ফলাফল ভিত্তিক শিক্ষার সাহায্যে চলমান প্রোগ্রাম শেষে, একজন শিক্ষার্থী নিম্নলিখিত ফলাফলে পৌঁছাতে সক্ষম হবে (এনবিএ নির্দেশিকা অনুযায়ী):

PO-1: **বেসিক এবং ডিসিপ্লিন ভিত্তিক সুনির্দিষ্ট জ্ঞান:** ইঞ্জিনিয়ারিং সমস্যা সমাধানের জন্য বেসিক ম্যাথমেটিক্স, সায়েন্স অ্যান্ড ইঞ্জিনিয়ারিং ফান্ডামেন্টালস এবং ইঞ্জিনিয়ারিং স্পেশালাইজেশনের জ্ঞান প্রয়োগ করা

PO-2: **সমস্যা বিশ্লেষণ:** কোডিফাইড স্ট্যান্ডার্ড পদ্ধতি ব্যবহার করে ভালভাবে সংজ্ঞায়িত প্রকৌশল সমস্যাগুলি সনাক্ত এবং বিশ্লেষণ করা

PO-3: **সমাধানের নকশা/ উন্নয়ন:** সুনির্দিষ্ট প্রযুক্তিগত সমস্যার জন্য নকশা সমাধান এবং নির্দিষ্ট প্রয়োজনীয়তা পূরণের জন্য সিস্টেমের উপাদান বা প্রক্রিয়াগুলির নকশায় সহায়তা করা

PO-4: **ইঞ্জিনিয়ারিং টুলস, এক্সপেরিমেন্টেশন এবং টেস্টিং:** আধুনিক ইঞ্জিনিয়ারিং টুলস এবং উপযুক্ত প্রযুক্তিগত মান পরীক্ষা এবং পরিমাপ পরিচালনা করা

PO-5: **সমাজ, টেকসই যোগ্যতা এবং পরিবেশের জন্য প্রকৌশল চর্চা:** সমাজ, স্থায়িত্ব, পরিবেশ এবং নৈতিক চর্চার ক্ষেত্রে উপযুক্ত প্রযুক্তি প্রয়োগ করা

PO-6: **প্রকল্প ব্যবস্থাপনা:** প্রকৌশল ব্যবস্থাপনার নীতিগুলি পৃথকভাবে ব্যবহার করা, একটি দলের সদস্য বা নেতা হিসাবে প্রকল্পগুলি পরিচালনা করা এবং কার্যকরভাবে ভালভাবে সংজ্ঞায়িত প্রকৌশল কার্যক্রম সম্পর্কে যোগাযোগ করা

PO-7: **জীবনব্যাপী শিক্ষা:** ব্যক্তিগত চাহিদা বিশ্লেষণ এবং প্রযুক্তিগত পরিবর্তনের পরিপ্রেক্ষিতে আপডেট করা র কাজে নিযুক্ত হওয়ার ক্ষমতা

কোর্সের ফলাফল

কোর্স শেষ হওয়ার পর শিক্ষার্থীরা সক্ষম হবে:

CO-1: বাস্তুতন্ত্রের সাথে যুক্ত বাস্তব জীবনের সমস্যাগুলো বিশ্লেষণ করা।

CO-2: বিভিন্ন ধরনের দূষণের উৎস এবং এর প্রভাব ব্যাখ্যা করা।

CO-3: পরিবেশ দূষণ রোধে বিভিন্ন ধরনের দূষণ নিয়ন্ত্রণ প্রক্রিয়া প্রয়োগ করা।

CO-4: পুনর্নবীকরণযোগ্য শক্তির বিভিন্ন উৎস এবং ব্যবহার করা র প্রক্রিয়া ব্যাখ্যা করা।

CO-5: কঠিন বর্জ্য ব্যবস্থাপনা, ISO 14000 এবং পরিবেশ ব্যবস্থাপনা ব্যাখ্যা করা।

কোর্সের ফলাফল	**প্রোগ্রামের ফলাফলের সাথে কোর্সের ফলাফল প্রত্যাশিত ম্যাপিং** (1- দুর্বল সম্পর্ক; 2- মাঝারি সম্পর্ক; 3- শক্তিশালী সম্পর্ক)						
	PO-1	**PO-2**	**PO-3**	**PO-4**	**PO-5**	**PO-6**	**PO-7**
CO-1	3	3	-	-	3	-	2
CO-2	3	-	-	1	3	-	2
CO-3	3	1	-	2	3	1	2
CO-4	3	-	-	2	3	1	2
CO-5	3	-	-	-	3	-	2

সংক্ষিপ্ত বিবরণ এবং প্রতীক

সংক্ষিপ্ত রূপের তালিকা

General Terms			
Abbreviations	**Full form**	**Abbreviations**	**Full form**
Ag	Argentum/Silver	CFC	Chloroflurocarbon
As	Arsenic	CO	Course Outcome
ATP	Adenosine Triphosphate	DNA	Dioxy-rhibo-nucleic acid
Au	Aurum/Gold	HC	Hydrocarbons
C	Carbon	Hg	Hydragyrum/Mercury
CO	Carbon Monoxide	Mo	Molybdenum
CO_2	Carbon Dioxide	MSW	Municipal Solid Waste
CH_4	Methane	Ni	Nickel
Co	Cobalt	Pb	Plumbum/Lead
Cr	Chromium	UV	Ultraviolet
Cu	Cuprum/Copper	VoCs	Volatile Organic Carbon
Units Used			
Abbreviations	**Full form**	**Abbreviations**	**Full form**
cm	Centimetre	mm	Millimetre
μm	Micrometer	dB	Decibels
$\mu N/m^2$	Micro Newon/meter square	Hz	Hertz
GW	Gigawatt	KW	Kilowatt
MW	Megawatt	TW	Terawatt

চিত্র এবং ফিগারের তালিকা

ইউনিট 1 বাস্তুতন্ত্র চিত্রর তালিকা:

ইউনিট 2: বায়ু এবং শব্দ দূষণ চিত্র তালিকা:

পরিসংখ্যান তালিকা:

ইউনিট 3: শক্তির নবায়নযোগ্য উৎস

পরিসংখ্যান তালিকা:

ইউনিট 4: কঠিন বর্জ্য ব্যবস্থাপনা, ISO 14000 এবং পরিবেশ ব্যবস্থাপনা

শিক্ষকদের জন্য নির্দেশিকা

ফলাফল ভিত্তিক শিক্ষা (Outcome Based Education - OBE) বাস্তবায়নের জন্য শিক্ষার্থীদের জ্ঞানের স্তর এবং দক্ষতা বৃদ্ধি করতে হবে। OBE এর যথাযথ বাস্তবায়নের জন্য শিক্ষকদের একটি বড় দায়িত্ব নিতে হবে। OBE সিস্টেমের শিক্ষকদের জন্য কিছু দায়িত্ব (সীমাবদ্ধ নয়) নিম্নরূপ হতে পারে:

- যুক্তিসঙ্গত সীমাবদ্ধতার মধ্যেই সমস্ত শিক্ষার্থীদের সর্বোত্তম ফললাভের জন্য, তাদের সময়কে কৌশলে ব্যবহার করা উচিত।
- তাদের বৈষম্যমূলক অন্য কোন সম্ভাব্য অযোগ্যতা বিবেচনা না করে শুধুমাত্র নির্দিষ্ট সংজ্ঞায়িত মানদণ্ডের ভিত্তিতেই শিক্ষার্থীদের মূল্যায়ন করা উচিত।
- প্রতিষ্ঠান ছাড়ার আগে শিক্ষার্থীদের শেখার ক্ষমতা একটি নির্দিষ্ট মাত্রায় বাড়ানোর চেষ্টা করা উচিত।
- পড়াশোনা শেষ করার পর সব শিক্ষার্থী যেন গুণগত জ্ঞান এবং যোগ্যতার সাথে নিজেকে তৈরি করতে পারে তা নিশ্চিত করার চেষ্টা করা উচিত।
- তাদের সর্বদা শিক্ষার্থীদের চূড়ান্ত কর্মক্ষমতা বিকাশের জন্য উত্সাহিত করা উচিত।
- নতুন পদ্ধতির একত্রীকরণের জন্য তাদের গ্রুপের কাজ এবং দলগত কাজকে সহজতর করা এবং উৎসাহিত করা উচিত।
- তাদের মূল্যায়নের প্রতিটি অংশে ব্লুমের শ্রেণীবিন্যাস অনুসরণ করা উচিত।

ব্লুমের শ্রেণীবিন্যাস

স্তর	শিক্ষকের পরীক্ষা করা উচিত	শিক্ষার্থীকে সক্ষম হওয়া উচিত	মূল্যায়নের সম্ভাব্য পদ্ধতি
সৃজন (Creating)	শিক্ষার্থীদের সৃজন করার ক্ষমতা	ডিজাইন বা সৃজন করা	মিনিপ্রজেক্ট
মূল্যায়ন (Evaluating)	শিক্ষার্থীদের বিচার করার ক্ষমতা	তর্ক করুন বা রক্ষা করা	অ্যাসাইনমেন্ট
বিশ্লেষণ (Analyzing)	শিক্ষার্থীদের পার্থক্য করার ক্ষমতা	পার্থক্য করুন বা পার্থক্য করা	প্রকল্প/ল্যাবপদ্ধতি
প্রয়োগ (Applying)	শিক্ষার্থীদের তথ্য ব্যবহার করার ক্ষমতা	পরিচালনা বা প্রদর্শন	প্রযুক্তিগত উপস্থাপনা/ প্রদর্শন
বোধ (Understanding)	শিক্ষার্থীদের ধারণা ব্যাখ্যা করার ক্ষমতা	ব্যাখ্যা বা শ্রেণীবদ্ধ করুন	উপস্থাপনা/সেমিনার
স্মরণ (Remembering)	শিক্ষার্থীদের মনে রাখার ক্ষমতা	সংজ্ঞায়িত করুন বা প্রত্যাহার করুন	কুইজ

শিক্ষার্থীদের জন্য নির্দেশিকা

OBE বাস্তবায়নের জন্য শিক্ষার্থীদের সমান দায়িত্ব নিতে হবে। OBE সিস্টেমে শিক্ষার্থীদের জন্য কিছু দায়িত্ব (সীমাবদ্ধ নয়) নিম্নরূপ:

- প্রতিটি কোর্সে ইউনিট শুরুর আগে শিক্ষার্থীদের প্রতিটি UO সম্পর্কে ভালভাবে অবগত হওয়া উচিত।
- কোর্স শুরুর আগে শিক্ষার্থীদের প্রতিটি CO সম্পর্কে ভালভাবে সচেতন হওয়া উচিত।
- প্রোগ্রাম শুরুর আগে শিক্ষার্থীদের প্রতিটি PO সম্পর্কে ভালভাবে সচেতন হওয়া উচিত।
- শিক্ষার্থীদের উচিত সঠিক প্রতিফলন এবং কর্মের সাথে সমালোচনা মূলক এবং যুক্তিসঙ্গত ভাবে চিন্তা করা।
- শিক্ষার্থীদের শেখার ব্যবহারিক এবং বাস্তবজীবনের পরিণতির সাথে সংযুক্ত এবং একীভূত হওয়া উচিত।
- OBE এর প্রতিটি স্তরে শিক্ষার্থীদের তাদের দক্ষতা সম্পর্কে ভালভাবে সচেতন হওয়া উচিত।

সূচীপত্র

1 বাস্তুতন্ত্র

ইউনিট বিশেষ

এই ইউনিট নিম্নলিখিত প্রধান দিক নিয়ে কাজ করেছে :

- জলজ (লেন্টিক এবং লোটিক) এবং স্থলজ বাস্তুতন্ত্র
- বাস্তুতন্ত্র, জৈবিক এবং অ্যাজৈবিক উপাদানগুলির গঠন
- খাদ্য শৃঙ্খল এবং খাদ্য ওয়েব
- কার্বন, নাইট্রোজেন, সালফার, ফসফরাস চক্র
- গ্লোবাল ওয়ার্মিং-কারণ, প্রভাব, প্রক্রিয়া, গ্রিন হাউস এফেক্ট, ওজোন হ্রাস

এই বইটির ব্যবহারকারীদের মধ্যে কৌতূহল এবং সৃজনশীলতা সৃষ্টির জন্য প্রাসঙ্গিক চিত্র সহ সমস্ত বিষয় ভালভাবে সমর্থিত। বহুনির্বাচনী এবং সাবজেক্টিভ টাইপের প্রশ্নগুলির একটি সংখ্যা দেওয়া হয়েছে যাতে কেউ অনুশীলনের জন্য যেতে পারে এবং সেগুলি সমাধান করা পারে। লার্নিং রিসোর্স যেমন রেফারেন্স বই, ওপেন রিসোর্স সফটওয়্যার ও ওয়েবসাইট, ভিডিও রিসোর্স ইত্যাদি ইউনিটটিতে ধারণা এবং সন্দেহের আরও স্পষ্টীকরণের জন্য (যদি থাকে) দেওয়া হয়েছে। এটাও লক্ষ্য করা যেতে পারে যে বিভিন্ন আগ্রহের বিষয়গুলির উপর আরো তথ্য পাওয়ার জন্য, বিভিন্ন বিভাগে কিছু QR কোড দেওয়া হয়েছে যা প্রাসঙ্গিক সহায়ক জ্ঞানের জন্য স্ক্যান করা যেতে পারে।

যুক্তি

প্রতিটি জীব তাদের বেঁচে থাকার জন্য প্রকৃতির উপর নির্ভর করেছে। অতএব, আমাদের পরিবেশকে পরিচ্ছন্ন এবং ভাল অবস্থায় রাখা আমাদের সকলেরই কেবল অপরিহার্য নয় বরং নৈতিক দায়িত্বও বটে।

এই ইউনিট পরিবেশ সম্পর্কিত অনেক গুরুত্বপূর্ণ বিষয় যেমন ইকো -সিস্টেম, কার্বন, নাইট্রোজেন, সালফার এবং ফসফরাস চক্র, গ্লোবাল ওয়ার্মিং -কেস এবং এর প্রভাব নিয়ে কাজ করেছে। এগুলি সবই মানুষ সহ জীবের সাথে সরাসরি সম্পর্কিত। অন্য সব জীবের মতো, মানুষ তার বেঁচে থাকার জন্য প্রাকৃতিক বাস্তুতন্ত্রের পরিষেবার উপর নির্ভরশীল। আমাদের প্রয়োজন আমাদের খাবার খাওয়া, জল পান করা এবং কাঁচামালকে আমাদের দৈনন্দিন পণ্যে রূপান্তর করা র জন্য। সুতরাং আমাদের জীবনযাত্রার পরিবেশকে ভাল অবস্থায় রাখার জন্য, আমাদের প্রাকৃতিক বাস্তুতন্ত্র সংরক্ষণ করা গুরুত্বপূর্ণ।

একইভাবে, বৈশ্বিক উষ্ণতাও গভীর উদ্বেগের বিষয় কারণ এটি মানুষ, উদ্ভিদ এবং প্রাণীর জীবনকে নানাভাবে প্রভাবিত করেছে। এটি একটি গুরুতর জনস্বাস্থ্য এবং পরিবেশগত উদ্বেগ। অতএব, এই ইউনিটের অধ্যয়ন ডিপ্লোমা শিক্ষার্থীদের উপরোক্ত সমস্ত গুরুত্বপূর্ণ দিকের অন্তর্দৃষ্টি দেখতে এবং এর গুরুত্বের প্রশংসা করা সহায়তা করবে।

পূর্ব-প্রয়োজনীয়তা

- উচ্চ বিদ্যালয় রসায়ন
- ইউনিট আউটকাম

শিক্ষার্থীরা পারবে:

- U1-O1: বাস্তুতন্ত্র এবং এর উপাদান ব্যাখ্যা কর।
- U1-O2: খাদ্য শৃঙ্খল এবং খাদ্য ওয়েবের তুলনা করা।
- U1-O3: জলজ এবং স্থলজ বাস্তুতন্ত্রের পার্থক্য করতে।
- U1-O4: কার্বন, নাইট্রোজেন, সালফার এবং ফসফরাস চক্র বর্ণনা কর।
- U1-O5: বৈশ্বিক সতর্কতার কারণ ও প্রভাব ব্যাখ্যা করতে।
- U1-O6: গ্রীনহাউস প্রভাব এবং ওজোন হ্রাসের মধ্যে পার্থক্য করতে।

কোর্স আউটকোমের সাথে ইউনিট ম্যাপিং

ইউনটি -1 ফলাফল	কোর্স আউটকোমের সাথে প্রত্যাশিত ম্যাপিং (1- দুর্বল সম্পর্ক; 2- মাঝারি সম্পর্ক; 3- শক্তিশালী সম্পর্ক)				
	CO-1	CO-2	CO-3	CO-4	CO-5
U1-O1	3	-	-	-	-
U1-O2	3	-	-	-	-
U1-O3	3	-	-	-	-
U1-O4	3	-	-	-	-
U1-O5	3	-	-	-	-
U1-O6	3	-	-	-	-

ইউনিট পর্যালোচনা

1.1 ভূমিকা

1.2 জলজ (লেন্টিক এবং লোটিক) এবং স্থলজ বাস্তুতন্ত্র

1.3 বাস্তুতন্ত্র, জৈবিক এবং অ্যাজৈবিক উপাদানগুলির গঠন

1.4 খাদ্য শৃঙ্খল এবং খাদ্য ওয়েব

1.5 কার্বন, নাইট্রোজেন, সালফার, ফসফরাস চক্র

1.6 গ্লোবাল ওয়ার্মিং-কারণ, প্রভাব, প্রক্রিয়া, গ্রিন হাউস এফেক্ট, ওজোন হ্রাস

1.1 ভূমিকা

“বাস্তুতন্ত্র” শব্দটি প্রথম এজি টেনসলি 1935 সালে প্রবর্তন করেছিলেন। তিনি একজন ইংরেজ উদ্ভিদবিদ ছিলেন এবং বাস্তুশাস্ত্রের ক্ষেত্রে অন্যতম পথিকৃৎ ছিলেন। বাস্তুশাস্ত্র হল জীব, তার আশেপাশের পরিবেশ, একে অপরের সাথে জীবের মিথস্ক্রিয়া এবং তার আশেপাশের পরিবেশের অধ্যয়ন। পরিবেশ বলতে জীবের চারপাশের জিনিস এবং অবস্থাকে বোঝায় যা প্রত্যক্ষ বা পরোক্ষভাবে জীব এবং তাদের জনসংখ্যার জীবন ও বিকাশকে প্রভাবিত করেছে। বাস্তুশাস্ত্রে জীব এবং পরিবেশ দুটি অ-বিভাজক কারণ।

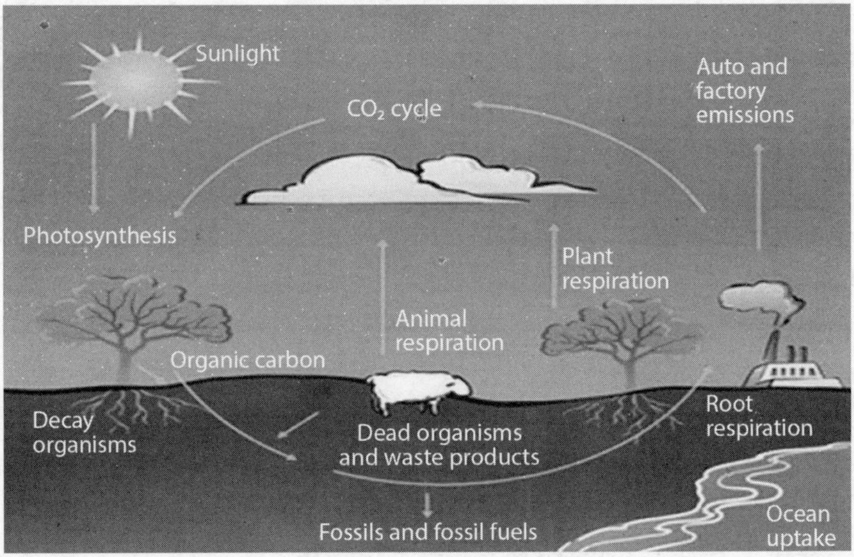

চিত্র 1.1: বাস্তুতন্ত্র

বাস্তুতন্ত্র হল বাস্তুশাস্ত্রের কাঠামোগত এবং কার্যকরী একক যেখানে জীবিত প্রাণীরা একে অপরের সাথে এবং আশেপাশের পরিবেশের সাথে যোগাযোগ করেছে। অন্য কথায়, একটি বাস্তুতন্ত্র হল জীব এবং তাদের পরিবেশের মধ্যে আন্ত-ক্রিয়ার একটি শৃঙ্খল। একটি জীব বেশিরভাগ পরিবেশের সাথে নিখুঁত ভারসাম্যের অবস্থায় থাকে। যে কোনও এলাকায়, সমস্ত জীবন্ত প্রাণী (যেমন শৈবাল, ছত্রাক, উদ্ভিদ, অণুজীব, প্রাণী এবং মানুষ) নিয়মিত এবং ক্রমাগত একে অপরের মধ্যে এবং অ-জীবের সাথে যোগাযোগ করেছে।

চিত্র 1.2: বাস্তুতন্ত্র

প্রকৃতির মধ্যে ভারসাম্য বজায় রাখার জন্য শারীরিক পরিবেশ

সমস্ত জীবের মধ্যে, মানুষই একমাত্র জীব যারা তাদের চাহিদা পূরণের জন্য প্রকৃতিতে ভারসাম্যহীনতা তৈরি করেছে যেমন খাদ্য, বাসস্থান, পোশাক ইত্যাদি সাম্প্রতিক অতীতে গৃহীত বিভিন্ন উন্নয়নমূলক প্রকল্প এবং জনসংখ্যা বৃদ্ধির ফলে স্বাস্থ্যকরদের ক্ষতি হয়েছে এবং সুষম প্রকৃতি। অনিয়ন্ত্রিত মানুষের ক্রিয়াকলাপ দ্বারা সৃষ্ট এই ভারসাম্যহীন প্রকৃতি, বিভিন্ন পরিবেশগত সমস্যার জন্ম দিয়েছে যেমন বর্জ্য জমা, ওজোন স্তর হ্রাস, বৈশ্বিক উষ্ণতা ইত্যাদি।

1.2 জলীয় এবং স্থলজগত বাস্তুতন্ত্র

একটি বাস্তুতন্ত্র মরুভূমির মরূদ্যানের মতো আকারে খুব ছোট হতে পারে, অথবা হাজার হাজার কিলোমিটার বিসতৃত মহাসাগরের মতো খুব বড় হতে পারে। দুই ধরনের বাস্তুতন্ত্র আছে:

- প্রাকৃতিক বাস্তুতন্ত্র
- কৃত্রিম বাস্তুতন্ত্র

1.2.1 প্রাকৃতিক বাস্তুতন্ত্র

এই বাস্তুতন্ত্রগুলি বিদ্যমান এবং প্রকৃতিতে নিজেরাই কোন মানুষের সমর্থন এবং হস্তক্ষেপ ছাড়াই কাজ করেছে। এটি একটি প্রাকৃতিকভাবে উৎপাদিত জৈবিক পরিবেশ যা প্রকৃতিতে পাওয়া যায়। প্রাকৃতিক বাস্তুতন্ত্রের কয়েকটি উদাহরণ হল: একটি মহাসাগর, একটি হ্রদ, একটি পুকুর, একটি মরুভূমি, একটি বন ইত্যাদি প্রাকৃতিক বাস্তুতন্ত্র দুই ধরনের হতে পারে:

- জলজ বাস্তুতন্ত্র
- স্থলজ বাস্তুতন্ত্র

1.2.1.1 জলজ বাস্তুতন্ত্র

জল অনেক জীবনকে সমর্থন করেছে। যেসব প্রাণী জলতে টিকে থাকে তাদেরকে জলজ প্রাণী বলে। এই অঙ্গগুলি তাদের খাদ্য, বাসস্থান, প্রজনন এবং অন্যান্য সমস্ত জীবন ক্রিয়াকলাপের জন্য জলের উপর নির্ভরশীল। একটি জলজ বাস্তুতন্ত্রের মধ্যে রয়েছে মিথস্ক্রিয়াশীল জীবের একটি গ্রুপ যা পরস্পরের উপর নির্ভরশীল এবং পুষ্টির এবং আশ্রয়ের জন্য তাদের জলের পরিবেশ।

জলজ বাস্তুতন্ত্রের উদাহরণগুলির মধ্যে রয়েছে মহাসাগর, হ্রদ এবং নদী। এটি আরও দুটি প্রকারে বিভক্ত করা যেতে পারে:

- স্বাদু জলের বাস্তুতন্ত্র
- সামুদ্রিক বাস্তুতন্ত্র

স্বাদু জলের বাস্তুতন্ত্র

মিঠা জলের বাস্তুতন্ত্রের মধ্যে রয়েছে হ্রদ, পুকুর, নদী ও স্রোত, জলাভূমি, জলাভূমি, বগ এবং অস্থায়ী পুল। তারা পৃথিবীর মাত্র একটি ছোট অংশ, প্রায় 0.৪ শতাংশ জুড়ে। এই বাস্তুতন্ত্র বিশ্বের ১% মাছের প্রজাতির বাসস্থান প্রদান করেছে। মিঠা জলের বাস্তুতন্ত্র দুটি শ্রেণীতে বিভক্ত, যথা লেন্টিক এবং লটিক বাস্তুতন্ত্র। লোটিক বাস্তুতন্ত্র প্রবাহিত জলাশয় যেমন নদী, স্রোত ইত্যাদি প্রতিনিধিত্ব করেছে।

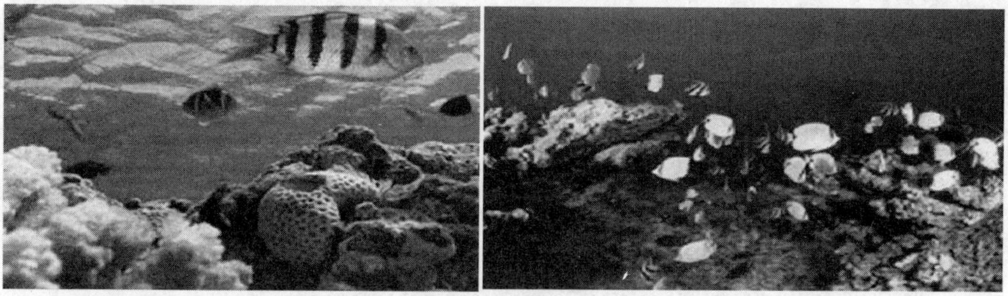

চিত্র 1.3: জলজ বাস্তুতন্ত্র

যেখানে দাঁড়িয়ে থাকা জলাশয় যেমন হ্রদ, পুকুর, পুল, বগ এবং অন্যান্য জলাধারগুলি লেন্টিক বাস্তুতন্ত্র নামে পরিচিত।

চিত্র 1.4: লেন্টিক বাস্তুতন্ত্র (বাম) এবং লোটিক বাস্তুতন্ত্র (ডান)

লেন্টিক বাস্তুতন্ত্র

লেন্টিক বাস্তুতন্ত্র বলতে সমস্ত স্থায়ী জলাশয়কে বোঝায়। হ্রদ এবং পুকুরগুলি লেন্টিক ইকোসিস্টেমের প্রধান উদাহরণ। লেন্টিক শব্দটি (ল্যাটিন শব্দ লেন্টাস থেকে যার অর্থ ধীর বা গতিহীন) প্রধানত স্থায়ী বা অপেক্ষাকৃত স্থির জলকে বোঝায়। এই বাস্তুতন্ত্রগুলি শৈবাল, কাঁকড়া, চিংড়ি, উভচর যেমন ব্যাঙ এবং সালাম্যান্ডার, শিকড়যুক্ত এবং ভাসমান পাতাযুক্ত উদ্ভিদ এবং সরীসৃপ উভয়ের জন্য মশাল এবং অন্যান্য জলের সাপ।

লোটিক বাস্তুতন্ত্র

তারা প্রধানত দ্রুত প্রবাহিত জলাশয়গুলিকে নির্দেশ করেছে যা নদী এবং স্রোতের মতো একমুখী পথে চলে। লোটিক শব্দটি (ল্যাটিন শব্দ পদ্ম থেকে ধোয়া মানে) প্রধানত প্রবাহিত জলকে বোঝায়। এই বাস্তুতন্ত্রগুলি পোকামাকড়ের অসংখ্য প্রজাতি যেমন বিটলস, মেইফ্লাইস, স্টোনফ্লাই এবং বিভিন্ন প্রজাতির মাছ যেমন ট্রাউট, ইল, মিন্নু ইত্যাদি আশ্রয় করেছে।

সামুদ্রিক বাস্তুতন্ত্র

সামুদ্রিক বাস্তুতন্ত্রকে উদ্ভিদ, প্রাণী এবং সামুদ্রিক পরিবেশের মিথস্ক্রিয়া হিসাবে সংজ্ঞায়িত করা যেতে পারে। "সামুদ্রিক বাস্তুতন্ত্র" শব্দটি পৃথিবীর লবণাক্ত জলকে অন্তর্ভুক্ত করেছে এবং এটি কেবল লবণ জল বাস্তুতন্ত্র হিসাবেও পরিচিত। এর মধ্যে রয়েছে সমুদ্র ও মহাসাগর। মিঠা জলের বাস্তুতন্ত্রের তুলনায় সামুদ্রিক বাস্তুসংস্থানে লবণের পরিমাণ বেশি এবং জীববৈচিত্র্য বেশি। এটি পৃথিবীর সবচেয়ে বড় পৃষ্ঠভূমি জুড়ে রয়েছে। পৃথিবীর দুই তৃতীয়াংশ জল দ্বারা আচ্ছাদিত এবং এর মধ্যে রয়েছে মহাসাগর, সমুদ্র, অন্তর্বর্তী অঞ্চল, রিফ, সমুদ্রতল, জলবিদ্যুৎ ভেন্ট এবং শিলা পুল। যেহেতু সামুদ্রিক বাস্তুতন্ত্র লবণের সাথে বেশি ঘনীভূত হয়েছে তাই মিঠা জলের জীবের পক্ষে বসবাস করা কঠিন করেছে তোলে। তাদের শরীর লবণাক্ত জলতে বসবাসের উপযোগী; যদি তারা কম লবণাক্ত জলতে রাখা হয়েছে, তাদের শরীর ফুলে যেতে পারে।

সামুদ্রিক বাস্তুতন্ত্রকে প্রধানত নিম্নলিখিত দুটি শ্রেণীতে ভাগ করা যায়:

- মহাসাগর বাস্তুতন্ত্র
- উপকূলীয় বাস্তুতন্ত্র

মহাসাগরের বাস্তুতন্ত্র

আমাদের গ্রহ, পৃথিবী প্রশান্ত, ভারতীয়, আর্কটিক, অ্যান্টার্কটিক এবং পাঁচটি প্রধান মহাসাগরের উপহার পেয়েছে I আটলান্টিক মহাসাগর. এই পাঁচটি মহাসাগরের মধ্যে প্রশান্ত মহাসাগর এবং আটলান্টিক হল বৃহত্তম এবং গভীরতম মহাসাগর। এই মহাসাগরগুলি অনেক জলজ প্রজাতির বাসস্থান হিসাবে কাজ করেছে। এই বাস্তুতন্ত্রের কিছু প্রাণীর মধ্যে রয়েছে শেলফিশ, হাঙ্গর, নল কৃমি, কাঁকড়া, ছোট এবং বড় সমুদ্রের মাছ, কচ্ছপ, ক্রাস্টেসিয়ান, নীল তিমি, সরীসৃপ, সামুদ্রিক স্তন্যপায়ী, সমুদ্রের পাখি, প্ল্যাঙ্কটন, প্রবাল এবং অন্যান্য সমুদ্রের উদ্ভিদ।

উপকূলীয় বাস্তুতন্ত্র

উপকূলীয় বাস্তুতন্ত্র জমি এবং জলের উন্মুক্ত ব্যবস্থার সমন্বয়ে গঠিত যা একত্রে যুক্ত হয়ে উপকূলীয় বাস্তুতন্ত্র গঠন করেছে। উপকূলীয় বাস্তুতন্ত্রের একটি ভিন্ন ধরনের কাঠামো এবং বৈচিত্র্য রয়েছে। জলজ উদ্ভিদের প্রজাতির বিসতৃত বৈচিত্র্য এবং শেত্তলাগুলি উপকূলীয় বাস্তুতন্ত্রের নীচে পাওয়া যায়। প্রাণীকূল উপকূলীয় অঞ্চলেও পাওয়া যায় এবং এটি প্রধানত কাঁকড়া, মাছ, পোকামাকড়, গলদা চিংড়ি, শামুক, চিংড়ি ইত্যাদি নিয়ে গঠিত।

1.2.1.2 স্থলজ বাস্তুতন্ত্র

স্থলজ বাস্তুতন্ত্রগুলি একচেটিয়াভাবে ভূমি ভিত্তিক বাস্তুতন্ত্র। এটি জীবের একটি সম্প্রদায় এবং তাদের পরিবেশ নিয়ে গঠিত যা ভূ-পৃষ্ঠের স্থলভাগে ঘটে। স্থলীয় বাস্তুতন্ত্র পৃথিবীর পৃষ্ঠের প্রায় 28% দখল করেছে। স্থলজ বাস্তুতন্ত্র জলীয় বাস্তুতন্ত্র থেকে আলাদা, যেখানে নিম্ন স্থানের প্রাপ্যতা রয়েছে। বিভিন্ন ভূতাত্ত্বিক অঞ্চলের চারপাশে বিভিন্ন ধরণের স্থলজ বাস্তুতন্ত্র বিতরণ করা হয়েছে। অনুসরণ হিসাবে তারা:

- বন বাস্তুতন্ত্র
- গ্রাসল্যান্ড বাস্তুতন্ত্র

- টুন্ড্রা বাস্তুতন্ত্র
- মরু বাস্তুতন্ত্র

বন বাস্তুতন্ত্র

একটি বন বাস্তুতন্ত্র বিভিন্ন ধরণের অণুজীব, উদ্ভিদ এবং প্রাণী নিয়ে গঠিত এবং এই সমস্ত উপাদানগুলি একে অপরের সাথে সমন্বয় করেছে বাস করেছে। বন পৃথিবীর তাপমাত্রা বজায় রাখতে সাহায্য করেছে এবং কার্বন সিঙ্কে প্রধান ভূমিকা পালন করেছে। পরিবেশগত ভারসাম্য রক্ষায় এগুলো খুবই গুরুত্বপূর্ণ।

গ্রাসল্যান্ড বাস্তুতন্ত্র

তৃণভূমি বাস্তুতন্ত্র ঘাস ও গুল্ম দ্বারা প্রভাবিত। এটি পৃথিবীর পৃষ্ঠের প্রায় 19% দখল করেছে এবং সাধারণত মহাদেশের অভ্যন্তরীণ অংশে ঘটে। নাতিশীতোষ্ণ তৃণভূমি এবং সাভানা তৃণভূমি তৃণভূমি বাস্তুতন্ত্রের কিছু উদাহরণ।

টুন্ড্রা বাস্তুতন্ত্র

তুন্দ্রা খালি মাটি এবং পাথরের বিসতৃত অংশের জন্য পরিচিত। টুন্ড্রার বাস্তুতন্ত্র গাচিত্র হীন এবং এটি কম গাছপালা যেমন শ্যাওলা, লাইকেন, গুল্ম এবং ছোট গুল্মের জন্যও পরিচিত। এই বাস্তুতন্ত্রগুলি ঠান্ডা আবহাওয়ায় বা যেখানে বৃষ্টিপাতের অভাব দেখা যায়। এগুলো বছরের বেশিরভাগ সময় বরফে ঢাকা থাকে। আর্কটিক বা পাহাড়ের চূড়া হল টুন্ড্রা টাইপ বাস্তুতন্ত্রের উদাহরণ।

মরুভূমির বাস্তুতন্ত্র

পৃথিবী জুড়ে মরুভূমি পাওয়া যায়। এটি পৃথিবীর পৃষ্ঠের প্রায় ১৪ শতাংশ জুড়ে রয়েছে। এই বাস্তুতন্ত্রগুলি সাধারণত মেঘহীন আকাশে আবৃত থাকে এবং তাই সূর্যের বিকিরণ মরুভূমিকে দ্রুত উত্তপ্ত করেছে, যার ফলে পৃথিবীর সর্বোচ্চ বায়ু তাপমাত্রা হয়েছে। আকাশ বিপরীতভাবে, রাতগুলি খুব ঠান্ডা হয়েছে কারণ বিকিরণের মাধ্যমে বায়ুমণ্ডলে তাপ নষ্ট হওয়ার কারণে তাপমাত্রা দ্রুত নেমে যায়। এগুলি এমন অঞ্চল যেখানে খুব কম বৃষ্টিপাত হয়েছে এবং এইভাবে ব্যাপক বিসতৃত ঝোপঝাড়ের বার্ষিক গাছপালা উৎপন্ন হয়েছে।

চিত্র 1.5: স্থলীয় বাস্তুতন্ত্র

1.2.2 কৃত্রিম বাস্তুতন্ত্র

মানুষের দ্বারা তৈরি ও রক্ষণাবেক্ষণ করা বাস্তুতন্ত্রকে বলা হয়েছে কৃত্রিম বাস্তুতন্ত্র। বাণিজ্যিক বা অন্যান্য সুবিধার জন্য এই বাস্তুতন্ত্রগুলি তৈরি এবং সংশোধন করা হয়েছে। এগুলি জলজ বা স্থলজ প্রকার হতে পারে। কিছু উদাহরণ পার্ক, বাঁধ, বাগান ইত্যাদি অন্তর্ভুক্ত করা পারে। এই বাস্তুতন্ত্রের মধ্যে, গাছপালা এবং প্রাণীগুলিকে তাদের প্রাকৃতিক বাসস্থান এবং প্রয়োজনীয়তার মতো ভাল সুরক্ষিত এলাকায় স্থাপন করা হয়েছে।

1.3 বাস্তুতন্ত্রের কাঠামো

একটি বাস্তুতন্ত্রের কাঠামো একটি নির্দিষ্ট বাসস্থানে পুষ্টির পরিমাণ এবং বিতরণ সহ পরিবেশের জীব এবং শারীরিক বৈশিষ্ট্যগুলি বর্ণনা করেছে। এটি এলাকায় বিরাজমান জলবায়ুর পরিসর সম্পর্কিত তথ্যও সরবরাহ করেছে। একটি বাস্তুতন্ত্রের বিভিন্ন উপাদান দুটি প্রধান প্রকারে বিভক্ত করা যেতে পারে:

- জৈব (জীবন্ত) উপাদান
- অজৈব (নির্জীব) উপাদান

1.3.1 জৈব (জীবন্ত) উপাদান

"জৈবিক" শব্দটি দুটি পদ, "বায়ো" যার অর্থ জীবন এবং "আইসি" অর্থের সংমিশ্রণ। অতএব শব্দটির অর্থ জীবনের মতো এবং এটি একটি বাস্তুতন্ত্রের মধ্যে উপস্থিত সমস্ত জীবের সাথে সম্পর্কিত।

অথবা অন্য কথায়, একটি বাস্তুতন্ত্রের মধ্যে উপস্থিত জীবগুলি জৈব উপাদান গঠন করেছে। তাদের খাদ্য প্রাপ্তির পদ্ধতির উপর ভিত্তি করেছে, একটি বাস্তুতন্ত্রে সৃষ্ট জীবকে তিনটি ক্যাটেগরিতে শ্রেণিবদ্ধ করা হয়েছে:

- প্রযোজক (অটোট্রফ)
- ভোক্তারা (হেটারোট্রফ)
- পচনকারী (স্যাত্রটোফস)

1.3.1.1 প্রযোজক (অটোট্রফ)

এর মধ্যে রয়েছে সবুজ সবুজ উদ্ভিদ, নীল সবুজ শৈবাল, কিছু ব্যাকটেরিয়া এবং ফাইটোপ্ল্যাঙ্কটন নামক মুক্ত-ভাসমান অটোট্রফিক মাইক্রো-অর্গানিজম। এই সমস্ত প্রাণীরই সালোকসংশ্লেষ রঙ্গক রয়েছে (যেমন ক্লোরোফিল) এবং সূর্যালোক এবং ক্লোরোফিলের উপস্থিতিতে সালোকসংশ্লেষণের মাধ্যমে তাদের নিজস্ব শক্তির প্রয়োজন (খাদ্য) তৈরি করা পারে। সবুজ উদ্ভিদ, নীল সবুজ শৈবাল ইত্যাদি সূর্যের আলোর সাহায্যে নিজেদের জন্য খাদ্য প্রস্তুত করেছে , সেগুলি ফটো অটোট্রফ বা কেবল অটোট্রফ (যেমন অটো = সেলফ, ট্রফস = ফিডার) নামে পরিচিত।

1.3.1.2 ভোক্তারা (হেটারোট্রফ)

এরা মূলত প্রাণী। তারা নিজেদের জন্য খাদ্য সংশ্লেষ করা অক্ষম। অতএব, তারা তাদের খাবারের জন্য ভোক্তাদের উপর নির্ভরশীল এবং তাদের দ্বারা সঞ্চিত উপকরণ এবং শক্তি ব্যবহার করেছে। তারা হেটারোট্রফস নামেও পরিচিত (যেমন হেট্রোস = অন্যান্য, ট্রফস = ফিডার)।

ভোক্তারা চার প্রকারের রয়েছে:

- **প্রাথমিক বা প্রথম অর্ডারের ভোক্তা বা তৃণভোজী:** এরা সেই প্রাণী যা উদ্ভিদ বা উৎপাদকদের খায়। গবাদি পশু, হরিণ, ছাগল, খরগোশ, ইঁদুর, ফড়িং ইত্যাদি স্থলজ বাস্তুতন্ত্রের সাধারণ তৃণভোজী এবং শামুক, মশা, তাদপোল ইত্যাদি সাধারণ তৃণভোজী জলজ বাস্তুতন্ত্রের আকরিক।
- **সেকেন্ডারি বা সেকেন্ড অর্ডার ভোক্তা বা প্রাথমিক মাংসাশী:** যেসব প্রাণী তৃণভোজী প্রাণীদের খায় তাদের প্রাথমিক মাংসাশী বা গৌণ ভোক্তা বলা হয়েছে। উদাহরণ: বিড়াল, শিয়াল, সাপ ইত্যাদি স্থলজ বাস্তুতন্ত্রের সেকেন্ডারি ভোক্তা এবং জলের বাগ, ওয়াটার বিটল, ব্যাঙ, ছোট মাছ ইত্যাদি জলজ বাস্তুতন্ত্রের সেকেন্ডারি ভোক্তা।
- **তৃতীয় বা তৃতীয় শ্রেণীর ভোক্তা:** এরা হল বড় মাংসাশী যা সেকেন্ডারি ভোক্তাদের খায়। সাধারণ উদাহরণগুলির মধ্যে রয়েছে জলজ বাস্তুতন্ত্রের বড় মাছ, জল পাখি ইত্যাদি এবং স্থলজ বাস্তুতন্ত্রের নেকড়ে, সাপ ইত্যাদি
- **চতুর্থাংশ ভোক্তা বা চতুর্থ আদেশ ভোক্তা বা সর্বভুক:** এগুলি হল সবচেয়ে বড় মাংসাশী প্রাণী যা তৃতীয় শ্রেণীর ভোক্তাদের খায় এবং অন্য কোন প্রাণী খায় না। উদাহরণস্বরূপ সিংহ, বাঘ, ছাগল ইত্যাদি স্থল এবং হাঙ্গর, কুমির ইত্যাদি জলজ বাস্তুতন্ত্রের উদাহরণ।

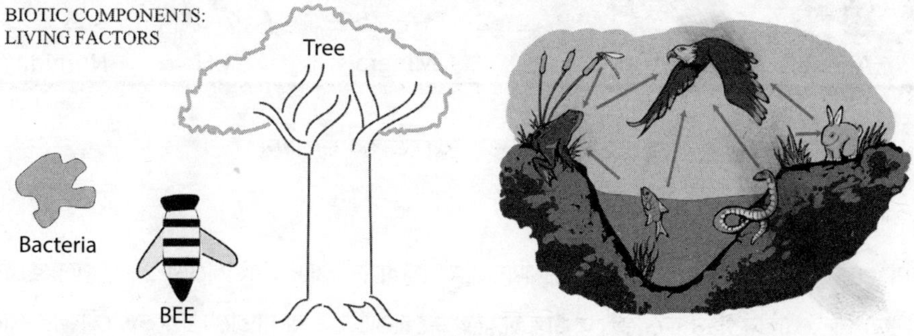

চিত্র 1.6: জৈব উপাদান

1.3.1.3 পচনকারী বা হ্রাসকারী (স্যাত্রটোফস)

ব্যাকটেরিয়া এবং ছত্রাক এই শ্রেণীর অন্তর্গত। তারা তাদের খাদ্যের জন্য উৎপাদক (উদ্ভিদ) এবং ভোক্তাদের (প্রাণী) মৃত জৈব পদার্থ ভেঙে দেয়। বিপাক প্রক্রিয়ার সময়, তারা পরিবেশের জন্য উপ-পণ্য হিসাবে সাধারণ অজৈব এবং জৈব পদার্থগুলি ছেড়ে দেয়। এই সাধারণ পদার্থগুলি উৎপাদকদের দ্বারা পুন used ব্যবহার করা হয়েছে যার ফলে জৈবিক জীব এবং বাস্তুতন্ত্রের অ্যাজৈবিক পরিবেশের মধ্যে উপকরণের চক্রীয় বিনিময় হয়েছে। পচনকারীরা স্যাপ্রোট্রফ নামে পরিচিত (যেমন, স্যাপ্রস = পচা, ট্রফস= ফিডার)।

1.3.2 অজৈব (নির্জীব) উপাদান

একটি বাস্তুতন্ত্রের মধ্যে বিদ্যমান জীবিত উপাদান বা ভৌত পরিবেশ আজৈবিক কম্পোনেন্ট গঠন করেছে। জীবের গঠন, বণ্টন, আচরণ এবং আন্ত: সম্পর্কের উপর এদের দৃঢ় প্রভাব রয়েছে। অ্জৈবিক উপাদানগুলির মধ্যে রয়েছে:

- অজৈব পদার্থ
- জৈব পদার্থ
- জলবায়ুর কারণ

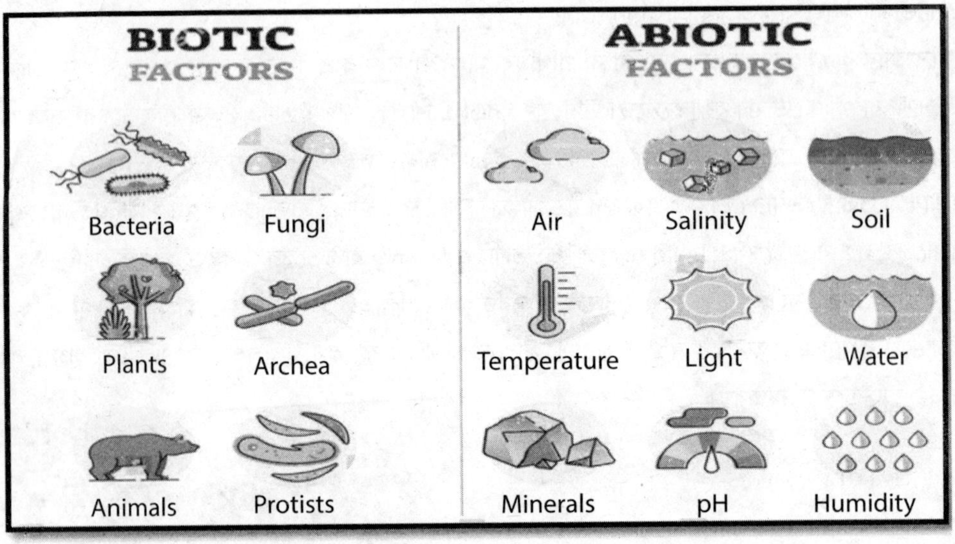

চিত্র 1.7: জৈবিক এবং অ্যাজৈবিক উপাদান

1.3.2.1 অজৈব পদার্থ

অজৈব পদার্থ যেমন কার্বন, নাইট্রোজেন, অক্সিজেন, ক্যালসিয়াম, ফসফরাস ইত্যাদি এবং তাদের যৌগ (জল, কার্বন ডাই অক্সাইড ইত্যাদি) প্রধান অ্যাজৈবিক উপাদান গঠন করেছে। এগুলি হয়েছে জলে, মাটিতে বা বাতাসে দ্রবীভূত যৌগের আকারে।

1.3.2.2 জৈব পদার্থ

এর মধ্যে রয়েছে কার্বোহাইড্রেট, প্রোটিন, লিপিড ইত্যাদি এগুলি জীবিত জীব এবং মৃত জৈব পদার্থে বিদ্যমান মৃত জৈব পদার্থগুলি তাদের পুনর্ব্যবহারের জন্য অজৈব পদার্থে পচনশীলদের (যেমন ব্যাকটেরিয়া, ছত্রাক) ক্রিয়া দ্বারা ভেঙে যায়।

1.3.2.3 জলবায়ুর কারণ

এর মধ্যে রয়েছে আলো, তাপমাত্রা, আর্দ্রতা, বাতাস, বৃষ্টিপাত। জল ইত্যাদি

1.4 খাদ্য শৃঙ্খল এবং খাদ্য ওয়েব

ইকো-সিস্টেমে বেঁচে থাকার জন্য এবং শক্তি পাওয়ার জন্য একজনকে খেতে হবে। খাদ্য শৃঙ্খল এবং খাদ্য ওয়েব দেখায় যে কে কাকে খায় এবং বাস্তুতন্ত্রের মধ্যে এক জীব থেকে অন্য জীবের মধ্যে শক্তি স্থানান্তরের বর্ণনা দেয়। সংক্রমিত, খাদ্য শৃঙ্খলা এবং খাদ্য ওয়েব বিভিন্ন জীবের মধ্যে খাওয়ানোর সম্পর্কের পরিকল্পিত উপস্থাপনা।

1.4.1 খাদ্য শৃঙ্খল

আমরা যে খাবার খাই তা আমাদের দৈনন্দিন কাজকর্ম চালানোর জন্য শক্তি যোগায়। এটি অন্যান্য সকল জীবের জন্য প্রযোজ্য। বাস্তুতন্ত্রের মধ্যে, সমস্ত জীবন্ত প্রাণী একে অপরের সাথে তাদের খাদ্য উৎপাদনের পদ্ধতি এবং তাদের খাওয়ার অভ্যাসের সাথে একটি নিয়মতান্ত্রিক শৃঙ্খলে একে অপরের সাথে সংযুক্ত। বাস্তুতন্ত্রের বিভিন্ন উপাদানগুলির মধ্যে মিথস্ক্রিয়া একটি উপাদান থেকে অন্য উপাদানগুলিতে শক্তির প্রবাহকে অন্তর্ভুক্ত করেছে। খাদ্য শৃঙ্খল বিভিন্ন প্রাণীর জনসংখ্যার আয়তন নিয়ন্ত্রণ এবং বজায় রাখে, যার ফলে পৃথিবীতে পরিবেশগত ভারসাম্য বজায় থাকে। আসুন একটি তৃণভূমি বাস্তুতন্ত্রের উদাহরণ নেওয়া যাক, যেখানে সবুজ সবুজ উদ্ভিদ (যেমন গুল্ম, গুল্ম, গাছ ইত্যাদি) উৎপাদক বা অটোট্রফ এবং সেগুলি প্রাথমিক ভোক্তা অর্থাৎ তৃণভোজী (যেমন গরু, হরিণ, ছাগল, খরগোশ, ইঁদুর, ফড়িং ইত্যাদি)। তৃণভোজীগুলি পরবর্তীতে গৌণ ভোক্তাদের দ্বারা খাওয়া হয়েছে যেমন প্রাথমিক মাংসাশী (যেমন বিড়াল, শিয়াল, সাপ ইত্যাদি)। প্রাথমিক মাংসাশী তৃণমূল ভোক্তাদের দ্বারা খাওয়া হয়েছে যেমন বড় মাংসাশী (যেমন নেকড়ে, বড় মাছ ইত্যাদি)। পরিশেষে, ত্রৈমাসিক ভোক্তারা চতুর্থাংশ ভোক্তাদের দ্বারা খাওয়া হয়েছে অর্থাৎ সর্বভুক।

অতএব, এটা দেখা যায় যে উৎপাদকদের সাথে শুরু করেছে, তৃণভোজী, মাংসাশী এবং পরবর্তী স্তরের মাংসাশী প্রাণীর দিকে, সমস্ত জীব একটি নির্দিষ্ট সিকোয়েন্সিয়াল শৃঙ্খলে পরস্পরের সাথে যুক্ত থাকে এবং উৎপাদকদের কাছ থেকে শৃঙ্খলের শেষ লিংকে শক্তি স্থানান্তরের সাথে জড়িত থাকে।।

অতএব, খাদ্য শৃঙ্খলকে উৎপাদকদের কাছ থেকে খাদ্য শক্তির স্থানান্তরের সাথে জড়িত জীবের ক্রমিক আন্ত-সংযোগ হিসাবে সংজ্ঞায়িত করা যেতে পারে, জীবের একটি সিরিজের মাধ্যমে শৃঙ্খলের শেষ লিঙ্কে সর্বভুকরূপে উল্লেখ করা হয়েছে I

1.4.1.1 খাদ্য শৃঙ্খলের দৈর্ঘ্য

খাদ্য শৃঙ্খলের স্বতন্ত্র অনুক্রমিক ধাপ হল শক্তির স্থানান্তর বিভিন্ন ট্রফিক পর্যায়ে ঘটে। উদাহরণস্বরূপ, সবুজ উদ্ভিদ (প্রযোজক), প্রথম ট্রফিক স্তর গঠন করেছে - উৎপাদক স্তর; উদ্ভিদ ভক্ষক (তৃণভোজী), যাকে প্রাথমিক ভোক্তাও বলা হয়েছে, সেকেন্ড ট্রফিক স্তরের অন্তর্ভুক্ত- প্রাথমিক ভোক্তা স্তর; এবং লেশ ভক্ষক (মাংসাশী), যাকে গৌণ ভোক্তাও বলা হয়েছে, তৃতীয় ট্রফিক স্তরের প্রতিনিধিত্ব করেছে - মাধ্যমিক ভোক্তা স্তর ইত্যাদি। বাস্তুতন্ত্রে, বিভিন্ন খাদ্য শৃঙ্খলের দুটি, তিন বা চার বা সর্বোচ্চ পাঁচটি ট্রফিক স্তর থাকতে পারে। একটি খাদ্যশৃঙ্খল শেষ হতে পারে (i) তৃণভোজী (প্রাথমিক ভোক্তা) স্তরে, (ii) প্রাথমিক মাংসাশী (সেকেন্ডারি ভোক্তা) স্তরে, (iii) সেকেন্ডারি মাংসাশী (তৃতীয় শ্রেণীর ভোক্তা) স্তর বা (iv) তৃতীয় মাংসাশী (চতুর্থাংশ) স্তরে।

1.4.1.2 খাদ্য শৃঙ্খলের বৈশিষ্ট্য

1. একটি খাদ্য শৃঙ্খলে বাস্তুতন্ত্রের জীবের (জৈব উপাদান) মধ্যে খাদ্য শক্তির স্থানান্তর জড়িত। একটি খাদ্য শৃঙ্খলে, বারবার খাওয়া হয়েছে অর্থাৎ প্রতিটি গ্রুপ অন্য গ্রুপকে খায় এবং পরবর্তীতে জীবের অন্য কোন গোষ্ঠী খায়।

2. একটি খাদ্য শৃঙ্খলে, শক্তির প্রবাহ সূর্য থেকে উত্পাদকদের এবং পরবর্তীতে বিভিন্ন ধরণের ভোক্তাদের সিরিজের দিকে একমুখী হয়েছে।

চিত্র 1.8: খাদ্য শৃঙ্খল

3. সাধারণত, একটি খাদ্য শৃঙ্খলে 3 থেকে 4 ট্রফিক স্তর থাকে। কিছু ক্ষেত্রে সর্বোচ্চ 5 ট্রফিক স্তর থাকতে পারে।
4. সর্বভুক প্রাণী বিভিন্ন খাদ্য শৃঙ্খলে বিভিন্ন ট্রফিক অবস্থান দখল করা পারে।

1.4.2 খাদ্য ওয়েব

খাদ্য ওয়েব হ'ল খাদ্য শৃঙ্খলের একটি নেটওয়ার্ক যা বিভিন্ন ট্রফিক স্তরে পরস্পর সংযুক্ত থাকে যাতে একটি জৈব সম্প্রদায়ের বিভিন্ন জীবের মধ্যে বেশ কয়েকটি খাওয়ানোর জংশন তৈরি হয়েছে। প্রকৃতিতে, খাদ্য শৃঙ্খল বিচ্ছিন্নভাবে কাজ করেছে না কারণ প্রাকৃতিক পরিবেশে, প্রতিটি জীবকে সাধারণভাবে দুই বা ততোধিক ধরণের জীব দ্বারা খাওয়া হয়েছে, যা অভ্যন্তরীণ অন্যান্য অনেক জীব দ্বারা খাওয়া হয়েছে। সুতরাং, সরলরেখার খাদ্য শৃঙ্খলের পরিবর্তে, জীবের মধ্যে সম্পর্ক একটি অন্তর্নিহিত প্যাটার্ন গঠন করেছে যাকে খাদ্য ওয়েব বলে। উদাহরণস্বরূপ, গাছপালা শুঁয়োপোকা, ইঁদুর, ছাগল ইত্যাদি খেয়ে ফেলতে পারে, ঘাসফড়িং ব্যাঙ খেয়ে ফেলতে পারে, ইঁদুর বিড়াল খেয়ে ফেলতে পারে, প্রিয় বাঘ খেয়ে ফেলতে পারে। একটি খাদ্য ওয়েব, এইভাবে, খাদ্য প্রাপ্যতার বিকল্প পথ সরবরাহ করেছে। যদি কোনো নির্দিষ্ট প্রজাতির উৎপাদনকারী একটি রোগ বা পরিবেশগত ব্যবস্থায় অন্য কোনো কারণে ধ্বংস হয়ে যায়, তাহলে সেই এলাকার তৃণভোজী অন্যান্য প্রজাতির উৎপাদকদের খাদ্য দিতে পারে। একইভাবে, যদি কিছু ভেষজ প্রজাতি বাস্তুতন্ত্র থেকে নির্মূল হয়েছে, তবে সেকেন্ডারি ভোক্তারা অন্যান্য প্রজাতির খাবার খেতে পারে।

উপলব্ধ তৃণভোজী প্রাণী। খাদ্য জালে বিকল্পের প্রাপ্যতা বাস্তুতন্ত্রকে আরও স্থিতিশীল করেছে।

অতএব, প্রকৃতিতে উপলব্ধ বিকল্প খাদ্য শক্তি এক ধরণের ইন্টারলকিং প্যাটার্ন গঠন করেছে যার নাম খাদ্য ওয়েব। খাদ্য জালে, যে কোন প্রজাতি একাধিক ক্রান্তীয় স্তরে একই সাথে কাজ করা পারে।

1.4.2.1 খাদ্য ওয়েবের বৈশিষ্ট্য

1. প্রতিটি খাদ্য ওয়েব খাদ্য শৃঙ্খলের সাথে সংযুক্ত হয়ে গঠিত হয়েছে এবং এটি কখনই সোজা নয়, খাদ্য শৃঙ্খলের মতো

2. একটি খাদ্য ওয়েব খাদ্য প্রাপ্যতার বিকল্প লিঙ্ক প্রদান করেছে
3. খাদ্য জালে আরও বিকল্পের প্রাপ্যতা, বাস্তুতন্ত্রকে আরও স্থিতিশীল করা
4. খাদ্য ওয়েব বাস্তুতন্ত্রের উন্নয়নে সাহায্য করেছে

চিত্র 1.9: খাদ্য ওয়েব

1.5 কার্বন, নাইট্রোজেন, সালফার, ফসফরাস চক্র

সূর্যালোক আকারে শক্তি আমাদের ইকো-সিস্টেমে প্রবেশ করেছে , এর মধ্য দিয়ে প্রবাহিত হয়েছে এবং বায়ুমণ্ডলে তাপের আকারে চলে যায়। যাইহোক, কার্বন, নাইট্রোজেন, সালফার, ফসফরাস, হাইড্রোজেন এবং অক্সিজেন আকারে ছয়টি সাধারণ উপাদান রয়েছে যা বিভিন্ন রাসায়নিক রূপ গ্রহণ করেছে পুনর্ব্যবহারযোগ্য হয়েছে। এই সমস্ত উপাদান ইকো-সিস্টেমে জীবিত জীবের বেঁচে থাকার জন্য অত্যন্ত গুরুত্বপূর্ণ। পুনর্ব্যবহার প্রক্রিয়া দ্বারা, তারা বায়ুমণ্ডলে, ভূমিতে, জলতে বা পৃথিবীর পৃষ্ঠের নীচে এবং জীবিত জীবের দেহে দীর্ঘ বা স্বল্প সময়ের জন্য সংরক্ষিত থাকে।

1.5.1 কার্বন চক্র

কার্বন পৃথিবীর সকল প্রাণীর জন্য একটি অপরিহার্য উপাদান। এই জীবন গঠন হোক, খাদ্য উৎপাদনে সাহায্য করার জন্য কার্বন গ্রহণ করা বা শ্বাস-প্রশ্বাসের অংশ হিসেবে কার্বন নি:সরণ করা, কার্বন গ্রহণ এবং উৎপাদন সব উদ্ভিদ ও প্রাণীর জীবনের একটি উপাদান। জীবাশ্ম জ্বালানির আকারে কার্বন মানব জীবনের জন্য অর্থনৈতিকভাবে গুরুত্বপূর্ণ। সালোকসংশ্লেষণ, জীবাশ্ম জ্বালানি পোড়ানো এবং ফুসফুস থেকে নি:শ্বাস ছাড়ার মতো বিভিন্ন প্রক্রিয়ার মাধ্যমে কার্বন এক স্থান থেকে অন্য স্থানে চলাচলের স্থিতিশীল অবস্থায় থাকে। এর আন্দোলন এই প্রক্রিয়ার মাধ্যমে কার্বন কার্বন চক্র নামে পরিচিত।

কার্বন চক্র প্রক্রিয়ার সাথে জড়িত প্রধান পদক্ষেপগুলি নিম্নরূপ:

- বায়ুমণ্ডলে উপস্থিত কার্বন উদ্ভিদ পাতা ও কান্ড তৈরিতে ব্যবহার করেছে।
- এই উদ্ভিদগুলি তখন প্রাণীদের দ্বারা হজম হয়েছে এবং কার্বন তাদের দেহে জমা হয়েছে।
- এই প্রাণী এবং উদ্ভিদ শেষ পর্যন্ত মারা যায়, এবং পচে যাওয়ার পরে, কার্বন বায়ুমণ্ডলে ফিরে আসে এবং কার্বন ডাই অক্সাইডের মতো গ্যাসের আকারে সঞ্চিত হয়েছে।
- কিছু কার্বন যা বায়ুমণ্ডলে ফিরে আসে না তা অবশেষে জীবাশ্ম জ্বালানীতে পরিণত হয়েছে।
- এই জীবাশ্ম জ্বালানিগুলি তখন মানবসৃষ্ট ক্রিয়াকলাপের জন্য ব্যবহৃত হয়েছে, যার ফলে বায়ুমণ্ডলে কার্বন ডাই অক্সাইডের আকারে আরও বেশি কার্বন নির্গমন হয়েছে।

পৃথিবীতে জীবনের জন্য কার্বন চক্র অত্যাবশ্যক। প্রকৃতি কার্বনের মাত্রা ভারসাম্য বজায় রাখে, এর অর্থ হল প্রাকৃতিকভাবে উৎপাদিত কার্বনের পরিমাণ প্রাকৃতিকভাবে শোষিত কার্বনের পরিমাণের সমান। এই কার্বন ভারসাম্য বজায় রাখা গ্রহটিকে পুনর্নির্মাণ করে দেয় যা জীবনের জন্য অতিথিপরায়ণ। বিজ্ঞানীরা বিশ্বাস করেছেন যে মানুষ জীবাশ্ম জ্বালানি পোড়ানোর মাধ্যমে এই ভারসাম্য বিপর্যস্ত করেছে , যা বায়ুমণ্ডলে স্বাভাবিকের চেয়ে বেশি কার্বন যোগ করেছে এবং জলবায়ু পরিবর্তন এবং বৈশ্বিক উষ্ণতার দিকে পরিচালিত করেছে।

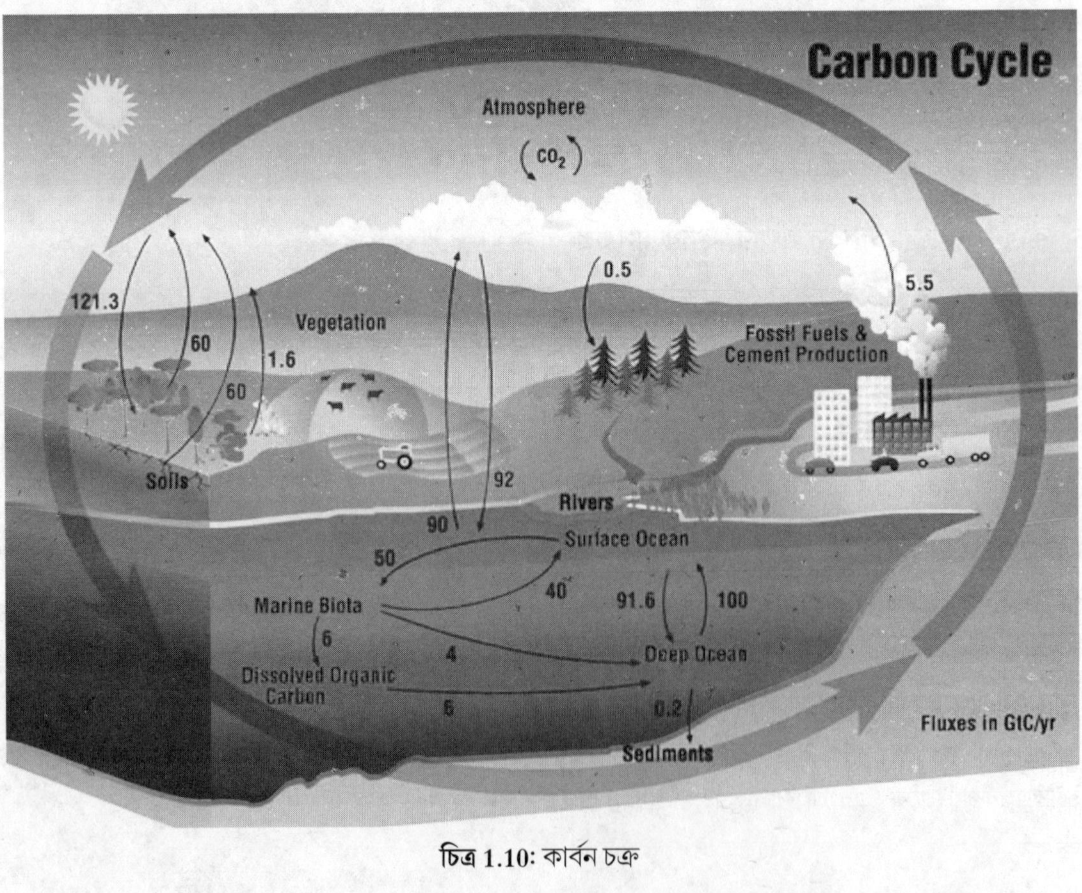

চিত্র 1.10: কার্বন চক্র

1.5.2 নাইট্রোজেন চক্র

নাইট্রোজেন, বা N (বৈজ্ঞানিক সংক্ষিপ্তসার), একটি বর্ণহীন, গন্ধহীন উপাদান। নাইট্রোজেন আমাদের চারপাশে বিদ্যমান। এটি আমাদের পায়ের নিচে মাটিতে, জলতে আমরা পান করি এবং বাতাসে আমরা শ্বাস নিই। নাইট্রোজেন আমাদের সহ সকল জীবের জন্য গুরুত্বপূর্ণ। এটি উদ্ভিদের বৃদ্ধিতে গুরুত্বপূর্ণ ভূমিকা পালন করেছে। নাইট্রোজেন ডিএনএ, আরএনএ এবং প্রোটিনের একটি অপরিহার্য উপাদান, জীবনের মূল উপাদান। সমস্ত জীবের বেঁচে থাকার এবং বৃদ্ধির জন্য নাইট্রোজেনের প্রয়োজন হয়েছে।

নাইট্রোজেনের ফর্ম:

(a) **জৈব রূপ:** অ্যামোনিয়াম (NH_4), নাইট্রাইট (NO_2), নাইট্রেট (NO_3), নাইট্রাস অক্সাইড (N_2O) এবং নাইট্রিক অক্সাইড (NO)

(b) **অজৈব রূপ:** নাইট্রোজেন গ্যাস (N_2)

নাইট্রোজেন চক্রের মধ্যে জীবিত এবং নির্জীব উভয়ের মাধ্যমে নাইট্রোজেনের চলাচল অন্তর্ভুক্ত। এটি বায়ুমণ্ডল, মাটি, জল, উদ্ভিদ, প্রাণী এবং ব্যাকটেরিয়ার মধ্য দিয়ে চলাচল করেছে। চক্রের বিভিন্ন অংশ দিয়ে চলাচল করা হলে নাইট্রোজেনকে তার রূপ পরিবর্তন করা হবে। বায়ুমণ্ডলে, নাইট্রোজেন একটি গ্যাস (N_2) হিসাবে বিদ্যমান, কিন্তু মাটিতে এটি নাইট্রোজেন অক্সাইড (NO) এবং নাইট্রোজেন ডাই অক্সাইড (NO_2) হিসাবে বিদ্যমান। এটি অ্যামোনিয়া (NH_3) এবং অ্যামোনিয়াম নাইট্রেট (NH_4NO_3) এর মতো অন্যান্য রূপে সার হিসাবে ব্যবহৃত হয়েছে।

নাইট্রোজেন চক্রের পাঁচটি পর্যায় রয়েছে যার মধ্যে রয়েছে:

- নাইট্রোজেন স্থায়ীকরণ
- নাইট্রোজেন সংযোজন
- অ্যামোনিফিকেশন
- নাইট্রিফিকেশন
- ডিনাইট্রিফিকেশন

পর্যায় 1: নাইট্রোজেন স্থিরকরণ

নাইট্রোজেন পৃথিবীর বায়ুমণ্ডলে সবচেয়ে বেশি উপাদান এবং বায়ুমণ্ডলের প্রায় ৭৮% নাইট্রোজেন। কিন্তু উদ্ভিদ এবং অন্যান্য জীবজন্তু তার বায়বীয় আকারে নাইট্রোজেন ব্যবহার করা সক্ষম নয়। উদ্ভিদ এবং অন্যান্য জীবের জন্য নাইট্রোজেন ব্যবহারযোগ্য আকারে উপলব্ধ হওয়ার জন্য, এটি অবশ্যই বিভিন্ন রাসায়নিক রূপে রূপান্তরিত হতে হবে। নাইট্রোজেনকে জৈবিকভাবে উপলব্ধ নাইট্রোজেনে (জৈব পদার্থ) রূপান্তর করার প্রক্রিয়াকে নাইট্রোজেন স্থিরকরণ বলে।

অল্প পরিমাণে নাইট্রোজেন স্থির করা যেতে পারে যখন বজ্রপাত নাইট্রোজেনকে অক্সিজেনের সাথে বিক্রিয়া করার জন্য প্রয়োজনীয় শক্তি সরবরাহ করেছে , নাইট্রোজেন অক্সাইড (NO) এবং নাইট্রোজেন ডাই অক্সাইড (NO_2) তৈরি করেছে। এই ধরনের নাইট্রোজেন তখন বৃষ্টি বা তুষারের মাধ্যমে মাটিতে প্রবেশ করেছে।

সার তৈরির শিল্প প্রক্রিয়ার মাধ্যমেও নাইট্রোজেন ঠিক করা যায়। এই ফিক্সিংটি উচ্চ তাপ এবং চাপের মধ্যে ঘটে, যার সময় বায়ুমণ্ডলীয় নাইট্রোজেন এবং হাইড্রোজেন একত্রিত হয়ে অ্যামোনিয়া (NH_3) তৈরি করেছে , যা পরে আরও প্রক্রিয়াজাত হয়ে অ্যামোনিয়াম নিট্রেট (NH_4NO_3) তৈরি করা পারে, যা নাইট্রোজেনের একটি রূপ হতে পারে মাটিতে যোগ করা হয়েছে এবং গাছপালা দ্বারা ব্যবহৃত হয়েছে। বেশিরভাগ নাইট্রোজেন স্থিরকরণ প্রাকৃতিকভাবে, মাটিতে ব্যাকটেরিয়া দ্বারা ঘটে।

পর্যায় 2: অ্যামোনিফিকেশন

এটি কিছু নির্দিষ্ট অণুজীব দ্বারা উদ্ভিদ ও প্রাণীর মৃত জৈব অবশিষ্টাংশ থেকে প্রাপ্ত জৈব যৌগ এবং প্রাণীর নিষ্কাশন দ্বারা অ্যামোনিয়া মুক্ত করা র প্রক্রিয়া। বিশেষভাবে জড়িত অণুজীবগুলি হল অ্যাক্টিনোমাইসেটস এবং ব্যাসিলি।

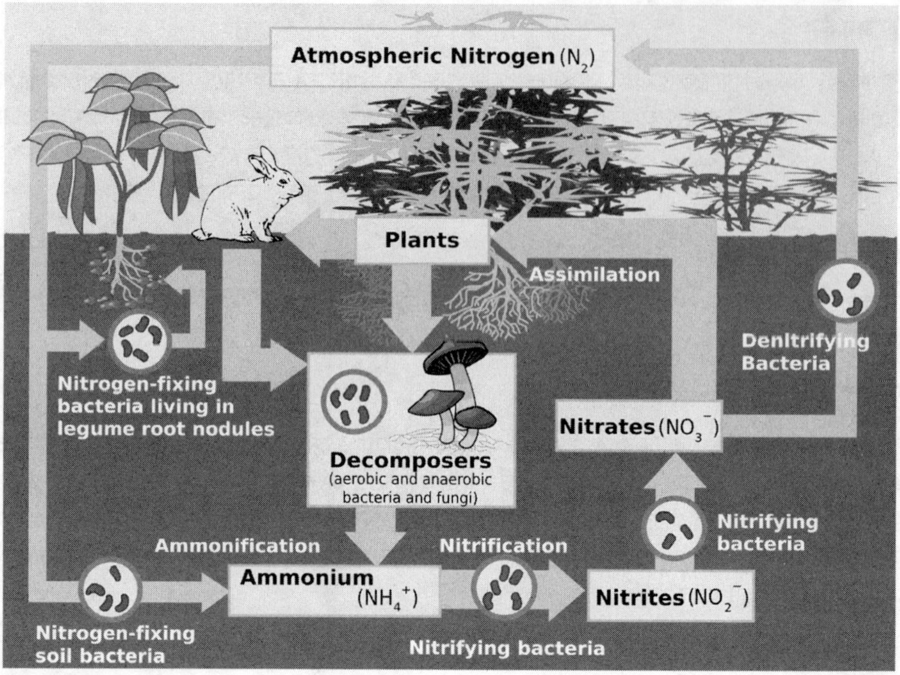

চিত্র 1.11: নাইট্রোজেন চক্র

পর্যায় 3: নাইট্রিফিকেশন

নাইট্রিফিকেশন প্রক্রিয়ায় অ্যামোনিয়া নাইট্রাইট (NO_2) এবং নাইট্রেট (NO_3) নামক যৌগগুলিতে রূপান্তরিত হয়েছে। এই নাইট্রেটগুলি উদ্ভিদ এবং প্রাণীরাও ব্যবহার করেছে যা গাছগুলি গ্রাস করেছে। যদিও নাইট্রাইট গাছপালা এবং প্রাণীদের দ্বারা সরাসরি ব্যবহারযোগ্য নয়, অন্যান্য ব্যাকটেরিয়া নাইট্রাইটকে নাইট্রেটে পরিণত করা পারে, এটি এমন একটি ফর্ম যা উদ্ভিদ এবং প্রাণী ব্যবহার করা পারে। নাইট্রিফিকেশনের জন্য অক্সিজেনের উপস্থিতি প্রয়োজন, তাই নাইট্রিফিকেশন কেবল অক্সিজেন সমৃদ্ধ পরিবেশে ঘটতে পারে যেমন প্রবাহিত জলের সঞ্চালন এবং মাটির পৃষ্ঠ এবং স্তরের স্তর। নাইট্রিফিকেশন প্রক্রিয়া উদ্ভিদের জন্য গুরুত্বপূর্ণ, কারণ এটি উপলব্ধ নাইট্রোজেনের একটি অতিরিক্ত স্ট্যাশ তৈরি করেছে যা গাছগুলি তাদের মূল সিস্টেমের মাধ্যমে শোষিত হতে পারে।

পর্যায় 4: নাইট্রোজেন সংযোজন

এই প্রক্রিয়ায়। নাইট্রেট, নাইট্রাইট এবং অ্যামোনিয়া আকারে অজৈব নাইট্রোজেন সবুজ গাছপালা তাদের শিকড়ের মাধ্যমে শোষিত হয়েছে এবং তারপর এটি নাইট্রোজেন জৈব যৌগগুলিতে রূপান্তরিত হয়েছে। নাইট্রেটস প্রথমে অ্যামোনিয়ায় রূপান্তরিত হয়েছে যা জৈব এসিডের সাথে মিলিত হয়ে অ্যামিনো অ্যাসিড তৈরি করেছে। অ্যামিনো অ্যাসিড প্রোটিন, এনজাইম, ক্লোরোফিল, নিউক্লিক এসিড ইত্যাদির সংশ্লেষণে ব্যবহৃত হয়েছে।

পর্যায় 5: ডিনাইট্রিফিকেশন

নাইট্রোজেন চক্রের পঞ্চম পর্যায়ে, নাইট্রোজেন নাইট্রেট হিসাবে বাতাসে ফিরে আসে এবং ডেনিট্রিফিকেশন নামক প্রক্রিয়ার মাধ্যমে ব্যাকটেরিয়া দ্বারা এটমোফেরিক নাইট্রোজেনে (N_2) রূপান্তরিত হয়েছে। এর ফলে মাটি থেকে নাইট্রোজেনের সামগ্রিক ক্ষতি হয়েছে, কারণ নাইট্রোজেনের বায়বীয় রূপ বায়ুমণ্ডলে চলে যায়, যেখানে আমরা আমাদের গল্প শুরু করেছে ছি।

1.5.3 সালফার চক্র

দুগ্ধজাত দ্রব্য, ডিম, মাছ, মাংস এবং সামুদ্রিক খাবারের মতো উচ্চ সমৃদ্ধ প্রোটিনযুক্ত খাবারের সাথে সালফার যুক্ত। সালফার কোষকে শক্ত ও শক্তিশালী করা সাহায্য করেছে যা চুল, নখ এবং ত্বকে পাওয়া যায়। উদ্ভিদের সালফার গুরুত্বপূর্ণ এনজাইম তৈরিতে সাহায্য করেছে এবং উদ্ভিদের প্রোটিন গঠনে সহায়তা করেছে। সার, কীটনাশক এবং সার উদ্ভিদের সালফারের প্রাথমিক উৎস।

সালফার চক্র মহাসাগর, স্থল এবং বায়ুমণ্ডলের মাধ্যমে সালফারের গতিবিধি বর্ণনা করেছে। সালফার চক্র নীচে ব্যাখ্যা করা হয়েছে:

বায়ুমণ্ডলে সালফার সালফার ডাই অক্সাইড (SO_2) আকারে পাওয়া যায় এবং তিনটি উপায়ে প্রবেশ করেছে , থেকে (i) জৈব অণুর পচন, (ii) আগ্নেয়গিরি এবং ভূ -তাপীয় ভেন্ট এবং (iii) মানুষের দ্বারা জ্বালানি জীবাশ্ম পোড়ানো।

- সালফার চারটি প্রধান উপায়ে জমিতে জমা হয়েছে, যেমন বৃষ্টিপাত, বায়ুমণ্ডল থেকে সরাসরি পতন, শিলা আবহাওয়া এবং ভূ-তাপীয় বায়ু
- সালফার ভূমি থেকে বায়ুমণ্ডলীয় পতন এবং জলের নীচে ভূ -তাপীয় বায়ু থেকে প্রবাহিত হয়ে সমুদ্রে প্রবেশ করেছে
- বায়ুমণ্ডলে সালফার বাতাসের সংস্পর্শে এসে সালফেটে রূপান্তরিত হয়েছে
- এই সালফেটগুলি উদ্ভিদ এবং জীবাণু দ্বারা গ্রাস করা হয়েছে এবং জৈব রূপে রূপান্তরিত হয়েছে।
- সালফারের রূপান্তরিত জৈব রূপগুলি তখন প্রাণীরা খায় এবং এভাবে সালফার খাদ্য শৃঙ্খলে চলে।
- যখন প্রাণী মারা যায়, কিছু সালফার তাদের পচন দ্বারা বায়ুমণ্ডলে মুক্তি পায়, এইভাবে একটি সালফার চক্র সম্পন্ন হয়েছে। অবশিষ্ট সালফার জীবাণুর টিস্যুতে প্রবেশ করেছে।

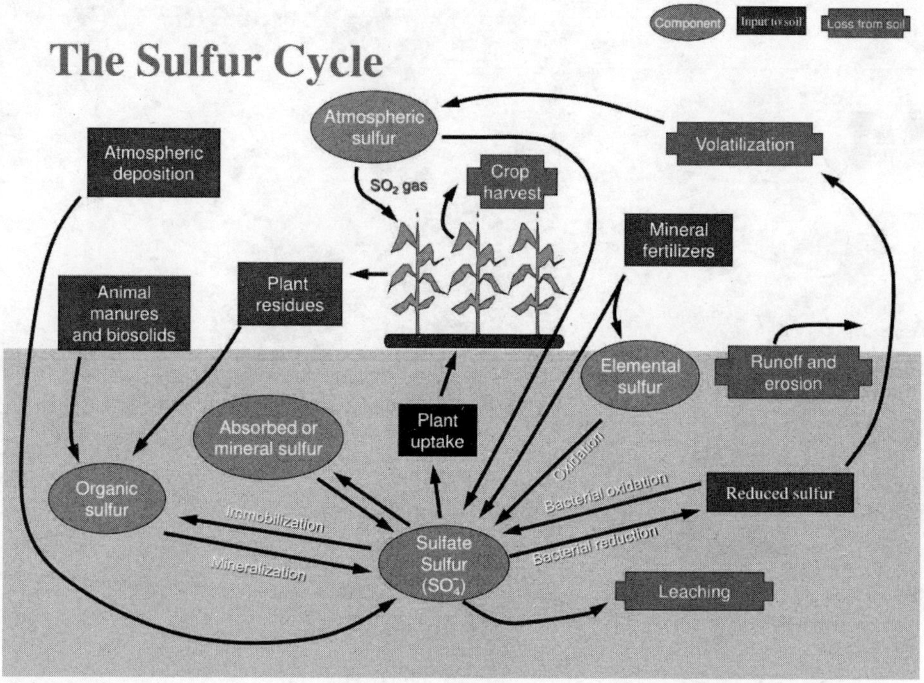

চিত্র 1.12: সালফার চক্র

1.5.4 ফসফরাস চক্র

ফসফরাস প্রাণী এবং উদ্ভিদের মতো সমস্ত জীবের জন্য একটি প্রয়োজনীয় পুষ্টি উপাদান। এটি কোষের বিকাশে গুরুত্বপূর্ণ ভূমিকা পালন করেছে এবং এটি অণুগুলির একটি মূল উপাদান যা শক্তি সঞ্চয় করেছে, যেমন এটিপি, ডিএনএ এবং লিপিড (ভাগ্য এবং তেল)। মাটিতে অপর্যাপ্ত ফসফরাসের ফলে ফসলের ফলন খারাপ হতে পারে।

যেহেতু ফসফরাস এবং ফসফরাসযুক্ত যৌগগুলি কেবল ভূমিতে বিদ্যমান, তাই ফসফরাস চক্রে বায়ুমণ্ডল কোন গুরুত্বপূর্ণ ভূমিকা পালন করেছে না। ফসফরাস চক্র একটি খুব ধীর প্রক্রিয়া যা নীচে উল্লিখিত তিনটি মূল ধাপের সাথে জড়িত:

- আবহাওয়া
- উদ্ভিদ এবং প্রাণী দ্বারা শোষণ
- পচনের মাধ্যমে পরিবেশে ফিরে আসা

আবহাওয়া

যেহেতু ফসফরাসের প্রধান উৎস পাথরে পাওয়া যায়, তাই ফসফরাস চক্রের প্রথম ধাপে আবহাওয়া দ্বারা শিলা থেকে ফসফেট সল্ট হিসাবে ফসফরাস বের করা জড়িত। এই লবণগুলি মাটিতে ধুয়ে যায় এবং মাটিতে মিশে যায়।

উদ্ভিদ এবং প্রাণী দ্বারা শোষণ

উদ্ভিদ, ছত্রাক এবং অণুজীবগুলি ফসফেট লবণ শোষণ করা সক্ষম, জলতে দ্রবীভূত এবং বৃদ্ধি পায়। ফসফরাস জলের ব্যবস্থায়ও ধুয়ে ফেলা যায় এবং উদ্ভিদ সরাসরি জল থেকে ফসফরাস শোষণ করেছে এবং বেড়ে ওঠে। উদ্ভিদ ছাড়াও, প্রাণীরাও পানীয় জল এবং উদ্ভিদ খাওয়া থেকে ফসফরাস পায়। যাইহোক, মাটিতে ফসফরাসের পরিমাণ খুবই কম এবং তাই কৃষকরা কৃষিজমিতে ফসফেট সার প্রয়োগ করেছে।

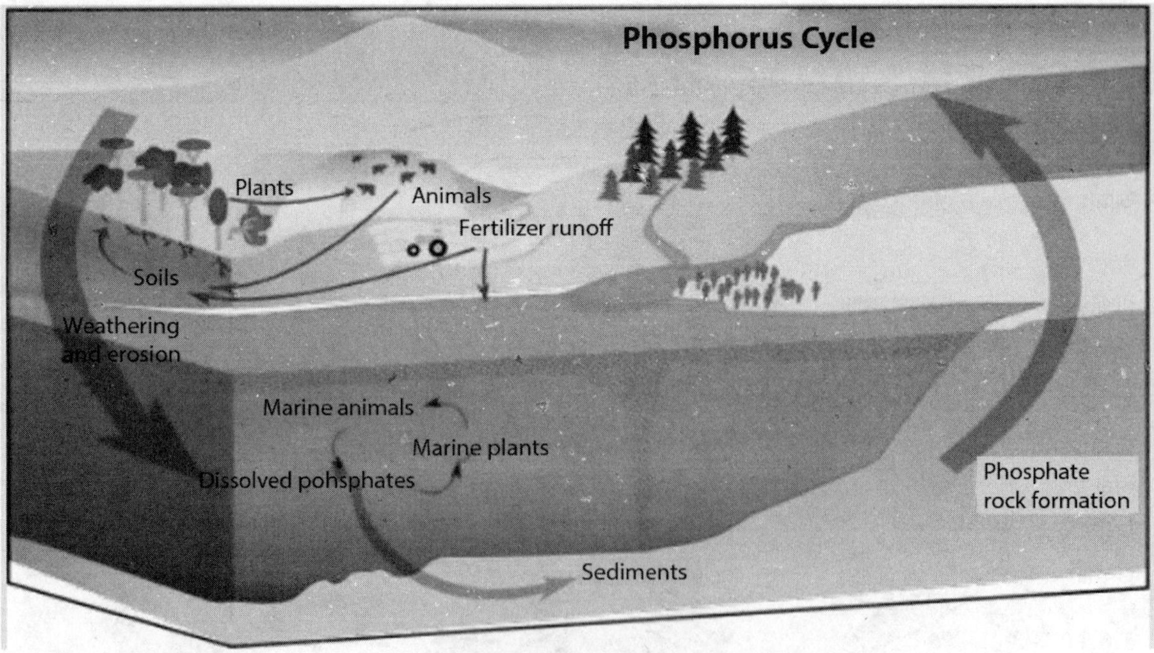

চিত্র 1.13: ফসফরাস চক্র

পচনের মাধ্যমে পরিবেশে ফিরে আসা

যখন উদ্ভিদ এবং প্রাণী মারা যায় তখন তারা অণুজীব দ্বারা পচে যায়। এই প্রক্রিয়ায় জৈব ফসফরাস ফর্ম অজৈব রূপে রূপান্তরিত হয়েছে এবং মাটি বা জলের মাধ্যমে পরিবেশে ফিরে আসে। গাছপালা এবং প্রাণী এই ফসফরাস ব্যবহার করা পারে, এবং চক্রের ধাপ 2 পুনরাবৃত্তি হয়েছে। মাটি এবং জলও পলি এবং শিলা তৈরিতে শেষ হয়েছে, যা আবার আবহাওয়া দ্বারা ফসফরাস নির্গত করেছে। অতএব, ফসফরাস চক্র পুনরাবৃত্তি হয়েছে।

1.6 বৈশ্বিক উষ্ণায়ন (গ্লোবাল ওয়ার্মিং)

আমাদের পৃথিবী বায়ুমণ্ডলে ঘেরা যা মেঘ, ধূলিকণা, গ্যাস (কার্বন ডাই অক্সাইড, মিথেন, নাইট্রাস অক্সাইড ইত্যাদি) এবং জলীয় বাষ্প নিয়ে গঠিত। এই উপাদানগুলি, বায়ুমণ্ডলে উপস্থিত, পৃথিবীতে পতিত প্রচুর পরিমাণে সৌর বিকিরণ ফিল্টার এবং ছড়িয়ে দেয়। প্রায় 48% সৌর বিকিরণ পৃথিবীর পৃষ্ঠে পৌঁছায় এবং এর মাত্র 1% উদ্ভিদ দ্বারা শোষিত হয়েছে। পৃথিবীর পৃষ্ঠে পতিত সৌর বিকিরণ বায়ুমণ্ডলে ইনফ্রা-রেড বিকিরণ হিসাবে প্রতিফলিত হয়েছে। ইনফ্রা-রেড বিকিরণের অংশ বায়ুমণ্ডলের মধ্য দিয়ে যায়। অবশিষ্ট ইনফ্রা-রেড বিকিরণের অধিকাংশ বায়ুমণ্ডলে উপস্থিত গ্যাস দ্বারা শোষিত হয়েছে এবং সব দিক থেকে পুনরায় নির্গত হয়েছে। এই পুনরায় নির্গত ইনফ্রা-রেড বিকিরণগুলি, পৃথিবীর পৃষ্ঠকে উষ্ণ রাখে এবং গড় বার্ষিক তাপমাত্রা 15°C। যদি এই পুনরায় নির্গত ইনফ্রা-রেড বিকিরণ না থাকত, তাহলে পৃথিবীর গড় তাপমাত্রা (-) 20°C হত, যা চাঁদের বায়ুমণ্ডলের সমান।

বায়ুমণ্ডলে জলীয় বাষ্প, কার্বন ডাই অক্সাইড (CO_2), মিথেন (CH_4), ক্লোরোফ্লোরোকার্বন (CFCs) এবং নাইট্রাস অক্সাইড (N_2O) এর উপস্থিতির ফলে সৃষ্ট পৃথিবীর পৃষ্ঠ এবং ট্রপোস্ফিয়ারের উষ্ণতাকে গ্রীনহাউস ইফেক্ট বলা হয়েছে। এই গ্যাসগুলিকে গ্রিনহাউস গ্যাস বলা হয়েছে।

গ্লোবাল ওয়ার্মিং একটি শব্দ যা পৃথিবীর জলবায়ু ব্যবস্থার গড় তাপমাত্রা বৃদ্ধি এবং এর সাথে সম্পর্কিত প্রভাবের জন্য ব্যবহৃত হয়েছে। গ্রিনহাউস গ্যাস এবং অন্যান্য মানুষের সৃষ্ট নির্গমনের ঘনত্ব বৃদ্ধির কারণে গ্লোবাল ওয়ার্মিং হয়েছে। বায়ুমণ্ডলের মধ্যে গ্রিনহাউস গ্যাসের পরিমাণ বৃদ্ধি বা হ্রাস করা সূর্যের তাপকে অধিক পরিমাণে ধরে রাখতে বা মুক্ত করা কাজ করেছে।

1880 থেকে 1980 এর মধ্যে বিশ্বব্যাপী বার্ষিক তাপমাত্রা মোট 1 ডিগ্রি সেলসিয়াসের একটু বেশি বৃদ্ধি পেয়েছে। গত 40 বছর ধরে আমরা প্রতি দশকে বিশ্বব্যাপী বার্ষিক তাপমাত্রা 0.18 ডিগ্রি সেলসিয়াস বৃদ্ধি পেয়েছি।

এখন জলবায়ু বিজ্ঞানী এই সিদ্ধান্তে উপনীত হয়েছেন যে 2040 সালের মধ্যে বৈশ্বিক উষ্ণতাকে 1.5 ডিগ্রি সেলসিয়াসে সীমাবদ্ধ রাখতে হবে যাতে সর্বাধিক ধ্বংসাত্মক প্রভাব এড়ানো যায়: চরম খরা, দাবানল, বন্যা, গ্রীষ্মমন্ডলীয় ঝড় এবং অন্যান্য দুর্যোগ যা আমরা সম্মিলিতভাবে হিসাবে উল্লেখ করি জলবায়ু পরিবর্তন।

মানুষ প্রতিবছর বায়ুমণ্ডলে প্রচুর পরিমাণে কার্বন ডাই অক্সাইড (CO_2) যোগ করেছে ঘরবাড়ি, শিল্প ও অটোমোবাইলগুলিতে জীবাশ্ম জ্বালানি, কৃষি পদ্ধতির সাথে সম্পর্কিত জৈববস্তু জ্বালানো ইত্যাদি দ্বারা ধানক্ষেত, গবাদি পশুর ছায়া, বায়োগ্যাস উদ্ভিদ দ্বারা বায়ুমণ্ডলে মিথেন যুক্ত হয়েছে একইভাবে, ক্লোরো-ফ্লোরোকার্বন বায়ুমণ্ডলে রেফ্রিজারেটর এবং এয়ার কন্ডিশনার দ্বারা নির্গত হয়েছে। নাইট্রাস অক্সাইড জৈব পদার্থ এবং সার থেকে ব্যাকটেরিয়া এবং অটোমোবাইল নিষ্কাশন এবং শিল্প থেকে উৎপাদিত হয়েছে। এইভাবে, গ্রিনহাউস গ্যাসের পরিমাণ বৃদ্ধি, ফলস্বরূপ বিশ্বব্যাপী তাপমাত্রা বৃদ্ধি পায়।

1.6.1 ওজোন হ্রাস

ওজোন হল একটি ত্রি-পরমাণু অণু যা অক্সিজেনের তিনটি পরমাণু, O_3 দিয়ে গঠিত। বায়ুমণ্ডলের নিচের অংশে খুব কম পরিমাণে ওজোন থাকে, যাকে বলা হয়েছে ট্রপোস্ফিয়ার। যাইহোক, বায়ুমণ্ডলের উপরের অংশে ওজোন ভাল পরিমাণে থাকে, যাকে বলা

হয়েছে স্ট্র্যাটোস্ফিয়ার যা নিরক্ষরেখার প্রায় 18-50 কিমি উপরে। এর সর্বাধিক ঘনত্ব বিষুবরেখার 23-25 কিমি উপরে। স্ট্র্যাটোস্ফিয়ারের ওজোন সমৃদ্ধ এই অঞ্চলটিকে ওজোন স্তর বা ওজোনোস্ফিয়ার বলা হয়েছে। ওজোন স্তর পৃথিবীতে জীবনের ঢাল হিসাবে কাজ করেছে এবং এটিকে সাধারণত ওজোন ঢাল বলা হয়েছে কারণ এই অঞ্চলটি উচ্চ শক্তির অতিবেগুনী (UV) বিকিরণকে বাধা দেয় এবং নিম্ন শক্তির UV বিকিরণকে পৃথিবীর পৃষ্ঠে পৌঁছাতে দেয়।

ওজোন স্তর পাতলা হওয়াকে সাধারণত ওজোন হ্রাস বলা হয়েছে। বায়ু দূষণকারী এবং ক্লোরোফ্লোরো-কার্বন (CFCs) মূলত স্ট্রাটোস্ফিয়ারে ওজোন স্তর হ্রাসের জন্য দায়ী। এটি ছাড়াও, মিথেন (CH_4) এবং নাইট্রোজেনের অক্সাইড (NOx) ওজোন স্তর পাতলা করা ও অবদান রাখে।

ক্লোরোফ্লুরোকার্বন (সিএফসি) সিন্থেটিক, ক্ষতিকারক রাসায়নিক, ব্যাপকভাবে অগ্নি নির্বাপক যন্ত্র, শীতল হিসেবে এয়ার কন্ডিশনারগুলিতে ব্যবহৃত হয়েছে; অ্যারোসল স্প্রেয়ার এবং প্রোপেলেন্ট হিসাবে। একবার বাতাসে ছেড়ে দিলে, এই ক্ষতিকর রাসায়নিকগুলি ইউভি বিকিরণের উপস্থিতিতে 'সক্রিয় ক্লোরিন' (CI এবং CIO র্যাডিক্যাল) তৈরি করেছে। এই বিকিরণগুলি শৃঙ্খল বিক্রিয়াগুলির মাধ্যমে, তারপর ওজোনকে অক্সিজেনে রূপান্তর করেছে ধ্বংস করেছে। এই কারণে, উপরের বায়ুমণ্ডলে (অর্থাৎ স্ট্র্যাটোস্ফিয়ার) ওজোন স্তর পাতলা হয়ে যায়। আপনি জেনে অবাক হবেন যে একটি একক 'সক্রিয় ক্লোরিন' ওজোন এর এক লক্ষ অণুকে অক্সিজেনে রূপান্তর করেছে। বায়ুমণ্ডলীয় ওজোনের পরিমাণ ডবসন স্পেকট্রোমিটার দ্বারা পরিমাপ করা হয়েছে এবং ডবসন ইউনিটে (ডিইউ) প্রকাশ করা হয়েছে।

1.6.1.1 ওজোন হ্রাসকারী পদার্থ (ODS)

এই পদার্থগুলি যা স্ট্র্যাটোস্ফিয়ারে ওজোন স্তরের সাথে প্রতিক্রিয়া করেছে এবং এটি ধ্বংস করেছে। প্রধান ODS হল ক্লোরোফ্লুরোকার্বন, মিথেন, নাইট্রাস অক্সাইড, কার্বন টেট্রাক্লোরাইড এবং ক্লোরিন। এর মধ্যে ক্লোরোফ্লুরোকার্বন প্রধান ওডিএস।

1.6.1.2 ওজোন হ্রাসের প্রভাব

ওজোন স্তর পাতলা হওয়ার ফলে আরও বেশি UV বিকিরণ পৃথিবীতে প্রবেশ করা পারে এবং আঘাত করা পারে। এগুলি মানুষ, প্রাণী এবং উদ্ভিদের উপর ক্ষতিকর প্রভাব ফেলে যেমন ত্বকের ক্যান্সার, হারপিস, চোখের দৃষ্টি ম্লান হওয়া, চোখে ছানি পড়া, রোগ প্রতিরোধ ক্ষমতা হ্রাস করা, মায়ের জরায়ুতে ভ্রূণ বৃদ্ধি, বৈশ্বিক উষ্ণতা ইত্যাদি।

1.7 ইউনিট সারাংশ

1. সমস্ত জীবন্ত প্রাণী একে অপরের সাথে যোগাযোগ করেছে এবং প্রকৃতিতে ভারসাম্য বজায় রাখার জন্য নির্জীব ভৌত পরিবেশের সাথেও যোগাযোগ করেছে। এই সমস্ত মিথস্ক্রিয়াশীল জীব, নির্জীব ভৌত পরিবেশের সাথে একটি বাস্তুতন্ত্র গঠন করেছে

2. যেকোনো বাস্তুতন্ত্রের বিভিন্ন উপাদান দুটি প্রধান প্রকারে বিভক্ত করা যেতে পারে:

3. জৈব উপাদান অন্তর্ভুক্ত (i) উৎপাদক (ii) ভোক্তা এবং (iii) পচনশীল। অ্যাজৈবিক উপাদানগুলির মধ্যে রয়েছে (i) অজৈব পদার্থ (ii) জৈব যৌগ এবং (iii) জলবায়ু ফ্যাক্টর

4. সবুজ গাছপালা, নীল সবুজ শৈবাল, কিছু ব্যাকটেরিয়া এবং ফাইটোপ্ল্যাঙ্কটন নামক মুক্ত-ভাসমান অটোট্রফিক মাইক্রো-অর্গানিজম উৎপাদক শ্রেণীর অন্তর্গত। ভোক্তারা মূলত প্রাণী। পচনশীলদের মধ্যে রয়েছে ব্যাকটেরিয়া এবং ক্ষয়ের ছত্রাক

5. একটি বাস্তুতন্ত্রে, সমস্ত জীবন্ত প্রাণী তাদের খাদ্য/খাওয়ানোর অভ্যাস তৈরির পদ্ধতি সম্পর্কিত একটি নিয়মতান্ত্রিক শৃঙ্খলে সংযুক্ত থাকে

6. খাদ্য শৃঙ্খল সবসময় সোজা থাকে এবং সূর্য থেকে উৎপাদক এবং পরবর্তীতে বিভিন্ন ধরনের ভোক্তাদের মধ্যে একমুখী শক্তির প্রবাহ থাকে

7. খাদ্য ওয়েব হল খাদ্য শৃঙ্খলের একটি নেটওয়ার্ক যা বিভিন্ন ট্রফিক স্তরে পরস্পর সংযুক্ত থাকে যাতে জীবিত প্রাণীদের মধ্যে বেশ কয়েকটি খাদ্য সংযোগ তৈরি করা যায়

8. কার্বন পৃথিবীর সকল প্রাণীর জন্য একটি অপরিহার্য উপাদান

9. কার্বন বিভিন্ন প্রক্রিয়ায় যেমন সালোকসংশ্লেষণ, জীবাশ্ম জ্বালানি পোড়ানো এবং ফুসফুস থেকে সহজভাবে শ্বাস ছাড়ার মাধ্যমে এক স্থান থেকে অন্য স্থানে চলাচলের স্থিতিশীল অবস্থায় থাকে। এই প্রক্রিয়ার মাধ্যমে কার্বনের চলাচল কার্বন চক্র নামে পরিচিত

10. নাইট্রোজেন, বা এন (বৈজ্ঞানিক সংক্ষিপ্তসার), একটি বর্ণহীন, গন্ধহীন উপাদান। নাইট্রোজেন আমাদের চারপাশে বিদ্যমান

11. নাইট্রোজেন আমাদের পায়ের নিচে মাটিতে, জলতে আমরা পান করি এবং বাতাসে আমরা শ্বাস নিই। নিট্রোজেন আমাদের সহ সকল জীবের জন্য গুরুত্বপূর্ণ

12. নাইট্রোজেন চক্রের মধ্যে জীবিত এবং নির্জীব উভয়ের মাধ্যমে নাইট্রোজেনের চলাচল অন্তর্ভুক্ত

13. নাইট্রোজেন চক্রের পাঁচটি পর্যায় রয়েছে যার মধ্যে রয়েছে:

- নাইট্রোজেন স্থায়ীকরণ
- নাইট্রোজেন সংযোজন
- অ্যামোনিফিকেশন
- নাইট্রিফিকেশন
- ডিনাইট্রিফিকেশন

14. সালফার উচ্চ সমৃদ্ধ প্রোটিনযুক্ত খাবারের সাথে যুক্ত যেমন দুগ্ধজাত দ্রব্য, ডিম, মাছ, মাংস এবং সামুদ্রিক খাদ্য

15. সালফার চক্র মহাসাগর, স্থল এবং বায়ুমণ্ডলের মাধ্যমে সালফারের গতিবিধি বর্ণনা করেছে

16. ফসফরাস সব জীবের জন্য একটি অপরিহার্য পুষ্টি যেমন প্রাণী এবং উদ্ভিদ

17. ফসফরাস চক্র একটি অত্যন্ত ধীর প্রক্রিয়া যার মধ্যে তিনটি প্রধান ধাপ রয়েছে, যেমন আবহাওয়া, উদ্ভিদ ও প্রাণী দ্বারা শোষণ, পচনের মাধ্যমে পরিবেশে ফিরে আসা

18. বায়ুমণ্ডলের গ্যাস, পৃথিবীর পৃষ্ঠকে উষ্ণ রাখার জন্য সবচেয়ে বেশি দায়ী, কার্বন ডাই অক্সাইড (CO_2), মিথেন (CH_4), ক্লোরোফ্লুরোকার্বন (CFCs) এবং নাইট্রাস অক্সাইড (N_2O)। এই গ্যাসগুলিকে গ্রিনহাউস গ্যাস বলা হয়েছে

19. গ্লোবাল ওয়ার্মিং একটি শব্দ যা পৃথিবীর জলবায়ু ব্যবস্থার গড় তাপমাত্রা বৃদ্ধি এবং এর সাথে সম্পর্কিত প্রভাবের জন্য ব্যবহৃত হয়েছে

20. গত 40 বছর ধরে, প্রতি দশকে আমরা বিশ্বব্যাপী বার্ষিক তাপমাত্রা 0.18 ডিগ্রি সেলসিয়াস বৃদ্ধি পেয়েছি

21. বায়ুমণ্ডলের গ্যাস, পৃথিবীর পৃষ্ঠকে উষ্ণ রাখার জন্য সবচেয়ে বেশি দায়ী, কার্বন ডাই অক্সাইড (CO_2), মিথেন (CH_4), ক্লোরোফ্লুরোকার্বন (CFCs) এবং নাইট্রাস অক্সাইড (N_2O)। এই গ্যাসগুলিকে গ্রিনহাউস গ্যাস বলা হয়েছে

22. স্ট্র্যাটোস্ফিয়ারে ওজোন সমৃদ্ধ এই অঞ্চলটিকে ওজোন স্তর বা ওজোনোস্ফিয়ার বলা হয়েছে। ওজোন স্তর পৃথিবীতে জীবনের ঢাল হিসেবে কাজ করেছে

23. ওজোন স্তর পাতলা হওয়াকে সাধারণত ওজোন ক্ষয় বলা হয়েছে

24. বায়ু দূষণকারী এবং ক্লোরোফ্লোরোকার্বন (CFCs) মূলত স্ট্র্যাটোস্ফিয়ারে ওজোন স্তর হ্রাসের জন্য দায়ী

25. ওজোন স্তর পাতলা হয়ে যাওয়ার ফলে আরও বেশি UV বিকিরণ পৃথিবীতে প্রবেশ করা পারে এবং আঘাত করা পারে। এগুলি মানুষ, প্রাণী এবং উদ্ভিদের উপর ক্ষতিকর প্রভাব ফেলে

1.8 ইন্টারেস্টিং ফ্যাক্টস

1. গ্রীষ্মমন্ডলীয় রেইনফরেস্টগুলি বিষুবরেখার কাছে পাওয়া যায় যেখানে আবহাওয়া সবসময় উষ্ণ এবং ভেজা অবস্থায় থাকে। এই ধরনের জলবায়ু শীতল গাছপালা এবং গাছ প্রচুর তৈরির মূল উপাদান। পৃথিবীর অর্ধেক উদ্ভিদ ও প্রাণী গ্রীষ্মমন্ডলীয় বৃষ্টিভূমিতে বাস করেছে। এটি অনেক ধরনের উদ্ভিদ, প্রাণী, ছত্রাক এবং অণুবীক্ষণিক জীব নিয়ে একটি অত্যন্ত ব্যস্ত বাস্তুতন্ত্র।

2. অধিকাংশ মরুভূমিতে খুব কম বৃষ্টি হয়েছে। বেশিরভাগ সময় জমি শুকনো অবস্থায় থাকে। এখানে, জীবিত প্রাণীর জল খুঁজে এবং সংরক্ষণের সৃজনশীল উপায় রয়েছে। ক্যাকটাস জল সংরক্ষণে খুব ভালো। তারা কয়েক মাস বৃষ্টি ছাড়া বাঁচতে পারে। ক্যাঙ্গারু ইঁদুর, নেভাদা মরুভূমিতে বাস করেছে, খুব কমই জল পান করেছে। তারা তাদের খাওয়া খাবার থেকে জল পায়।

3. সারা বিশ্বে মিঠা জলের বাস্তুতন্ত্র রয়েছে। তারা কিছু বিস্ময়কর প্রাণীর বাসস্থান। অনেক ধরনের ব্যাঙ, মাছ, পোকামাকড় এবং অ্যামিবাসের মতো মাইক্রোস্কোপিক জীব আছে। এবং এশিয়া এবং দক্ষিণ আমেরিকায় নদীর ডলফিন, উত্তর আমেরিকায় উটার, উত্তর আমেরিকা এবং ইউরোপে বিভার এবং অস্ট্রেলিয়ায় প্ল্যাটিপাসের মতো বিরল প্রজাতি রয়েছে।

4. প্রায় সমস্ত টুন্ড্রা উত্তর গোলার্ধে আর্কটিক অঞ্চলে অবস্থিত। তুন্দ্রা একটি বিশাল এবং বৃক্ষবিহীন জমি। এটি পৃথিবীর পৃষ্ঠের প্রায় 20% জুড়ে রয়েছে। মাটি প্রায়ই স্থায়ীভাবে হিমায়িত হয়েছে তাই এখানে গাছ জন্মাতে পারে না। আর্কটিক টুন্ড্রায় মেরু ভাল্লুক, শিয়াল এবং রেইনডিয়ার রয়েছে।

5. সমুদ্রের তলদেশে, জলের নিচে ছোট ছোট ভলকনো আছে, যেখানে গরম জল, গ্যাস এবং মিথেন এবং অ্যামোনিয়ার মতো রাসায়নিক পদার্থ ছড়িয়ে পড়ে। এদেরকে হাইড্রোথার্মাল ভেন্ট বলা হয়েছে। এটি বসবাসের জন্য একটি অন্ধকার জায়গা, কিন্তু কিছু প্রাণী যেমন দৈত্য টিউব কৃমি 6 ফুট (1.8 মিটার) লম্বা, ক্ল্যাম এবং চিংড়ি এখানে বাস করেছে। টিউব কৃমির ভিতরে ব্যাকটেরিয়া থাকে যা মিথেন থেকে খাদ্য তৈরি করেছে এবং ভেন্ট থেকে অ্যামোনিয়া তৈরি করেছে।

1.9 উদ্ভাবনী কার্যক্রম

1. **সেমিনার:** উপস্থাপনার জন্য ৮ থেকে ১০ জন শিক্ষার্থীর মধ্যে একটি বিষয়কে সাব-সাবজেক্টে ভাগ করা যেতে পারে।
2. **সিম্পোজিয়াম:** শিক্ষার্থীরা তাদের পছন্দের বিষয়ে কাগজ উপস্থাপনা।
3. **গ্রুপ আলোচনা:** ১০ জন ছাত্রের একটি গ্রুপে একজন গ্রুপ লিডার, একজন মডারেটর এবং একজন রিপোর্ডার। সকল ছাত্রদের অংশগ্রহণ নিশ্চিত করা র জন্য গ্রুপ লিডার, মডারেটর যাতে কোন ক্রস টক নিশ্চিত না করেছে এবং তার নিজের সহ পর্যবেক্ষণ রেকর্ড করা র জন্য রেকর্ডার।
4. **প্রকল্পের কাজ:** একটি উপযুক্ত বিষয়ের উপর প্রকল্পের কাজ 3 থেকে 4 জন শিক্ষার্থীর একটি গ্রুপের জন্য নির্ধারিত হতে পারে। প্রকল্পটি পরীক্ষামূলক বা তদন্তের ধরন হতে পারে।

1.10 অনুশীলন

A- বিষয়গত প্রশ্ন:

1. বাস্তুতন্ত্র শব্দটি কে এবং কখন চালু করেছেন?
2. ফ্লো চার্ট সহ বাস্তুতন্ত্রের গঠন ব্যাখ্যা কর
3. উৎপাদক, ভোক্তা এবং পচনশীলদের সংজ্ঞায়িত করা
4. (ক) বাস্তুতন্ত্রের মধ্যে বিদ্যমান পচনশীলদের দুটি উদাহরণ দাও

   (খ) বাস্তুতন্ত্রে পচনশীলদের উপস্থিতি কীভাবে গুরুত্বপূর্ণ?
5. উদাহরণসহ সর্বভুকের সংজ্ঞা দাও
6. নিম্নলিখিত জন্য কারণ দাও:

   (a) খাদ্য শৃঙ্খলে 4 বা সর্বোচ্চ 5 টি শৃঙ্খল থাকে

   (b) স্ট্র্যাটোস্ফিয়ারে, ওজোন ঢাল সাধারণত ওজোনের স্থির ঘনত্ব ধারণ করেছে।
7. ওজোন স্তর এবং এর গুরুত্ব ব্যাখ্যা কর। এটি কিভাবে প্রভাবিত হচ্ছে?
8. মানুষের কার্যকলাপ কীভাবে বায়ুমণ্ডলে কার্বন ডাই অক্সাইড যুক্ত করছে?
9. কার্বন চক্র এবং এর গুরুত্ব ব্যাখ্যা কর।
10. নাইট্রোজেন চক্রের উপাদান বর্ণনা কর।

B- উদ্দেশ্যমূলক প্রশ্ন:

1. নিচের কোনটি পরিবেশের সুযোগ নয়?

   (a) হাইড্রোস্ফিয়ার

   (b) লিথোস্ফিয়ার

   (c) বায়োস্ফিয়ার

   (d) স্যাটেলাইট গোলক

2. অল্প বৃষ্টির প্রধান কারণ?
   (a) গ্লোবাল ওয়ার্মিং
   (b) গ্লোবাল ওয়ার্মিং হ্রাস
   (c) CFC গ্যাস
   (d) মানব পুনর্বাসন
3. খাদ্য শৃঙ্খল গঠিত
   (a) মাংসাশী
   (b) প্রযোজক
   (c) তৃণভোজী
   (d) উপরের সবগুলো
4. ওজোন স্তর হ্রাসের জন্য কোন গ্যাস দায়ী?
   (a) কার্বন ডাই অক্সাইড
   (b) অক্সিজেন
   (c) সালফার
   (d) নাইট্রোজেন
5. বায়ু বিভিন্ন গ্যাসের মিশ্রণ। একটি গ্যাস বায়ুর 21% অংশ এবং মানুষের বেঁচে থাকার জন্য অপরিহার্য। এই গ্যাস হল
   (a) নাইট্রোজেন
   (b) ওজোন
   (c) অক্সিজেন
   (d) আর্গন
6. এই ফ্যাক্টরটি কার্বন চক্রে অবদান রাখে
   (a) জীবাশ্ম জ্বালানী দহন
   (b) শ্বসন
   (c) সালোকসংশ্লেষণ
   (d) নাইট্রিফিকেশন
7. কার্বন চক্রের উদ্ভিদের কার্বনের উৎস হল
   (a) জীবাশ্ম জ্বালানি
   (b) কার্বোনেট শিলা
   (c) বায়ুমণ্ডলীয় কার্বন ডাই অক্সাইড
   (d) বায়ুমণ্ডলীয় সালফার

8. নাইট্রিফিকেশন নিচের কোন চক্রের একটি অংশ?
   (a) অক্সিজেন
   (b) নাইট্রোজেন
   (c) ফসফরাস
   (d) সালফার
9. ওজোন স্তর হ্রাসের প্রধান কারণ কোনটি?
   (a) নগরায়ন
   (b) শিল্পায়ন
   (c) CFC এর অত্যধিক ব্যবহার
   (d) গ্লোবাল ওয়ার্মিং
10. ফসফরাস চক্রে, ফসফেট প্রথম পাওয়া যায় পাথরের আবহাওয়ার মাধ্যমে
   (a) ভোক্তারা
   (b) প্রযোজক
   (c) ডিকম্পোজার
   (d) এগুলোর কোনটিই নয়

উত্তরের চাবিকাঠি

1 (d), 2 (c), 3 (d), 4 (a), 5 (c), 6 (a), 7 (c), 8 (b), 9 (c), 10 (a)

1.11 সুপারিশকৃত শিক্ষা সম্পদ:

(ক) রেফারেন্স বই:

- Suresh K. Dhameja, Environmental Studies, S.K. Kataria & Sons, 2012.
- Surinder Deswal, Energy, Environment Ecology and Society, Dhanpat Rai & Sons, 2014.
- P.K. Pandey, Environment and Ecology, Sun India Publication, 2009.
- P.S. Ramakrishnan, Energy and Sustainable Development, National Book Trust, 2014.
- M.K. Goyal, Our Environment (Hindi text book), Agrawal Publication, Agra, 2013.
- C.N.R. Rao, Understanding Chemistry, University press (India) Pvt. Ltd., 2011.
- G.Chopra , Science Biology, Pradeep Publications, New Delhi - 2016.

(খ) ওপেন সোর্স সফটওয়্যার এবং ওয়েবসাইট:

- www.nptel.ac.in
- https://swayam.gov.in
- www.cpcp.gov.in
- www.indiaenvironmentportal.org.in

চিত্র : সৌজন্যে সৃজনশীল সাধারণ

(গ) ভিডিও সম্পদ:

Ecosystem

Biogeo-chemical cycles

Global Warming

2 বায়ু এবং শব্দ দূষণ

ইউনিট বিশেষ

এই ইউনিট নিম্নলিখিত প্রধান দিক নিয়ে কাজ করেছে :

- দূষণ এবং দূষণের সংজ্ঞা, বায়ু দূষণের প্রাকৃতিক এবং মানবসৃষ্ট উৎস।
- বায়ু দূষণকারী: প্রকার, কণা দূষণকারী: প্রভাব এবং নিয়ন্ত্রণ।
- বায়বীয় দূষণ নিয়ন্ত্রণ: শোষক, অনুঘটক রূপান্তরকারী, রেফ্রিজারেন্টের কারণে বায়ু দুষণের প্রভাব, আইসি, বয়লার।
- শব্দ দূষণ: দূষণের উৎস, দূষণের মাত্রা পরিমাপ, শব্দ দূষণের প্রভাব, শব্দ দূষণ (নিয়ন্ত্রণ ও নিয়ন্ত্রণ) বিধি, 2000।

আরও কৌতূহল এবং সৃজনশীলতা সৃষ্টির জন্য প্রাসঙ্গিক চিত্র সহ সমস্ত বিষয় ভালভাবে সমর্থিত। বহুনির্বাচনী এবং সাবজেক্টিভ টাইপের প্রশ্নগুলির একটি নম্বর দেওয়া হয়েছে যাতে কেউ অনুশীলনের জন্য তাদের মধ্য দিয়ে যেতে পারে। শেখার রিসোর্স যেমন রেফারেন্স বই, ওপেন রিসোর্স সফটওয়্যার ও ওয়েবসাইট, ভিডিও রিসোর্স ইত্যাদিও ধারণা এবং সন্দেহের আরও স্পষ্টতার জন্য ইউনিটে দেওয়া হয়েছে। এটাও লক্ষ্য করা যেতে পারে যে বিভিন্ন আগ্রহের বিষয়গুলির উপর আরো তথ্য পাওয়ার জন্য, বিভিন্ন বিভাগে কিছু QR কোড দেওয়া হয়েছে যা প্রাসঙ্গিক সহায়ক জ্ঞানের জন্য স্ক্যান করা যেতে পারে।

যুক্তি

বায়ু দুষণ এবং অতিরিক্ত শব্দ আমাদের স্বাস্থ্য এবং আমাদের পরিবেশের ক্ষতি করেছে। বায়ুদূষণ প্রধানত কার্ডিওভাসকুলার এবং শ্বাস -প্রশ্বাসজনিত রোগের কারণ হতে পারে। এটি অনেক উন্নত এবং উন্নয়নশীল দেশে অকাল মৃত্যুর প্রধান পরিবেশগত কারণ। বায়ু দূষণ জল এবং মাটির গুণমানের উপরও নেতিবাচক প্রভাব ফেলে। এটি ইউক্রোফিকেশন (অতিরিক্ত নাইট্রোজেন দূষণ) এবং অ্যাসিড বৃষ্টির মাধ্যমে বাস্তুতন্ত্রের ক্ষতি করেছে। তাই বায়ু দূষণের কারণে কৃষি, বন, ভবন ইত্যাদি ক্ষতিগ্রস্ত হয়েছে। বায়ু দূষণের অনেক উৎস আছে যেমন শিল্প, পরিবহন, শক্তি উৎপাদন, কৃষি ইত্যাদি বায়ু দূষণ ছাড়াও শব্দ দূষণ আমাদের স্বাস্থ্যের উপরও প্রভাব ফেলে। শহুরে এলাকায় পরিবেশগত শব্দ মাত্রা বৃদ্ধি পাচ্ছে, মূলত ট্রাফিকের পরিমাণ বৃদ্ধি, শিল্প ও বিনোদনমূলক কার্যক্রমকে তীব্র করার কারণে। এটি চাপের মাত্রা বাড়িয়ে তুলতে পারে, ঘুমের ব্যাঘাত ঘটাতে পারে এবং স্বাস্থ্য এবং জীবনযাত্রার মানকে বিরূপ প্রভাবিত করা পারে। বন্যপ্রাণীর উপরও গোলমালের প্রভাব রয়েছে।

এই ইউনিটের লক্ষ্য আমাদের স্বাস্থ্য এবং পরিবেশের উপর এর প্রভাবের উপর জোর দিয়ে বায়ু এবং শব্দ দূষণের মৌলিক ধারণাগুলি প্রবর্তন করা। ইউনিটে বায়ু দূষণের ধরন, এর প্রভাব অন্তর্ভুক্ত

এবং নিয়ন্ত্রণ, শব্দ দূষণের উৎস, এর পরিমাপ এবং প্রভাব। এই ইউনিট শেষ হওয়ার পর, শিক্ষার্থীরা বায়ু এবং শব্দ দূষণের মৌলিক ধারণাগুলি বিকাশ করবে। শিক্ষার্থীরা দূষণ নিয়ন্ত্রণ প্রক্রিয়াও জানবে যা তাদের বায়ু ও শব্দ দূষণ কমিয়ে আমাদের স্বাস্থ্য ও পরিবেশ রক্ষার সুযোগ দেবে।

পূর্ব-প্রয়োজনীয়তা

- উচ্চ বিদ্যালয় রসায়ন
- ইউনিট আউটকাম

শিক্ষার্থীরা পারবে

U2-O1: পরিবেশগত দূষণ এবং এর উৎস

U2-O2: বিভিন্ন ধরনের বায়ু দূষণকারী, এর প্রভাব এবং নিয়ন্ত্রণ প্রক্রিয়া ব্যাখ্যা করতে

U2-O3: বিভিন্ন ধরনের বায়বীয় দূষণ নিয়ন্ত্রণ প্রক্রিয়া বর্ণনা করতে

U2-O4: শব্দ দূষণের উৎস এবং এর প্রভাব চিহ্নিত করতে

U2-O5: শব্দ দূষণের নিয়ম, 2000 ব্যাখ্যা করতে

কোর্স আউটকোমের সাথে ইউনিট ম্যাপিং

ইউনটি -2 ফলাফল	কোর্স আউটকোমের সাথে প্রত্যাশিত ম্যাপিং (1- দুর্বল সম্পর্ক; 2- মাঝারি সম্পর্ক; 3- শক্তিশালী সম্পর্ক)				
	CO-1	CO-2	CO-3	CO-4	CO-5
U2-O1	-	3	-	-	-
U2-O2	-	3	2	-	-
U2-O3	-	-	3	-	-
U2-O4	-	3	-	-	-
U2-O5	-	1	3	-	-

ইউনিট পর্যালোচনা

2.1 ভূমিকা

2.2 দূষণ এবং দূষণের সংজ্ঞা, বায়ু দূষণের প্রাকৃতিক এবং মানবসৃষ্ট উৎস (রেফ্রিজারেন্টস, আইসি বয়লার)।

2.3 বায়ু দূষণকারী: প্রকার, কণা দূষণকারী: প্রভাব এবং নিয়ন্ত্রণ (ব্যাগ ফিল্টার, সাইক্লোন বিভাজক, ইলেক্ট্রোস্ট্যাটিক প্রিসিপিটেটর)

2.4 বায়বীয় দূষণ নিয়ন্ত্রণ: শোষক, অনুঘটক রূপান্তরকারী, রেফ্রিজারেন্টের কারণে বায়ু দূষণের প্রভাব, আইসি, বয়লার

2.5 শব্দ দূষণ: দূষণের উৎস, দূষণের মাত্রা পরিমাপ, শব্দ দূষণের প্রভাব, শব্দ দূষণ (নিয়ন্ত্রণ ও নিয়ন্ত্রণ) বিধি, 2000

2.6 ইউনিট সারাংশ

2.1 ভূমিকা

“আমাদের এখনও বায়ু ও জল দূষণ অনেক বেশি এবং এটি কমাতে আমাদের এখনও কাজ করা হবে। কিন্তু আমাদের দূষণের সমস্যাকে ঐতিহাসিক এবং বৈজ্ঞানিক দৃষ্টিভঙ্গিতেও রাখা দরকার ”, রোনাল্ড রিগ্যান, মার্কিন যুক্তরাষ্ট্রের সাবেক প্রেসিডেন্ট

বায়ু 78% নাইট্রোজেন, 21% অক্সিজেন এবং 0.9% আর্গন নিয়ে গঠিত। অবশিষ্ট উপাদানগুলির মধ্যে রয়েছে কার্বন ডাই অক্সাইড, জলীয় বাষ্প, হাইড্রোজেন এবং অন্যান্য ট্রেস উপাদান। বায়ুমণ্ডল উপাদান এবং কণার একটি সূক্ষ্ম ভারসাম্য। বায়ু দূষণ তখন ঘটে যখন বাতাসের গঠন পরিবর্তন হয়েছে। বায়ু দূষণের প্রধান উৎস হল পরিবহন, কারখানা নির্গমন, জৈববস্তুপুঞ্জের ব্যবহার, কৃষি উৎপাদন ইত্যাদি। যা জ্বালানি পোড়ায়। শব্দ দূষণ সহ বায়ু দূষণ মানুষের স্বাস্থ্যের অবস্থার জন্য একটি উল্লেখযোগ্য ঝুঁকির কারণ, যা এলার্জি, শ্বাসযন্ত্র এবং কার্ডিওভাসকুলার রোগের পাশাপাশি ফুসফুসের ক্ষতি করেছে। এটি বৈশ্বিক উষ্ণায়ন এবং জলবায়ু পরিবর্তনেও একটি বড় অবদানকারী।

2.2 দূষণ এবং দূষণের সংজ্ঞা

দূষণ শব্দটি এসেছে ল্যাটিন শব্দ "poluere" থেকে যার অর্থ দূষণ। তাই সাধারণ মানুষের ভাষায়, দূষণ এমন কিছু যা পরিবেশকে দূষিত করেছে। এটি বায়ু, জল এবং মাটিতে ক্ষতিকারক পদার্থের উপস্থিতি হিসাবে সংজ্ঞায়িত করা যেতে পারে যা জীবিত এবং পরিবেশের উপর বিরূপ প্রভাব ফেলতে পারে। দূষণের কারণে, শারীরিক, রাসায়নিক বা জৈবিক ক্ষেত্রে অনাকাঙ্ক্ষিত পরিবর্তন ঘটে।

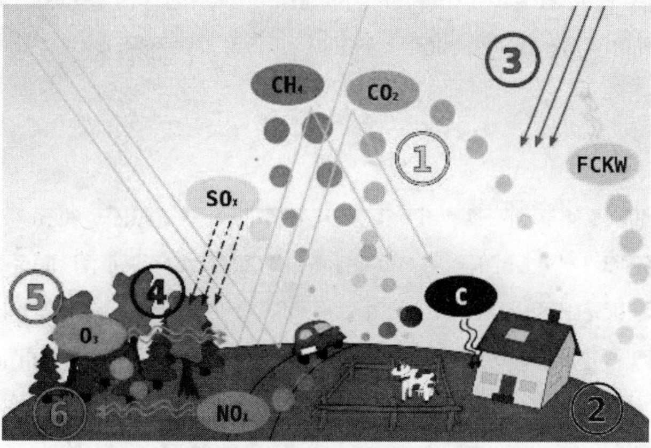

চিত্র 2.1: দূষণের ধরন

বায়ু, জল এবং মাটির বৈশিষ্ট্য যা যে কোন জীবের জন্য ক্ষতিকর হতে পারে। দূষণের প্রকারভেদ: প্রধানত পাঁচ ধরনের দূষণ রয়েছে:

- বায়ু দূষণ
- জল দূষণ

- জমি দূষণ
- শব্দ দূষণ
- তেজস্ক্রিয় দূষণ

বায়ু দূষণ

বায়ু দূষণকে ধুলা, ধোঁয়া, গ্যাস, কুয়াশা, গন্ধ, ধোঁয়া বা বাষ্পের মতো এক বা একাধিক দূষকের অবাঞ্ছিত উপস্থিতি হিসেবে সংজ্ঞায়িত করা যেতে পারে যা বিশেষ করেছে মানুষের স্বাস্থ্যের জন্য এবং সমগ্র গ্রহের জন্য ক্ষতিকর। বায়ু দূষণ অনেক ক্ষেত্রে উদ্ভিদের সালোকসংশ্লেষণ প্রক্রিয়াকে বাধাগ্রস্ত করেছে যা আমাদের শ্বাস -প্রশ্বাসের বায়ু বিশুদ্ধকরণে মারাত্মক পরিণতি দেয়। বৈশ্বিক উষ্ণায়ন এবং জলবায়ু পরিবর্তনে এটি একটি বড় অবদানকারী। বায়ু দূষণ প্রকৃতপক্ষে মানুষের স্বাস্থ্যের অবস্থার জন্য একটি উল্লেখযোগ্য ঝুঁকির কারণ, যা অ্যালার্জি, শ্বাসযন্ত্র এবং কার্ডিওভাসকুলার রোগ সৃষ্টি করেছে।

জল দূষণ

জল দূষণকে একটি স্রোত, নদী, হ্রদ, মহাসাগর বা অন্য কোনো জলাশয়ের দূষণ, জলের গুণমানকে অবনতি এবং পরিবেশ এবং মানুষের জন্য বিষাক্ত রূপে সংজ্ঞায়িত করা যেতে পারে। জল দূষণের প্রধান কারণগুলির মধ্যে রয়েছে পয় age নিষ্কাশন এবং বর্জ্য জল, নগরায়ন এবং বন উজাড়, কৃষি, শিল্প, সামুদ্রিক ডাম্পিং এবং তেজস্ক্রিয় বর্জ্য। জল দূষণ জীববৈচিত্র্য এবং বাস্তুতন্ত্রের ক্ষতি করেছে। এটি মানুষের স্বাস্থ্যের উপর খুব নেতিবাচক প্রভাব ফেলে। ডায়রিয়া, কলেরা, টাইফয়েড, আমাশয় এবং ত্বকের সংক্রমণের মতো অনেক রোগ পানীয় বা দূষিত জলের সংস্পর্শে থাকার কারণে হয়েছে।

জমি দূষণ

ভূমি দূষণ বলতে মাটির অবস্থার কোনো শারীরিক বা রাসায়নিক পরিবর্তনকে বোঝায় যা মানুষের স্বাস্থ্য, উদ্ভিদ ও প্রাণীর উপর বিরূপ প্রভাব ফেলতে পারে। অধিকাংশ মাটি দূষণকারী কৃষি রাসায়নিক, সার এবং কীটনাশক। বর্জ্য ফেলা যা পৌর বর্জ্য, অপ্রচলিত নর্দমা, শিল্প বর্জ্য ইত্যাদি অন্তর্ভুক্ত করা পারে যখন মাটি দূষিত হয়েছে যখন ডাম্প থেকে ক্ষতিকারক পদার্থগুলি এতে প্রবেশ করেছে।

শব্দ দূষণ

শব্দ দূষণকে এমন কোনো অবাঞ্ছিত বা বিরক্তিকর শব্দ হিসেবে সংজ্ঞায়িত করা যেতে পারে যা মানুষের এবং অন্যান্য জীবের স্বাস্থ্য ও কল্যাণকে প্রভাবিত করেছে। শব্দ ডেসিবেলে পরিমাপ করা হয়েছে। ৫ ডেসিবেল বা তার বেশি শব্দ যে মানুষের কানের জন্য ক্ষতিকর বলে বিবেচিত হয়েছে। শব্দ দূষণ এর প্রভাব লক্ষ লক্ষ মানুষের উপর পড়ে জরুরি ভিত্তিতে। মানুষের সবচেয়ে সাধারণ স্বাস্থ্য সমস্যা হল শ্রবণশক্তি হ্রাস। উচ্চ আওয়াজের এক্সপোজার উচ্চ রক্তচাপ, হৃদরোগ, ঘুমের ব্যাঘাত এবং চাপ সৃষ্টি করা পারে। শব্দ দূষণের প্রধান উৎসগুলির মধ্যে রয়েছে ট্রাফিক গোলমাল, এয়ার ট্রাফিক গোলমাল, নির্মাণের শব্দ, ক্যাটারিং এবং রাতের জীবন, প্রাণী ইত্যাদি।

তেজস্ক্রিয় দূষণ

তেজস্ক্রিয় দূষণকে মূলত মানুষের ক্রিয়াকলাপের কারণে পরিবেশে প্রাকৃতিক বিকিরণের মাত্রা বৃদ্ধি হিসাবে সংজ্ঞায়িত করা হয়েছে। বিকিরণ দূষণের উৎস পরিবেশে বিকিরণ সৃষ্টি করেছে এমন কোনও প্রক্রিয়া জড়িত। বিকিরণ দূষণের কারণগুলির মধ্যে রয়েছে গবেষণা এবং চিকিৎসা পদ্ধতি এবং বর্জ্য, পারমাণবিক বিদ্যুৎকেন্দ্র, টিভি, কম্পিউটার, রেডিও তরঙ্গ, সেল ফোন

ইত্যাদি।তবে, সবচেয়ে সাধারণ যেগুলি মাঝারি থেকে গুরুতর স্বাস্থ্য ঝুঁকি সৃষ্টি করা পারে তা হল: পারমাণবিক বিস্ফোরণ এবং পারমাণবিক বিস্ফোরণ অস্ত্র, প্রতিরক্ষামূলক অস্ত্র উৎপাদন, পারমাণবিক বর্জ্য পরিচালনা ও নিষ্পত্তি, খনির এবং পারমাণবিক দুর্ঘটনা।

চিত্র 2.2: দূষণকারী

দূষণকারী

দূষণকারী ক্ষতিকারক পদার্থ যা বায়ু, জল এবং মাটির শারীরিক, রাসায়নিক বা জৈবিক বৈশিষ্ট্যে অবাঞ্ছিত এবং ক্ষতিকর পরিবর্তন আনে। শিল্প ও অটোমোবাইল থেকে ধোঁয়া, গার্হস্থ্য ও বাণিজ্যিক নর্দমা, পারমাণবিক উদ্ভিদ থেকে তেজস্ক্রিয় পদার্থ এবং ফেলে দেওয়া গৃহস্থালির জিনিসপত্র (টিন, বোতল, ভাঙা ক্রোকারি ইত্যাদি) দূষণকারী শ্রেণীর অন্তর্ভুক্ত।

দূষণকারী প্রকার

দূষণকারীকে নিম্নলিখিত শ্রেণীতে ভাগ করা যায়:

- **জল দূষণকারী:** শিল্প, কৃষি ক্ষেত্র এবং এমনকি শহর এলাকা থেকে প্রবাহ জল দূষণের জন্য প্রধানত অবদান রাখে। উপরন্তু, কাঁচা নর্দমা জলের একটি প্রধান দূষণকারী।

- **মৃত্তিকা দূষণকারী:** মাটি দূষণের প্রধান উৎস হল পৌর ও শিল্প বর্জ্য, কীটনাশক ও ভেষজনাশকের অতিরিক্ত মাত্রা ইত্যাদি।

- **বায়ু দূষণকারী:** বায়ু দূষণের প্রধান উৎস হচ্ছে জীবাশ্ম জ্বালানি পোড়ানো এবং এটি কারখানার নির্গমন এবং অটোমোবাইলের কারণে ঘটে। এছাড়াও অ্যাসিড বৃষ্টি বন এবং তাদের বাসিন্দাদের উপর বিরূপ প্রভাব ফেলে।

- **শব্দ দূষণকারী:** প্রধান শব্দ দূষণকারীর মধ্যে রয়েছে অটোমোবাইল, লাউড স্পিকার, ফায়ার ক্র্যাকার, বৈদ্যুতিক যন্ত্রপাতি, ট্রাফিক শব্দ ইত্যাদি।

- **তেজস্ক্রিয় দূষণকারী:** তেজস্ক্রিয় দূষণের মধ্যে রয়েছে পারমাণবিক বিদ্যুৎকেন্দ্রের দুর্ঘটনায় নি rad সৃত বিকিরণ, পারমাণবিক অস্ত্রের ব্যবহার, খনন, তেজস্ক্রিয় রাসায়নিক ছড়ানো, মহাজাগতিক এবং অন্যান্য প্রাকৃতিক

চিত্র 2.3: বায়ু দূষণের উৎস

গামা রশ্মির মতো উৎস, ক্যান্সারের মতো রোগের চিকিৎসায় ব্যবহৃত বিকিরণ।

2.2.1 বায়ু দূষণের প্রাকৃতিক ও মানবসৃষ্ট উৎস

বায়ু দূষণ বিভিন্ন প্রক্রিয়ার কারণে হতে পারে এবং এটি প্রাকৃতিক বা মানবসৃষ্ট (নৃতাত্ত্বিক) হতে পারে।

বায়ু দূষণের প্রাকৃতিক উৎস

এটি ক্রমাগত এবং অস্থায়ী প্রাকৃতিক ঘটনার কারণে ঘটে এবং এটি প্রতিরোধ করা যায় না। বায়ু দূষণের প্রাকৃতিক উৎস নিচে বর্ণিত হয়েছে :

- **আগ্নেয়গিরির কার্যকলাপ:** আগ্নেয়গিরির অগ্ন্যুৎপাত সালফার এবং ক্লোরিন সহ একাধিক বিষাক্ত গ্যাস নির্গত করেছে। এটি ছাই কণা আকারে কণা পদার্থও নির্গত করেছে। আগ্নেয়গিরির অগ্ন্যুৎপাত স্থানীয় এলাকায় সীমাবদ্ধ।

চিত্র 2.4: বায়ু দূষণের প্রাকৃতিক উৎস

- **বায়ু এবং বায়ু প্রবাহ:** এটি মাটি এবং অন্যান্য দূষণকারীকে একত্রিত করা পারে এবং এটি বৃহৎ অঞ্চলে ছড়িয়ে দিতে পারে।

- **বন্য আগুন:** এটি বায়ুমণ্ডলে কার্বন মনোক্সাইড এবং কণা পদার্থ নির্গত করেছে। এটি উল্লেখযোগ্য এলাকাগুলিকে প্রভাবিত করা পারে যদিও সেগুলি সীমিত করা যেতে পারে এবং ছোট এলাকায় রাখা যেতে পারে।
- **জীবাণু ক্ষয় প্রক্রিয়া:** পরিবেশে উপস্থিত অণুজীবের জীবের জীবের প্রাকৃতিক ক্ষয় প্রক্রিয়ায় প্রধান ভূমিকা রয়েছে। এই ক্রিয়াকলাপের ফলে গ্যাসগুলি প্রাকৃতিকভাবে মুক্তি পায়

মিথেন গ্যাস এবং বায়ু দুষণের কারণ।

তাপমাত্রা বৃদ্ধি: এটি দূষিত মাটি এবং জল থেকে বাতাসে অস্থিতিশীল দূষণের পরিমাণ বৃদ্ধিতে অবদান রাখে।

বায়ুদূষণের মানবসৃষ্ট উৎস

এটি মানুষের ক্রিয়াকলাপের কারণে ঘটে এবং এটি পরিবেশের উপর এবং আমাদের সকলের উপর ব্যাপক প্রভাব ফেলে। বায়ু দূষণের মানবসৃষ্ট উৎসসমূহ নিচে বর্ণনা করা হলো:

- **খনন ও গলন:** খনিজ পদার্থের গুঁড়ো ও প্রক্রিয়াকরণ বায়ুমণ্ডলে বিভিন্ন ধাতু নির্গত করেছে এবং দূষণ সৃষ্টি করেছে
- **ফাউন্ড্রি ক্রিয়াকলাপ:** এটি ধাতব কাঁচামাল প্রক্রিয়াকরণের কারণে (চুল্লির ব্যবহার সহ) বায়ুমণ্ডলে বিভিন্ন ধাতু নির্গত করেছে
- **বিভিন্ন শিল্প প্রক্রিয়া:** এগুলি দুর্ঘটনাক্রমে ছড়িয়ে পড়া এবং সঞ্চিত রাসায়নিকের ফুটো বা রাসায়নিকের অপব্যবহার এবং সঞ্চয়ের মাধ্যমে জৈব এবং অজৈব দূষক উভয়ই নির্গত করা পারে-বিশেষত অস্থির প্রকৃতির অজৈব রাসায়নিক
- **পরিবহন:** যানবাহন গ্যাস আকারে কার্বন মনোক্সাইড, সালফার অক্সাইড, নাইট্রোজেন অক্সাইড এবং কণা পদার্থের মতো বায়ু দূষণকারী একটি সিরিজ নির্গত করেছে
- **নির্মাণ ও ধ্বংসের কার্যক্রম:** এই কাজগুলি বিভিন্ন নির্মাণ সামগ্রী দিয়ে বায়ু দূষিত করেছে , বিশেষ করেছে পুরনো ভবন ধ্বংস করা যা নিষিদ্ধ রাসায়নিক পদার্থ যেমন PCBs, PBDEs, Asbestos ইত্যাদি থাকতে পারে
- **কয়লা বিদ্যুৎকেন্দ্র:** কয়লা বিদ্যুৎকেন্দ্রে কয়লা পোড়ানোর ফলে ধাতু (যেমন, পিবি, এইচজি) এবং জৈব যৌগ (বিশেষত পিএএইচ) সহ গ্যাসের একটি সিরিজ এবং বিশেষভাবে পদার্থ নির্গত হতে পারে।
- **বর্জ্যের পুড়িয়ে ফেলা :** এই প্রক্রিয়ায় বর্জ্যের গঠনের উপর নির্ভর করেছে বায়ুমণ্ডলে বিভিন্ন বিষাক্ত গ্যাস এবং কণা পদার্থ নির্গত হয়েছে
- **ল্যান্ডফিল নিষ্পত্তি অনুশীলন:** নিষ্পত্তি এলাকায় প্রাকৃতিক জীবাণু ক্ষয়কারী কার্যকলাপের কারণে মিথেন গ্যাস উৎপন্ন হয়েছে এবং পরিবেশকে দূষিত করেছে
- **কৃষি:** কৃষি কার্যক্রম অ্যামোনিয়া গ্যাস নির্গমন এবং কীটনাশক/ভেষজনাশক/কীটনাশক প্রয়োগের মাধ্যমে বায়ু দূষিত করেছে যা বিষাক্ত উদ্বায়ী জৈব যৌগ ধারণ করেছে
- **প্রতিরক্ষা কার্যক্রম:** এই কার্যক্রমগুলি অনুশীলন এবং প্রশিক্ষণের মাধ্যমে বিষাক্ত গ্যাস নির্গত করছে এবং বায়ু দূষিত করছে
- **ধূমপান:** ধূমপান জৈব এবং অজৈব রাসায়নিক পদার্থ সহ একটি বিষাক্ত রাসায়নিক পদার্থ নির্গত করেছে , যার মধ্যে কিছু কার্সিনোজেনিকও হতে পারে
- **গৃহস্থালির পণ্য সংগ্রহ এবং ব্যবহার:** হাউজ হোল্ড পণ্য যেমন পেইন্ট, স্প্রে, বার্নিশ ইত্যাদি যাতে জৈব দ্রাবক থাকে যা বাতাসে অস্থির হয়েছে এবং সেগুলি ব্যবহার করার সময় আমরা গন্ধ অনুভব কর

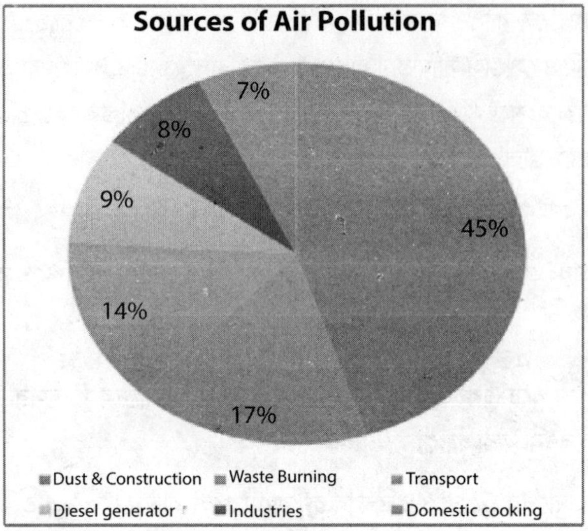

চিত্র 2.5: বায়ু দূষণের মনুষ্যসৃষ্ট উৎস

- **রেফ্রিজারেন্টস:** এটি বিভিন্ন ইলেকট্রনিক যন্ত্রপাতি যেমন রেফ্রিজারেটর, এয়ার কন্ডিশনার ইত্যাদিতে ব্যবহৃত হয়েছে। এগুলো মূলত বায়ুমণ্ডলে গ্রিনহাউস এফেক্ট তৈরির জন্য দায়ী, যা গ্রহকে উষ্ণ করেছে।
- **I.C. বয়লার:** এগুলি হল জ্বলন যন্ত্র যা জল গরম করা বা বাষ্প তৈরিতে ব্যবহৃত হয়েছে। I.C. বায়ুমণ্ডলে বিপজ্জনক বায়ু দূষক নির্গত করেছে বায়ু দূষণ সৃষ্টি করেছে।

2.3 বায়ু দূষণকারী

"বায়ু দূষণ বাতাসে বিদেশী পদার্থের অত্যধিক ঘনত্ব যা ব্যক্তির মঙ্গলকে বিরূপ প্রভাবিত করেছে বা সম্পত্তির ক্ষতি করেছে"।

- আমেরিকান মেডিকেল অ্যাসোসিয়েশন বায়ু দূষণ সৃষ্টিকারী বিদেশী বস্তুকে বায়ু দূষণকারী বলে। বায়ু দূষণকারীদের মধ্যে রয়েছে গ্যাস, তরল ফোঁটা এবং কঠিন কণা। নির্গমনের উৎস অনুসারে তাদের দুটি প্রধান গ্রুপে শ্রেণিবদ্ধ করা হয়েছে: (i) প্রাথমিক দূষণকারী এবং (ii) মাধ্যমিক দূষণকারী।

প্রাথমিক দূষণকারী একটি উৎস থেকে সরাসরি বায়ুমণ্ডলে নির্গত হয়েছে। উৎস হতে পারে প্রাকৃতিক প্রক্রিয়া যেমন বালির ঝড়, আগ্নেয়গিরির অগ্ন্যুৎপাত বা নৃতাত্ত্বিক (মানুষের দ্বারা) যেমন শিল্প-ইয়াল এবং যানবাহন নির্গমন। প্রধান প্রধান দূষণকারী হলো সালফার, নাইট্রোজেন, কার্বন, কণা, মিথেন, অ্যামোনিয়া, ক্লোরোফ্লুরোকার্বন, বিষাক্ত ধাতু ইত্যাদি অক্সাইড।

মাধ্যমিক দূষণকারী সরাসরি নির্গত হয় না। এগুলি বায়ুমণ্ডলে তৈরি হয়েছে যখন প্রাথমিক দূষণকারীরা নিজের সাথে বা বায়ুমণ্ডলের অন্যান্য উপাদানগুলির সাথে প্রতিক্রিয়া জানায়। প্রধান মাধ্যমিক দূষণের মধ্যে রয়েছে ফটোকেমিক্যাল অক্সিডেন্ট এবং সেকেন্ডারি পার্টিকুলেট ম্যাটার। সূর্যালোক এবং নাইট্রোজেন অক্সাইড, সালফার ডাই অক্সাইড, বা ভল-অ্যাটাইল জৈব যৌগের মধ্যে ফোটোকেমিক্যাল বিক্রিয়া থেকে ফোটোকেমিক্যাল অক্সিড্যান্ট তৈরি হয়েছে। তাদের মধ্যে প্রধানত অ্যাসিড, নাইট্রোজেন ডাই অক্সাইড, সালফার ট্রাইঅক্সাইড এবং ওজোন অন্তর্ভুক্ত। ওজোনকে অত্যন্ত বিপজ্জনক বায়ু দূষণকারী হিসেবে বিবেচনা করা হয়েছে। ওজোনের সংস্পর্শে অনেকগুলি ফুসফুসের রোগ যেমন হাঁজল, এমফিসেমা এবং ব্রঙ্কাইটিস হতে পারে। ওজোনে বারবার এবং দীর্ঘ এক্সপোজার এমনকি ফুসফুসের টিস্যুগুলিকে স্থায়ীভাবে দাগ দিতে পারে।

2.3.1 কণা দূষণকারী

যে কোন স্থানে বাতাসের গুণমান বাতাসে উপস্থিত দূষণকারীর স্তর দ্বারা নির্ধারিত হয়েছে এবং এটি বাতাসে নির্গত দূষণের ধরন এবং পরিমাণের উপর নির্ভর করেছে। বাতাসে দূষণের মাত্রা এক স্থান থেকে অন্য স্থানে এবং এক ঘণ্টা থেকে পরবর্তী সময়ে ব্যাপকভাবে পরিবর্তিত হতে পারে।

বায়ু দূষণের সবচেয়ে জটিল রূপগুলির মধ্যে একটি হল কণা দূষণ। কণা দূষণের জন্য দায়ী দূষণকারীকে কণা দূষণকারী বলা হয়েছে এবং কণা পদার্থ হিসাবেও পরিচিত। এটি বিক্রিত এবং তরল উভয়ই বিভিন্ন কণার সংমিশ্রণ, যা একইভাবে আচরণ করেছে এবং একই আকারের হয়েছে। পার্টিকুলেট পদার্থকে কণার আকার অর্থাৎ PM10, PM2.5 এবং PM0.1 এর উপর ভিত্তি করেছে বিভিন্ন বিভাগে বিভক্ত করা হয়েছে।

PM10 মোটা কণা হিসাবেও পরিচিত, 10 μm বা তার কম বায়ুবিদ্যা ব্যাস সহ সমস্ত কণা হিসাবে সংজ্ঞায়িত করা হয়েছে। PM10 তে PM2.5 এবং PM0.1 রয়েছে। এই কণাগুলি স্বাস্থ্যের জন্য গুরুত্বপূর্ণ হুমকি সৃষ্টি করা পারে কারণ এটি আমাদের ফুসফুসে প্রবেশ করা পারে। একবার এই কণাগুলি আমাদের ফুসফুসে প্রবেশ করলে, এটি ফুসফুসের টিস্যুতে জ্বালাপোড়া করা পারে এবং হাঁজলের আক্রমণকে প্ররোচিত করা পারে। এটি আমাদের শ্বাসনালী, নাক, গলা এবং চোখকেও জ্বালাতন করা পারে। এর উৎস গুলি নির্মাণ স্থানের ধুলো, রাস্তার ধুলো বা প্রাকৃতিক ধুলো ঝড়, কৃষি প্রক্রিয়া, উদ্ভিদ, পোকামাকড়, পরাগ শস্যের পাশাপাশি জীবাশ্ম জ্বালানি পোড়ানোর সময় নির্গত দাহ্য পদার্থ অন্তর্ভুক্ত করা পারে।

PM2.5 সূক্ষ্ম কণা হিসাবেও পরিচিত, 2.5 μm বা তার চেয়ে ছোট বায়ুবিদ্যা ব্যাস সহ সমস্ত কণা হিসাবে সংজ্ঞায়িত করা হয়েছে। সূক্ষ্ম কণা প্রাকৃতিক বা মানুষের তৈরি উৎস থেকে আসতে পারে, যেমন: যানবাহন নিষ্কাশন, বন্য-আগুন, বিদ্যুৎকেন্দ্র নির্গমন এবং অন্যান্য দহন কার্যক্রম। PM10 এর বিপরীতে, PM2.5 শুধুমাত্র আমাদের ফুসফুসে প্রবেশ করা পারে না বরং আমাদের রক্ত প্রবাহেও প্রবেশ করা পারে। PM10 কণা আমাদের শ্বাসযন্ত্রের ট্র্যাকের মধ্যে আটকে যায় এবং আমাদের শরীরের গভীরে প্রবেশ করা পারে না, যেমন PM2.5 করেছে। PM2.5 আমাদের মস্তিষ্ক এবং হৃদয়ের মতো আমাদের শরীরের অন্যান্য অংশে প্রবাহিত হতে পারে এবং প্রদাহ এবং ক্ষতির কারণ হতে পারে। PM2.5 PM10- এর মতো একই সমস্যা এবং শ্বাসযন্ত্রের রোগ, অনাক্রম্য শ্বাস -প্রশ্বাস কমিয়ে দেয় এবং জন্মগতভাবে প্রতিবন্ধী করে।

PM0.1 আল্ট্রাফাইন ডাস্ট নামেও পরিচিত, 0.1 μm বা তার চেয়ে ছোট বায়ুবিদ্যা ব্যাস সহ সমস্ত কণা হিসাবে সংজ্ঞায়িত করা হয়েছে। এটি সূক্ষ্ম ধুলোর চেয়ে ছোট এবং PM2.5 এর অনুরূপ উৎস থেকে উদ্ভূত। গবেষণায় বলা হয়েছে যে অতি সূক্ষ্ম ধুলো PM2.5 এর চেয়েও ভয়ঙ্কর হুমকি, কারণ ছোট কণার আকার আমাদের শরীরে অধিক পরিমাণে অনুপ্রবেশ করা পারে। সাম্প্রতিক গবেষণায় দেখা গেছে যে PM0.1 উন্নত কার্ডিওভাসকুলার বিষাক্ততা এবং অক্সিডেটিভ স্ট্রেসের জন্য বৃহত্তর সম্ভাবনা প্রদর্শন করেছে। সামগ্রিকভাবে, আল্ট্রাফাইন ধুলোকে গুরুত্ব সহকারে এবং অতিরিক্তভাবে নেওয়া উচিত।

এটি গবেষণা এবং PM2.5 এর মধ্যে আরও পার্থক্য সম্পর্কে আলোকপাত করবে।

বিভিন্ন ধরনের শারীরিক প্রক্রিয়ার মাধ্যমে দূষিত স্রোত থেকে কণা পদার্থের নির্গমন নিয়ন্ত্রণ বা অপসারণ করা যায়। পার্টিকুলেট ম্যাটার সংগ্রহ করা র জন্য সাধারণ ধরনের যন্ত্রের মধ্যে রয়েছে ব্যাগ ফিল্টার, সাইক্লোন সেপারেটর, ইলেক্ট্রোস্ট্যাটিক প্রিসিপিটেটর এবং স্ক্রাবার। একবার সংগ্রহ করা হলে, কণা একে অপরের সাথে লেগে থাকে, এমন একগ্লোমারেট তৈরি করেছে যা সহজেই যন্ত্রপাতি থেকে সরিয়ে ফেলা যায় এবং সাধারণত ল্যান্ডফিলের মধ্যে ফেলে দেওয়া যায়।

2.3.1.1 ব্যাগ ফিল্টার

ব্যাগ ফিল্টার, যা সাধারণত বাগহাউস বা ধুলো সংগ্রাহক নামে পরিচিত একটি দূষণ নিয়ন্ত্রণ যন্ত্র যা ব্যাগ ফিল্টারে কণা জমা করেছে দূষিত গ্যাস প্রবাহ থেকে কণা পদার্থ অপসারণ করা ব্যবহৃত হয়েছে। এই ব্যাগ ফিল্টারগুলি ফ্যাব্রিক উপকরণ দিয়ে তৈরি। ফিল্টারটি সাধারণত নলাকার ফ্যাব্রিক ব্যাগ আকারে থাকে কিন্তু এটি কার্তুজের আকারেও হতে পারে যা ফ্যাব্রিক, সিন্টার্ড মেটাল বা ছিদ্রযুক্ত সিরামিক দিয়ে তৈরি। সাধারণভাবে, ব্যাগ ফিল্টার 99 শতাংশের বেশি সংগ্রহের দক্ষতা অর্জন করা সক্ষম। নিম্নলিখিত তিন ধরণের ব্যাগ ফিল্টার রয়েছে এবং ফিল্টার উপাদান পরিষ্কার করা র পদ্ধতিতে তারা একে অপরের থেকে পৃথক।

1. শেকার ব্যাগ ফিল্টার
2. এয়ার ব্যাগ ফিল্টার বিপরীত
3. পালস জেট টাইপ ব্যাগ ফিল্টার

শেকার ব্যাগ ফিল্টার

শেকার ব্যাগ ফিল্টারে নলাকার ব্যাগ, নীচের হপার এবং উল্লম্ব আবরণ এবং ফড়িংয়ের মধ্যে একটি নল শীট দিয়ে তৈরি উল্লম্ব আবরণ থাকে। নলাকার ব্যাগগুলি শীর্ষে বন্ধ রয়েছে। শীর্ষে

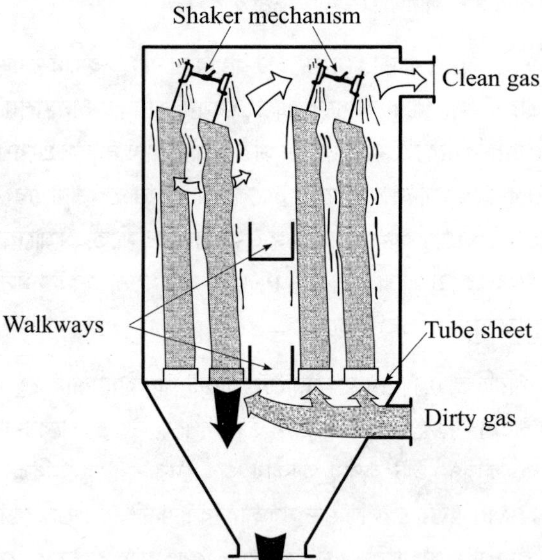

চিত্র 2.1: সাধারণ শেকার ব্যাগ ফিল্টার

আবরণ, একটি কাঁপানো পদ্ধতিতে সংযুক্ত করা হয়েছে। দূষিত গ্যাস প্রবাহ ফড়িংয়ের মধ্যে প্রবেশ করেছে , উল্লম্ব শীটের ছিদ্র দিয়ে এবং উল্লম্ব ব্যাগের ভিতরে প্রবাহিত হয়েছে, ব্যাগ ফিল্টারের অভ্যন্তরীণ পৃষ্ঠের উপর ধুলো কেক রেখে দেয়। পর্যায়ক্রমে,

গ্যাস প্রবাহ বন্ধ করা হয়েছে এবং ব্যাগগুলি পরিষ্কার করার জন্য ঝাঁকানো হয়েছে। বিচ্ছিন্ন ধুলো কেক ফড়িংয়ে পড়ে এবং অবশেষে সংগ্রাহক থেকে সরানো হয়েছে।

বিপরীত এয়ার ব্যাগ ফিল্টার

এই ফিল্টারগুলি শেকার ব্যাগ ফিল্টারের অনুরূপ। দূষিত গ্যাস প্রবাহ হপার থেকে প্রবেশ করেছে, ব্যাগগুলির মধ্যে এবং এর মধ্য দিয়ে প্রবাহিত হয়েছে। গ্যাস প্রবাহ ভিতরের ব্যাগ পৃষ্ঠে ধুলো কেক ছেড়ে দেয়। ব্যাগ পরিষ্কার করা র জন্য, দূষিত গ্যাসের প্রবাহ বন্ধ হয়ে যায় এবং আরেকটি পরিষ্কার গ্যাস প্রবাহের সূচনা হয়েছে-

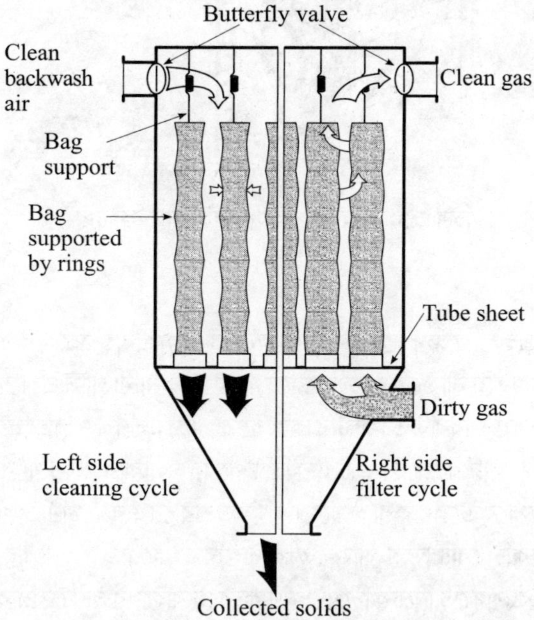

চিত্র 2.2: সাধারণত বিপরীত এয়ার ব্যাগ ফিল্টার

যা বিপরীত দিকে প্রবাহিত হয়েছে। এই গ্যাস প্রবাহ সাধারণত ব্যাগ ফিল্টার থেকে নির্গত পরিষ্কার গ্যাস প্রবাহ থেকে নেওয়া হয়েছে। বিপরীত বায়ুপ্রবাহের দ্বারা বিচ্ছিন্ন করা ধুলো কেক হপারে পড়ে এবং অবশেষে সংগ্রাহক থেকে সরানো হয়েছে।

পালস জেট টাইপ ব্যাগ ফিল্টার

পালস জেট টাইপ ব্যাগ ফিল্টারে উল্লম্ব আবরণের উপরে অবস্থিত একটি টিউব শীট থাকে এবং ফিল্টার ব্যাগগুলি টিউব শীট থেকে ঝুলিয়ে রাখা হয়েছে। ব্যাগের ভিতরে একটি তারের জালের খাঁচা লাগানো হয়েছে যাতে সেগুলো ধসে পড়া থেকে রক্ষা পায়। দূষিত গ্যাস প্রবাহ হপার দিয়ে প্রবেশ করেছে, ব্যাগগুলিতে এবং এর মধ্য দিয়ে প্রবাহিত হয়েছে

টিউব শীট, ব্যাগ পৃষ্ঠের উপর ধুলো কেক রেখে। এই ব্যাগের পৃষ্ঠগুলি সংকোচিত বাতাসের স্বল্প মেয়াদী ডাল প্রয়োগ করেছে পরিষ্কার করা হয়েছে। সংকুচিত বাতাসের ডালগুলি ভেঙে ধুলো কেক ফড়িংয়ে পড়ে এবং অবশেষে সংগ্রাহক থেকে সরানো হয়েছে।

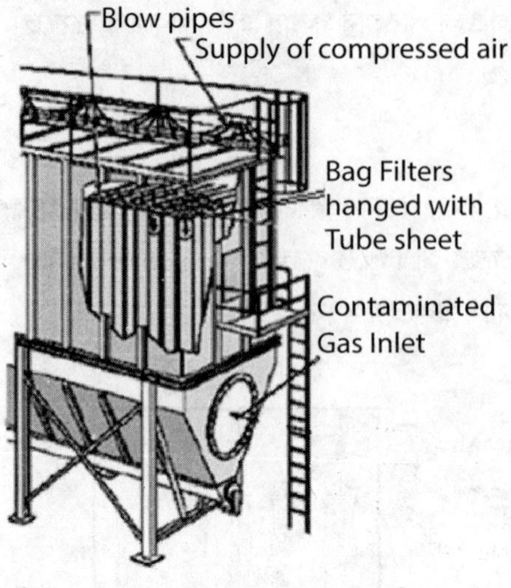

চিত্র 2.3: সাধারণ পালস জেট ব্যাগ ফিল্টার

2.3.1.2 ঘূর্ণিঝড় বিভাজক

ঘূর্ণিঝড় বিভাজক বা কেবল ঘূর্ণিঝড় হল বিচ্ছেদ যন্ত্র যা বায়ু বা অন্যান্য গ্যাস প্রবাহ থেকে কণা পদার্থ অপসারণের জন্য ব্যবহৃত হয়েছে। এটি কণা পদার্থ দূর করা জড়তার নীতিতে কাজ করেছে। বায়ু বা অন্যান্য গ্যাস প্রবাহের উপর নির্ভর করেছে ঘূর্ণিঝড়ের আকার 1.2 মিটার থেকে 9 মিটার পর্যন্ত পরিবর্তিত ফিল্টার করা হতে পারে। ঘূর্ণিঝড় বিভাজক মূলত কেন্দ্রাতিগ বিভাজক এবং অনেকটা একটি কেন্দ্রাতিগের মতো কাজ করেছে। এটি একটি উপরের নলাকার অংশ যা ব্যারেল হিসাবে উল্লেখ করা হয়েছে এবং একটি নিম্ন শঙ্কু অংশ যা শঙ্কু হিসাবে উল্লেখ করা হয়েছে। ঘূর্ণিঝড় শরীরে একটি ঘূর্ণি উৎপন্ন হয়েছে যা কেবল প্রবাহিত গ্যাস বা বায়ু কণার জড়তা শক্তিকে একটি কেন্দ্রীভূত শক্তিতে রূপান্তরিত করেছে। কণা বোঝাই বায়ু প্রবাহ ব্যারেলের শীর্ষে স্পর্শকাতরভাবে প্রবেশ করেছে এবং শঙ্কুতে নিচের দিকে ভ্রমণ করেছে বাইরের ঘূর্ণি তৈরি করেছে। বাইরের ঘূর্ণিতে বাতাসের গতিবেগ বাড়ার ফলে বায়ু প্রবাহ থেকে কণাগুলির উপর একটি কেন্দ্রীভূত বল সৃষ্টি হয়েছে। যখন বায়ু শঙ্কুর নীচে পৌঁছায়, তখন এটি রেডিয়াল ভিতরে প্রবাহিত হতে শুরু করেছে, শীর্ষে পৌঁছে এবং পরিষ্কার বায়ু/গ্যাস হিসাবে বেরিয়ে আসে যখন কণা পদার্থটি ঘূর্ণিঝড়ের নীচে সংযুক্ত ধুলো সংগ্রহ চেম্বারে পড়ে।

বেশিরভাগ ঘূর্ণিঝড় কণা নিয়ন্ত্রণ এবং অপসারণের জন্য নির্মিত হয়েছে

দেরী বিষয় যা 10μm এর চেয়ে বড়। যাইহোক, উচ্চ দক্ষতার ঘূর্ণিঝড়গুলিও পাওয়া যায় যা 2.5μm এর মতো ছোট কণাগুলি সরানোর জন্য ডিজাইন করা হয়েছে। সমস্ত কণা-নিয়ন্ত্রণ যন্ত্রের মধ্যে, সাইক্লোন বিভাজকগুলি সবচেয়ে কম ব্যয়বহুল যন্ত্র। দূষিত গ্যাস আরও কার্যকর দূষণ নিয়ন্ত্রণ যন্ত্রগুলিতে প্রবেশ করা র আগে এগুলি প্রায়শই প্রাক-চিকিৎসা হিসাবে ব্যবহৃত হয়েছে। অতএব, বায়ু/ গ্যাস সূক্ষ্ম পরিস্রাবণ পর্যায়ে পৌঁছানোর আগে ঘূর্ণিঝড় বিভাজককে "রুক্ষ বিভাজক" হিসাবে দেখা যেতে পারে। ঘূর্ণিঝড় বিভাজক সাধারণত বায়ু/গ্যাসে উপস্থিত 50-99% পার্টি-ইউলেট পদার্থের মধ্যে কোথাও অপসারণ করা সক্ষম হয়েছে। ঘূর্ণিঝড় বিভাজকগুলির সাথে বেশ কয়েকটি সুবিধা রয়েছে যেমন (i) কম ইনস্টলেশন এবং রক্ষণাবেক্ষণ খরচ (ii) খুব কম জায়গা দখল করা (iii) শুকনো অবস্থায় পৃথকীকৃত কণা সংগ্রহ করা হয়েছে যা নিষ্পত্তি করা সহজ করেছে। যাইহোক, কিছু অসুবিধাও রয়েছে, যেমন 10 modelsm এর চেয়ে ছোট কণাগুলি কার্যকরভাবে অপসারণের জন্য আদর্শ মডেলগুলি পাওয়া যায় না এবং সরঞ্জামগুলি স্টিকি উপাদানগুলি পরিচালনা করা অক্ষম।

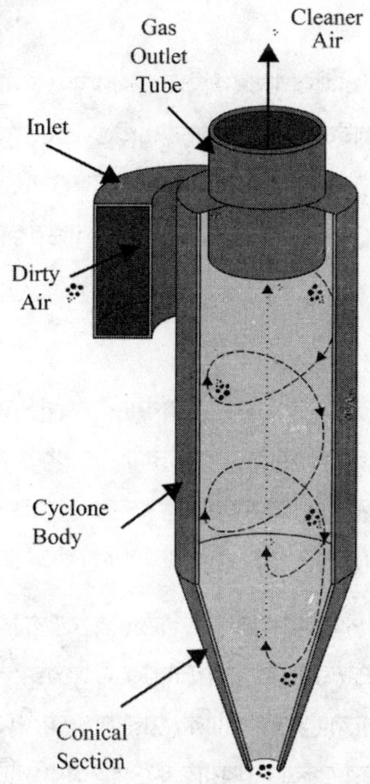

চিত্র 2.4: সাধারণ ঘূর্ণিঝড় বিভাজক

2.3.1.3 ইলেক্ট্রোস্ট্যাটিক প্রিসিপিটেটর

প্রবাহিত গ্যাস থেকে ধোঁয়া এবং ধুলোর মতো সূক্ষ্ম কণা অপসারণের জন্য ইলেক্ট্রোস্ট্যাটিক প্রিসিপিটেটর ব্যবহার করা হয়েছে। বায়ু দূষণ নিয়ন্ত্রণের জন্য এটি একটি সাধারণভাবে ব্যবহৃত যন্ত্র এবং বেশিরভাগই ইস্পাত কারখানা, তাপবিদ্যুৎ কেন্দ্র ইত্যাদিতে ব্যবহৃত হয়েছে। এটি অপসারণের জন্য একটি বৈদ্যুতিক চার্জ ব্যবহার করে বায়ু বা অন্যান্য গ্যাস থেকে ধোঁয়া বা অন্যান্য ফ্লুতে কঠিন বা তরল ফোঁটা আকারে কণা। পাতলা উল্লম্ব তারের একটি সারি এবং বড় উল্লম্ব ধাতু প্লেট একটি স্ট্যাক গঠিত। আবেদনের ধরণ অনুসারে প্লেটগুলি 1 সেন্টিমিটার থেকে 17 সেন্টিমিটার দূরত্বযুক্ত। একটি ইলেক্ট্রোড একটি উচ্চ নেতিবাচক ভোল্টেজের সাথে চার্জ করা হয়েছে যখন দ্বিতীয় ইলেক্ট্রোড উচ্চ ইতিবাচক চার্জ দিয়ে চার্জ করা হয়েছে। গ্যাস প্রবাহ তারের মধ্যে এবং প্লেটের স্তূপের মধ্য দিয়ে অনুভূমিকভাবে প্রবাহিত হয়েছে। গ্যাস প্রবাহে উপস্থিত পার্টিকুলেটগুলি নেতিবাচক চার্জযুক্ত ইলেক্ট্রোডের মধ্য দিয়ে যাওয়ার সময় ঋণাত্মক চার্জ দিয়ে চার্জ করা হয়েছে। এইভাবে নেতিবাচক চার্জযুক্ত কণাগুলি ইতিবাচক ইলেক্ট্রোড (প্লেট) এর দিকে টানা হয়েছে এবং প্লেট বা অন্যান্য সংগ্রহ যন্ত্রগুলিতে জমা হয়েছে। চিকিৎসা গ্যাস বাষ্প তারপর প্রক্ষেপক এবং বায়ুমণ্ডল একটি স্ট্যাক মাধ্যমে পাস। যখন সংগ্রাহক যন্ত্রগুলিতে পর্যাপ্ত পরিমাণ অংশ জমা হয়েছে, তখন সেগুলি যান্ত্রিকভাবে সংগ্রহকারীদের কাছ থেকে বিচ্ছিন্ন হয়ে যায়। যে কণাগুলি শুকনো বা ভেজা হতে পারে, ইউনিটের নীচে একটি ফড়িংয়ে পড়ে এবং বেল্ট কনভেয়রের মাধ্যমে নিষ্পত্তি বা পুনর্ব্যবহারযোগ্য স্থানে নিয়ে যায়। এই পদ্ধতিতে কয়লা পোড়ানো বিদ্যুৎ কেন্দ্র থেকে সংগৃহীত শুকনো বা ছাইকে ফ্লাই অ্যাশ বলা হয়েছে।

দূষিত গ্যাস পরিষ্কার করার প্রক্রিয়ায় ইলেক্ট্রোস্ট্যাটিক প্রক্ষেপক খুবই গুরুত্বপূর্ণ হাতিয়ার। এগুলি অত্যন্ত কার্যকর এবং 10 μm আকারের চেয়ে ছোট আকারের 99% এর বেশি কণা পদার্থ অপসারণ করা সক্ষম। যাইহোক, এই স্তরের কার্যকারিতা একটি খুব উচ্চ খরচে আসে-একটি বিদ্যুৎ কেন্দ্রের বৈদ্যুতিক শক্তি উৎপাদনের প্রায় 2-4%।

2.4 গ্যাসীয় দূষণ নিয়ন্ত্রণ

বায়বীয় দূষণ দ্বারা সৃষ্ট হয়েছে; প্রাথমিক ও মাধ্যমিক দূষণকারী। প্রাথমিক গ্যাসীয় দূষণকারীদের মধ্যে রয়েছে সালফার এবং নাইট্রোজেন ডাই অক্সাইড, নাইট্রোজেন অক্সাইড, কার্বন মনোক্সাইড এবং ভিওসি ইত্যাদি, যেখানে. সেকেন্ডারি গ্যাসীয় দূষণকারীদের মধ্যে রয়েছে ওজোন এবং অন্যান্য ফোটোকেমিক্যাল অক্সিডেন্ট, সালফিউরিক এসিড ইত্যাদি। শোষণ, শোষণ এবং ভস্ম বা দহন। এখানে, দুটি পদ্ধতি যথা শোষক এবং অনুঘটক রূপান্তরকারী যা দহন পদ্ধতিতে আসে, আলোচনা করা হয়েছে।

2.4.1 শোষণকারী

শোষণকারী একটি দ্রাবক মিডিয়াতে দ্রবীভূত করেছে বায়বীয় দূষণকারী অপসারণের একটি প্রক্রিয়া। সর্বাধিক ব্যবহৃত দ্রাবক মাধ্যম একটি তরল পর্যায়, তবে এটি নির্দিষ্ট কিছু ক্ষেত্রে শুষ্ক বাল্ক কঠিনও হতে পারে। যে উপাদানটি শোষণ করে তাকে দ্রাবক বলা হয়েছে, এবং যে গ্যাসকে শোষিত করা হয়েছে তাকে দ্রবণ বলে। শোষণের সাধারণ রূপ হল ভেজা স্ক্রাবিং। স্ক্রাবারের ধরনগুলির মধ্যে রয়েছে ক্রস ফ্লো স্ক্রাবার, বুদ্বুদ, প্লেট এবং ট্রে স্ক্রাবার, প্যাকড-বেড কাউন্টারফ্লো স্ক্রাবার ইত্যাদি।

ভিজা স্ক্রাবার সবচেয়ে সাধারণ ধরনের একটি প্যাকেট-বিছানা কাউন্টারফ্লো স্ক্রাবার। দূষক ধারণকারী গ্যাসের প্রবাহ স্ক্রাবারের নিচ থেকে প্রবেশ করেছে এবং স্ক্রাবার শীর্ষে প্রদত্ত নিষ্কাশনের দিকে উপরের দিকে চলে যায়। তরল স্ক্রাবিং মিডিয়া বা দ্রাবক স্ক্রাবারের উপর থেকে প্রবেশ করেছে এবং এলোমেলো প্যাকিংয়ের মাধ্যমে বিতরণ করা হয়েছে। গ্যাস প্রবাহটি এলোমেলো প্যাকিংয়ের মধ্য দিয়েও যায় যা প্রয়োজনীয় পৃষ্ঠের ক্ষেত্র সরবরাহ করেছে এবং দুটি মিডিয়ার মধ্যে যোগাযোগ সহজতর করেছে। তরল মিডিয়া গ্যাস প্রবাহ থেকে দূষণকারী শোষণ করেছে যা স্ক্রাবার স্যাম্পে সংগ্রহ করা হয়েছে।

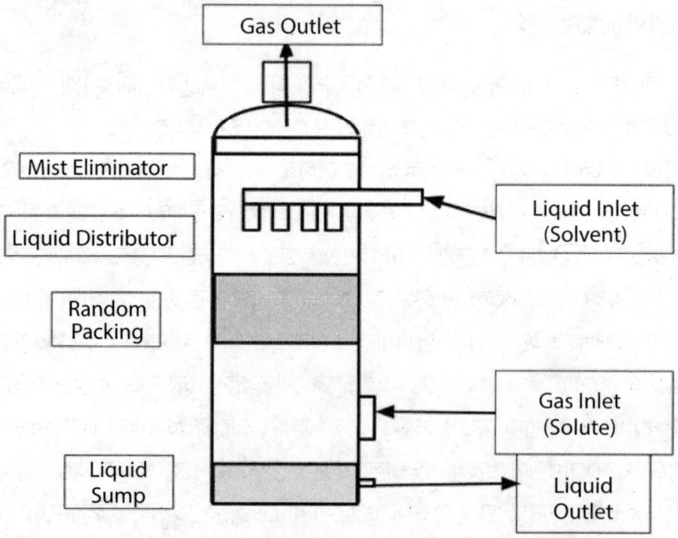

চিত্র 2.5: প্যাকড-বেড কাউন্টার ফ্লো স্ক্রাবার

গ্যাস প্রবাহ থেকে বেরিয়ে আসার আগে একটি কুয়াশা নির্মূলকারীর মধ্য দিয়ে যায় এবং বায়ুমণ্ডলে ছড়িয়ে পড়ে। জল সাধারণত স্ক্রাবিং তরল ব্যবহার করা হয়েছে, কিন্তু অনেকগুলি প্রক্রিয়া বা দূষণকারী রয়েছে যার জন্য বিভিন্ন তরল বা দ্রাবক উপাদান প্রয়োজন।

2.4.2 অনুঘটক রূপান্তরকারী

ভারতে বিশেষ করেছে মুম্বাই, কলকাতা, বেঙ্গালুরু, পুনে প্রভৃতি বড় শহরে রাস্তায় প্রচুর গাড়ি রয়েছে এবং প্রত্যেকটিই বায়ু দূষণের উৎস। এই সমস্যা কাটিয়ে ওঠার জন্য, একটি অনুঘটকীয় রূপান্তরকারী নামক একটি আকর্ষণীয় যন্ত্র উদ্ভাবন করেছে ন ইউজিন হাউড্রি, একজন ফরাসি যান্ত্রিক প্রকৌশলী এবং 1950 এর দশকের মাঝামাঝি অনুঘটক তেল পরিশোধনের বিশেষজ্ঞ। গাড়ির নির্গমনে নাইট্রোজেন অক্সাইড, কার্বন মনোক্সাইড এবং হাইড্রোকার্বনের মতো ক্ষতিকর বিষাক্ত উপজাত রয়েছে। একটি অনুঘটক রূপান্তরকারী একটি সাধারণ যন্ত্র যা এই ক্ষতিকারক ধোঁয়াগুলিকে কম ক্ষতিকর ধোঁয়ায় আড়াল করা জারণ এবং হ্রাস প্রতিক্রিয়া ব্যবহার করেছে। এটি একটি ধাতব হাউজিং দ্বারা গঠিত যা সিরামিক মধুচক্রের অভ্যন্তর অন্তরক স্তর সহ। এই মধুচক্রের অভ্যন্তরটি প্ল্যাটিনাম, রোডিয়াম এবং প্যালেডিয়ামের মতো মূল্যবান ধাতু দ্বারা আবৃত। এটি গাড়ির সামনের অংশের কাছে অবস্থিত।

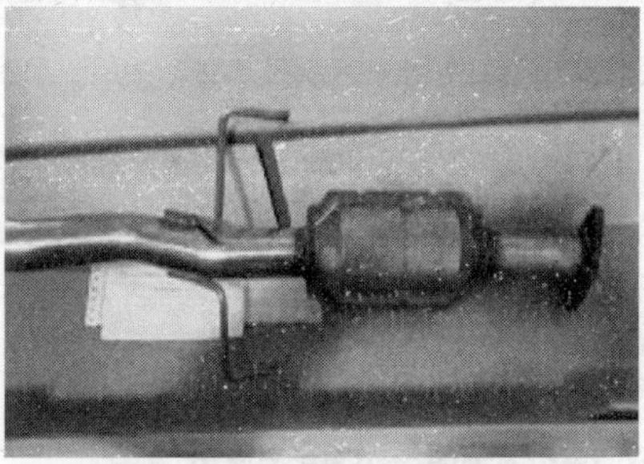

চিত্র 2.6: অনুঘটক রূপান্তরকারী

অনুঘটক রূপান্তরকারীতে প্রধানত দুই ধরনের অনুঘটক ব্যবহৃত হয়েছে: (i) হ্রাস অনুঘটক এবং (ii) জারণ অনুঘটক

- **হ্রাস অনুঘটক:** এটি অক্সিজেন অপসারণ করেছে নাইট্রোজেন অক্সাইড দূষণ কমায়। নাইট্রোজেন অক্সাইডগুলি নাইট্রোজেন এবং অক্সিজেন গ্যাসে পরিণত হয়েছে যা ক্ষতিকর নয়।
- **জারণ অনুঘটক:** এটি কার্বন মনোক্সাইডকে কার্বন ডাই অক্সাইড এবং হাইড্রোকার্বনকে কার্বন ডাই অক্সাইড এবং জলতে রূপান্তর করেছে।

ব্যবহৃত অনুঘটক প্রকারের উপর ভিত্তি করেছে, রূপান্তরকারীকে দুটি শ্রেণীতে ভাগ করা হয়েছে:

- **দ্বিমুখী প্রকারের অনুঘটক রূপান্তরকারী:** এই ধরণের রূপান্তরকারীতে শুধুমাত্র অক্সিডেশন অনুঘটক ব্যবহার করা হয়েছে, যা কার্বন মনোক্সাইডকে কার্বন ডাই অক্সাইড এবং হাইড্রোকার্বনকে কার্বন ডাই অক্সাইড এবং জলতে অক্সিডিয়েশন প্রক্রিয়ায় রূপান্তর করেছে।

$$CO + O_2 \rightarrow CO_2$$

$$C_xH_{4x} + 2xO_2 \rightarrow xCO_2 + 2xH_2O$$

- **থ্রি-ওয়ে টাইপ ক্যাটালাইটিক কনভার্টার:** এই কনভার্টারে অনুঘটক, জারণ ও হ্রাস উভয়ই ব্যবহৃত হয়েছে। অতএব, এটি একটি হ্রাস অনুঘটক যোগ করা র সাথে দ্বিমুখী রূপান্তরকারীর অনুরূপ সঞ্চালন করেছে যা হ্রাস প্রক্রিয়ার মাধ্যমে নাইট্রোজেন অক্সাইড এবং নাইট্রোজেন এবং অক্সিজেন গ্যাসকে হ্রাস করেছে।

$$NO_x \rightarrow N_x + O_x$$

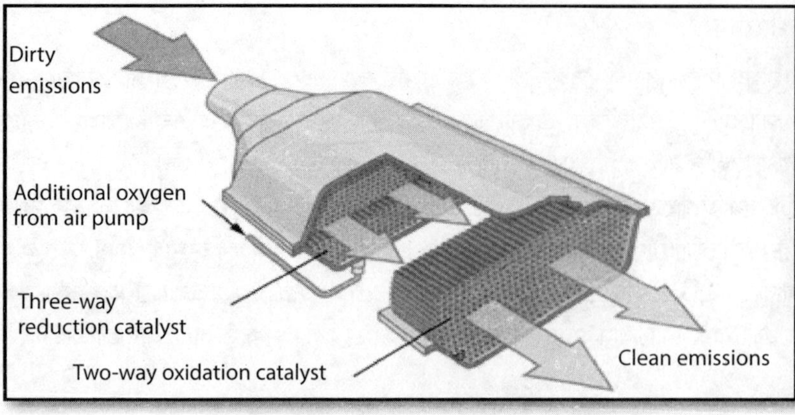

চিত্র 2.6: অনুঘটক রূপান্তরের একটি পরিকল্পিত চিত্র

উপরে আলোচনা করা কনভার্টার ছাড়াও, একটি অক্সিজেন সেন্সরও কনভার্টারের কাছে অবস্থিত যা গাড়ির ইলেকট্রনিক কন্ট্রোল ইউনিটকে (ECU) নিষ্কাশন গ্যাসে অক্সিজেনের প্রাপ্যতা সম্পর্কে বলতে সাহায্য করেছে। এটি গাড়িকে আরও দক্ষ বায়ু/জ্বালানি অনুপাতে চালাতে সাহায্য করেছে, ইঞ্জিনকে অক্সিডেশন প্রক্রিয়া সম্পন্ন করা র জন্য পর্যাপ্ত অক্সিজেন দিয়ে কনভার্টার সরবরাহ করা দেয়।

2.4.3 রেফ্রিজারেন্ট, আইসি, বয়লারের কারণে বায়ু দূষণের প্রভাব

রেফ্রিজারেটর বিভিন্ন ইলেকট্রনিক যন্ত্রপাতি যেমন রেফ্রিজারেটর, এয়ার-কন্ডিশনার ইত্যাদিতে ব্যবহৃত হয়েছে প্রযুক্তির উন্নতির সাথে সাথে বিশ্বজুড়ে মানুষের জীবনযাত্রায় ব্যাপক পরিবর্তন এসেছে। বিশেষ করেছে, বাসা, অফিস, স্কুল, রেলওয়ে স্টেশন, বিমানবন্দর ইত্যাদি প্রায় সব জায়গাতেই তাদের অস্তিত্বের কারণে এয়ার কন্ডিশনার অপরিহার্য হয়ে উঠেছে। কিন্তু সিএফসিগুলি ওজোন স্তর হ্রাস করা র পর, বিশ্বব্যাপী তাদের পর্যায়ক্রমে বের করার চেষ্টা করা হয়েছিল। সিএফসি থেকে পরিত্রাণ পাওয়ার প্রচেষ্টার ফলে রাসায়নিকের দুটি গ্রুপ তৈরি হয়েছিল কিন্তু একটি ভিন্ন সমস্যা, হাইড্রো ফ্লুরোকার্বন (এইচএফসি) এবং হাইড্রো ক্লোরোফ্লুরোকার্বন। এই রেফ্রিজারেন্টগুলি ওজোন অণুগুলিকে অনেক কম ভেঙে ফেলে, কিন্তু অত্যন্ত শক্তিশালী গ্রিনহাউস গ্যাস। এর কারণ হল HFCs এবং HCFCs CFCs সহ ইনফ্রারেড বিকিরণ শোষণ করেছে, বায়ুমণ্ডলের ভিতরে তাপ আটকে রাখে না বরং মহাকাশে পালিয়ে যেতে দেয়, গ্রিনহাউস প্রভাব সৃষ্টি করেছে যা গ্রহকে উষ্ণ করেছে।

I.C. বয়লার হল দহন যন্ত্র যা জল গরম করা বা বাষ্প তৈরিতে ব্যবহৃত হয়েছে। বাষ্প না হওয়া পর্যন্ত জল গরম করেছে বয়লারে বাষ্প তৈরি করা হয়েছে। তারপর বাষ্প তাপ / বিদ্যুৎ উৎপাদন বা যন্ত্র চালানোর জন্য ব্যবহৃত হয়েছে। I.C. বয়লার বিভিন্ন ধরনের বিপজ্জনক বায়ু দূষণকারী (HAPs), কণা দূষণকারী এবং উদ্বায়ী জৈব যৌগ নির্গত করেছে। নির্গত কিছু দূষক হলো নাইট্রোজেন অক্সাইড, সালফার ডাই অক্সাইড, কার্বন মনোক্সাইড, হাইড্রোজেন ক্লোরাইড, ক্যাডমিয়াম, পারদ ইত্যাদি।

2.5 শব্দ দূষণ

শব্দ দূষণকে এমন কোনো অবাঞ্ছিত বা বিরক্তিকর শব্দ হিসেবে সংজ্ঞায়িত করা যেতে পারে যা মানব ও অন্যান্য জীবের স্বাস্থ্য ও কল্যাণকে প্রভাবিত করেছে। শব্দটি সাধারণত উচ্চস্বরের পরিপ্রেক্ষিতে বর্ণিত হয়েছে এবং এটি ডেসিবেল (ডিবি) নামক লগারিদমিক ইউনিটে পরিমাপ করা হয়েছে। সব শব্দ শব্দ দূষণ হিসেবে বিবেচিত হয়েছে না। ওয়ার্ল্ড হেলথ অর্গানাইজেশনের (ডব্লিউএইচও) মতে, 65 ডিবি -র উপরে শব্দকে শব্দ দূষণ হিসাবে বিবেচনা করা যেতে পারে। খুব মূল্যবান হওয়ার জন্য, শব্দটি ক্ষতিকারক হয়ে ওঠে যখন এটি 75 ডিবি ছাড়িয়ে যায় এবং 120 ডিবি এর উপরে বেদনাদায়ক হয়েছে।

2.5.1 শব্দ দূষণের উৎস

অন্যান্য দূষণের মতো, শব্দ দূষণ মূলত শিল্পায়ন, নগরায়ন এবং আধুনিক সভ্যতার কারণে ঘটে। শব্দ দূষণের উৎসকে দুটি শ্রেণীতে ভাগ করা যায়: শিল্প উৎস এবং অ-শিল্প উৎস। শিল্প উৎস গুলির মধ্যে রয়েছে বিভিন্ন শিল্পের শব্দ এবং বড় মেশিনগুলি খুব উচ্চ গতিতে এবং খুব উচ্চ শব্দ তীব্রতার সাথে কাজ করেছে। অ-শিল্প উৎসগুলির মধ্যে রয়েছে পরিবহন/যানবাহন চলাচল, লাউডস্পিকার, রে

শব্দ দূষণের প্রধান উৎসকে নিম্নরূপে শ্রেণিবদ্ধ করা যেতে পারে:

- **শিল্প উৎস:** শিল্প যেমন টেক্সটাইল মিল, ইঞ্জিনিয়ারিং প্রতিষ্ঠান, প্রিন্টিং প্রেস, মেটাল ওয়ার্কস ইত্যাদি শব্দ দূষণের ক্ষেত্রে ব্যাপক অবদান রাখে। ভারতের অনেক শিল্প শহর যেমন কলকাতা, কানপুর ইত্যাদি বেশি প্রভাবিত হয়েছে কারণ শিল্প অঞ্চলগুলি আবাসিক অঞ্চল থেকে আলাদা করা হয়েছে না বিশেষ করেছে ক্ষুদ্র শিল্পের ক্ষেত্রে। তাই শিল্প অঞ্চলকে আবাসিক অঞ্চল থেকে দূরে রাখার পরামর্শ দেওয়া হয়েছে এবং সেগুলি পর্যাপ্ত প্রশস্ত সবুজ বেল্ট দ্বারা পৃথক করা যেতে পারে।
- **পরিবহন যানবাহন:** শহরাঞ্চলে অটোমোবাইল বিপ্লব শব্দ দূষণের একটি বড় উৎস হয়ে উঠেছে। সাম্প্রতিক অতীতে, বাস, ট্রেন, ট্রাক ইত্যাদির মতো যানবাহনের সংখ্যা বৃদ্ধির ফলে ট্রাফিকের পরিমাণ ব্যাপক বৃদ্ধি পেয়েছে যার ফলে শব্দ দূষণ বেড়েছে। আবাসিক এলাকার আশেপাশে অবস্থিত বিমানবন্দরটি প্রচুর শব্দ দূষণ সৃষ্টি করেছে কারণ বিমানগুলি অবতরণ ও উড্ডয়নের সময় আবাসিক এলাকার উপর দিয়ে যায়। ভারী ট্রাক, বাস, ট্রেন, মোটর বাইক, মোপেড ইত্যাদি শব্দ দূষণেও ভূমিকা রাখে।
- **গৃহস্থালির আওয়াজ:** গৃহস্থালির কাজকর্ম অনেক অভ্যন্তরীণ আওয়াজের উৎস যেমন বাচ্চাদের খেলার আওয়াজ, বাচ্চাদের কান্না, আসবাবপত্র সরানো ইত্যাদি। মিউজিক সিস্টেম, টেলিভিশন সেট সবই শব্দ দূষণের অন্দর উৎস।
- **পাবলিক অ্যাড্রেস সিস্টেম (পিএ সিস্টেম):** অনেক পাবলিক ফাংশন যেমন রাজনৈতিক সমাবেশ, ধর্মঘট, নির্বাচন, ধর্মীয় এবং অন্যান্য সামাজিক অনুষ্ঠান ইত্যাদি পিএ সিস্টেমকে খুব জোরে শব্দে ব্যবহার করেছে এবং এইভাবে শব্দ দূষণের উৎস হয়ে ওঠে।
- **কৃষি যন্ত্র:** অনেক কৃষি খামারে ভারী ধরনের যন্ত্রপাতি এবং যন্ত্রপাতি যেমন ট্রাক্টর, থ্রাশার, নলকূপ, চালিত টিলার, হার্ভেস্টার ইত্যাদি ব্যবহার করা হচ্ছে। এই যন্ত্রগুলি 90 ডিবি থেকে ৭৪ ডিবি এর বেশি স্তরের শব্দ দূষণ সৃষ্টি করা পারে।
- **প্রতিরক্ষা সরঞ্জাম:** আর্টিলারি, ট্যাঙ্ক, বিস্ফোরণ, শুটিং প্রক্রিয়ায় প্রচুর শব্দ দূষণ সৃষ্টি হয়েছে।

  প্রতিরক্ষা কর্মীদের দ্বারা টিস ইত্যাদি। জেট ইঞ্জিন এবং সোনিক বুম দ্বারা সৃষ্ট আওয়াজ জানালার কাচ এবং পুরনো জরাজীর্ণ ভবনগুলোকে ভেঙে ফেলার জন্য পরিচিত এবং কানেও এর প্রভাব রয়েছে।
- **বিবিধ উৎস:** নির্মাণের স্থান, ব্লাস্টিং, স্টোন ক্রাশার ইত্যাদি শব্দ দূষণের অন্যান্য উৎস।

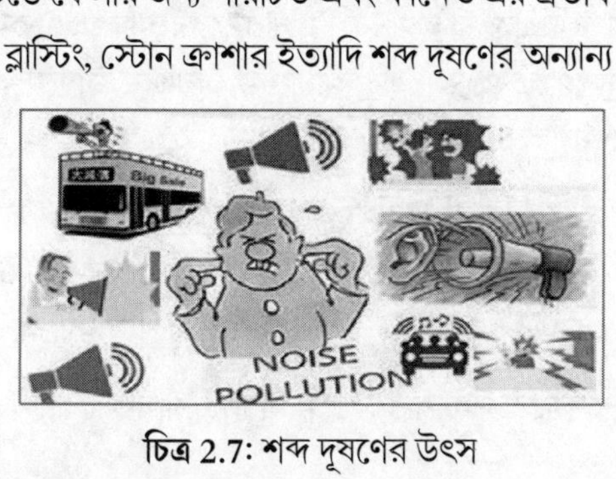

চিত্র 2.7: শব্দ দূষণের উৎস

2.5.2 শব্দ দূষণের মাত্রা পরিমাপ

শব্দটি শারীরিক এবং শারীরিকভাবে বর্ণনা করা যেতে পারে। শারীরিকভাবে, শব্দ হল একটি যান্ত্রিক বিচ্ছিন্নতা যা বায়ু বা অন্যান্য মিডিয়া যেমন জল, ইস্পাত ইত্যাদিতে তরঙ্গ গতি হিসাবে প্রচারিত হয়েছে শারীরবৃত্তীয়ভাবে, শব্দ এই শারীরিক ঘটনা দ্বারা সৃষ্ট একটি শ্রবণশক্তি বা উপলব্ধি। শব্দ বা আওয়াজের দৈহিক যথাযথতা এবং উপলব্ধি বিভিন্ন ধারণা এবং ইউনিটে প্রকাশ এবং পরিমাপ করা হয়েছে।

সাউন্ড প্রেশার শব্দের মৌলিক পরিমাপ (প্রশস্ততা) হিসাবে ব্যবহৃত হয়েছে কারণ এটি সরাসরি যন্ত্র দ্বারা পরিমাপ করা যায়। 1000 Hz এ একটি গড় ব্যক্তি দ্বারা সনাক্ত করা যায় এমন সবচেয়ে দুর্বল শব্দ চাপের বিশৃঙ্খলা 20 $\mu N/m^2$ পাওয়া গেছে এবং অসুবিধা ছাড়াই অনুভূত সবচেয়ে বড় শব্দ চাপ 10^7 $\mu N/m^2$ এর ক্রম। এত বিসতৃত পরিসরের কারণে, একটি রৈখিক চাপ স্কেলের ব্যবহার অযৌক্তিক বলে প্রমাণিত হয়েছে। এটি শব্দের চাপের মাত্রা, একটি পরিমাণ, যা শব্দ চাপের লগারিদমের সমানুপাতিক। এর দ্বারা, আগ্রহের সাউন্ড প্রেশার রেঞ্জ 0 থেকে 130 এর মধ্যে সংকুচিত হয়েছে, ব্যাবহারের সুবিধাজনক পরিসীমা। শব্দের চাপের মাত্রা ডেসিবেল (ডিবি) ইউনিটে প্রকাশ করা হয়েছে।

শব্দ চাপ স্তর হিসাবে সংজ্ঞায়িত করা হয়েছে:

$$Lp = 10 \, Log_{10} \, (P/Pr)_2$$

যেখানে এলপি = সাউন্ড প্রেসার লেভেল, ডিবি

P = root মানে বর্গাকার শব্দ চাপ, সাধারণত $\mu N/m^2$ Pr = রেফারেন্স সাউন্ড প্রেসারে

Log10 = বেস 10 এর লগারিদম

রেফারেন্স সাউন্ড প্রেসার, Pr এর আন্তর্জাতিকভাবে সম্মত মান 20 $\mu N/m^2$

সাউন্ড লেভেল মিটার দিয়ে সাউন্ড পরিমাপ করা হয়েছে যা সাধারণত একটি বহনযোগ্য, স্বয়ংসম্পূর্ণ যন্ত্র যা একটি মাইক্রোফোন, এম্প্লিফায়ার, একটি ভোল্টমিটার এবং এটেনুয়েটরকে কর্পোরেট করেছে , যার পুরোটা সরাসরি শব্দ চাপের মাত্রা পড়ার জন্য ক্যালিব্রেটেড হয়েছে।

2.5.3 শব্দ দূষণের প্রভাব

গোলমাল নিছক উপদ্রবের চেয়ে বেশি। শব্দ দূষণ মানুষের স্বাস্থ্য, বন্য জীবন এবং পরিবেশগত মানের উপর ক্ষতিকর প্রভাব ফেলতে পারে। শব্দ দূষণের কিছু প্রধান প্রভাব নিচে আলোচনা করা হল:

- **শ্রবণ সমস্যা:** আমাদের কান ক্ষতিগ্রস্ত না হয়ে নির্দিষ্ট পরিসরের শব্দ গ্রহণ করা পারে। ক্রমাগত জোরে জোরে শব্দ শোনার ফলে শ্রবণশক্তি হ্রাস পেতে পারে। এটি আমাদের দৈনন্দিন জীবনে অজান্তেই আমাদের কানে উঠে যাওয়া শব্দের প্রতি আমাদের সংবেদনশীলতা হ্রাস করা পারে।

- **মনস্তাত্ত্বিক সমস্যা:** আমাদের মনস্তাত্ত্বিক স্বাস্থ্য কর্মক্ষেত্র যেমন অফিস, নির্মাণ সাইট বা এমনকি বাড়িতে শব্দ দূষণ দ্বারা প্রভাবিত হতে পারে। এর ফলে ঘুমের ব্যাঘাত, ক্রমাগত মানসিক চাপ, ক্লান্তি, উদ্বেগ, বিষণ্নতা ইত্যাদি হতে পারে। এর ফলে, জীবনের পরবর্তী পর্যায়ে আরও গুরুতর এবং দীর্ঘস্থায়ী স্বাস্থ্য সমস্যা হতে পারে।

- **শারীরিক সমস্যা:** অতিরিক্ত শব্দ মাত্রা উচ্চ রক্তচাপ, মাথাব্যথা, শ্বাসকষ্ট, রেসিং পালস ইত্যাদি হতে পারে।

- **জ্ঞানীয় সমস্যা:** শব্দ দূষণ মস্তিষ্কের প্রতিক্রিয়া এবং ফোকাস করা র ক্ষমতাকে প্রভাবিত করা পারে যার ফলে সময়ের সাথে সাথে কর্মক্ষমতা কম হতে পারে। গবেষণায় দেখা গেছে যে রেল স্টেশন বা বিমানবন্দরের কাছে থাকা স্কুলের বাচ্চাদের পড়াশোনায় সমস্যা হয়েছে।
- **ঘুমের ব্যাধি:** উচ্চ মাত্রার শব্দ আমাদের ঘুমের ধরণকে প্রভাবিত করা পারে এবং এটি খুব অস্বস্তিকর এবং বিরক্তিকর পরিস্থিতি সৃষ্টি করা পারে। এটি প্রাথমিক ক্লান্তির কারণ হতে পারে এবং অফিসের পাশাপাশি বাড়িতেও আমাদের কর্মক্ষমতাকে প্রভাবিত করা পারে।
- **কার্ডিওভাসকুলার সমস্যা:** উচ্চ মাত্রার শব্দ উচ্চ রক্তচাপ, কার্ডিওভাসকুলার রোগ এবং স্ট্রেস সম্পর্কিত হৃদরোগের কারণ হতে পারে।
- **যোগাযোগ বাধা:** শব্দ দূষণ মানুষের মধ্যে অবাধ যোগাযোগের ক্ষেত্রে বাধা হিসেবে কাজ করা পারে। এটি ভুল বোঝাবুঝির কারণ হতে পারে এবং একে অপরকে বুঝতে অসুবিধা হতে পারে। এটি শ্রেণীকক্ষ, পরীক্ষাগার এবং কর্মশালায় শিক্ষণ শেখার প্রক্রিয়াকে খারাপভাবে প্রভাবিত করা পারে।
- **বন্যপ্রাণীর উপর প্রভাব:** শব্দ দূষণ মানুষের চেয়ে বন্যপ্রাণীকে বেশি প্রভাবিত করেছে কারণ তারা শব্দের উপর বেশি নির্ভরশীল। পশুর শ্রবণশক্তি মানুষের চেয়ে ভাল, কারণ তাদের বেঁচে থাকা নির্ভর করেছে। পশু সহজেই দিশেহারা হয়ে পড়ে এবং অনেক আচরণগত সমস্যার সম্মুখীন হয়েছে। তারা শ্রবণশক্তিতে ভুগতে পারে এবং শিকারে অদক্ষ হয়ে উঠতে পারে যা ইকো-সিস্টেমের ভারসাম্য বিঘ্নিত করা পারে।

2.5.4 শব্দ দূষণ (নিয়ন্ত্রণ ও নিয়ন্ত্রণ) বিধি, 2000

বিভিন্ন উৎস থেকে প্রকাশ্য স্থানে ক্রমবর্ধমান পরিবেষ্টিত শব্দের মাত্রা, আন্ত aচিকিৎসা, শিল্পকর্ম, নির্মাণ কার্যক্রম, ফায়ার ক্র্যাকার, সাউন্ড উৎপাদন যন্ত্র, জেনারেটর সেট, লাউড স্পিকার, পাবলিক অ্যাড্রেস সিস্টেম, মিউজিক সিস্টেম, যানবাহনের হর্ন এবং অন্যান্য যান্ত্রিক যন্ত্রগুলি ক্ষতিকর মানুষের স্বাস্থ্য এবং মানুষের মানসিক সুস্থতার উপর প্রভাব। আওয়াজের ক্ষেত্রে পরিবেষ্টিত বায়ুর মান বজায় রাখার লক্ষ্যে শব্দ উৎপাদন ও উৎপাদনের উৎসগুলি নিয়ন্ত্রণ ও নিয়ন্ত্রণ করা প্রয়োজন বলে মনে করা হয়েছে।

উপরোক্ত বিষয়গুলির সমাধানের জন্য, মূল নিয়মগুলি ভারতের গেজেটে, SO123 (E), 14.2.2000 তারিখের মাধ্যমে প্রকাশিত হয়েছিল এবং পরবর্তীতে SO1046 (E), তারিখ 22.11.2000, SO1088 (E), 11.10.2002 তারিখ, SO1569 (E), তারিখ 19.9.2006 এবং SO50 (E), 11.01.2010 তারিখের পরিবেশ (সুরক্ষা) আইন, 1986 এর অধীনে।

শব্দ দূষণ (নিয়ন্ত্রণ ও নিয়ন্ত্রণ) বিধি, 2000 এর প্রধান বৈশিষ্ট্যগুলি উপ-শিরোনামে বর্ণিত হয়েছে:

1. সংক্ষিপ্ত শিরোনাম এবং আরম্ভ।
2. সংজ্ঞা।
3. বিভিন্ন অঞ্চল/অঞ্চলের জন্য আওয়াজের ক্ষেত্রে পরিবেষ্টিত বায়ু মানের মান।
4. শব্দ দূষণ নিয়ন্ত্রণ ব্যবস্থা বাস্তবায়নের দায়িত্ব।
5. লাউড স্পিকার/পাবলিক অ্যাড্রেস সিস্টেম এবং সাউন্ড উৎপাদন যন্ত্রের ব্যবহারের উপর বিধিনিষেধ।
6. নীরব অঞ্চল/এলাকায় কোন লঙ্ঘনের ফলাফল।
7. কর্তৃপক্ষের কাছে অভিযোগ করা হবে।
8. নিষেধ করা র ক্ষমতা ইত্যাদি সঙ্গীতের শব্দ বা গোলমাল অব্যাহত রাখা।

দ্রষ্টব্য: আরও বিস্তারিত জানার জন্য আপনি ওয়েবসাইট দেখুন: "cpcbenvis.nic.in/noisepollution/noise_rules_2000.pdf"

2.6 ইউনিট সারাংশ

1. দূষণকে বায়ু, জল এবং মাটিতে ক্ষতিকারক পদার্থের উপস্থিতি হিসাবে সংজ্ঞায়িত করা যেতে পারে যা জীবিত এবং পরিবেশের উপর বিরূপ প্রভাব ফেলতে পারে
2. দূষণের ধরন প্রধানত বায়ু দূষণ, জল দূষণ, ভূমি দূষণ, শব্দ দূষণ এবং তেজস্ক্রিয় দূষণ
3. দূষণকারী ক্ষতিকারক পদার্থ যা বায়ু, জল এবং মাটির শারীরিক, রাসায়নিক বা জৈবিক বৈশিষ্ট্যে অনাকাঙ্ক্ষিত এবং ক্ষতিকর পরিবর্তন আনে
4. বায়ু দূষণের মনুষ্যসৃষ্ট উৎসগুলির মধ্যে থাকতে পারে খনন ও গলানো, ফাউন্ড্রি কার্যক্রম, বিভিন্ন শিল্প প্রক্রিয়া, নির্মাণ ও ধ্বংস কার্যক্রম, কয়লা বিদ্যুৎকেন্দ্র, বর্জ্য পোড়ানো, ল্যান্ডফিল নিষ্পত্তি পদ্ধতি, কৃষি, প্রতিরক্ষা কার্যক্রম, ধূমপান, সঞ্চয় এবং গৃহস্থালির পণ্য ব্যবহার, ফ্রিজ এবং আইসি বয়লার
5. বায়ু দূষণের প্রাকৃতিক উৎসগুলির মধ্যে থাকতে পারে আগ্নেয়গিরির ক্রিয়াকলাপ, বায়ু এবং বায়ু প্রবাহ, বন্য আগুন, মাইক্রোবিয়াল ক্ষয় প্রক্রিয়া, তাপমাত্রা বৃদ্ধি
6. যে কোন স্থানে বাতাসের গুণমান বাতাসে উপস্থিত দূষণের মাত্রা দ্বারা নির্ধারিত হয়েছে এবং এটি বাতাসে নি:সৃত দূষণের ধরন এবং পরিমাণের উপর নির্ভর করেছে
7. পার্টিকুলেট দূষণ বায়ু দূষণের অন্যতম জটিল রূপ
8. কণা দূষণের জন্য দায়ী দূষণকারীকে কণা দূষণকারী বলা হয়েছে এবং কণা পদার্থ হিসেবেও পরিচিত
9. পার্টিকুলেট পদার্থকে কণার আকার অর্থাৎ PM10, PM2.5 এবং PM0.1 এর উপর ভিত্তি করেছে বিভিন্ন বিভাগে বিভক্ত করা হয়েছে
10. PM10 মোটা কণা হিসাবেও পরিচিত, 10 μm বা তার চেয়ে ছোট বায়ুবিদ্যা ব্যাসযুক্ত সমস্ত কণা হিসাবে সংজ্ঞায়িত করা হয়েছে। একবার এই কণাগুলি আমাদের ফুসফুসে প্রবেশ করলে, এটি ফুসফুসের টিস্যুতে জ্বালাপোড়া করা পারে এবং হাঁজলের আক্রমণকে প্ররোচিত করা পারে
11. PM2.5 সূক্ষ্ম কণা হিসাবেও পরিচিত, 2.5 μm বা তার চেয়ে ছোট বায়ুবিদ্যা ব্যাস সহ সমস্ত কণা হিসাবে সংজ্ঞায়িত করা হয়েছে। PM2.5 PM10 এবং অতিরিক্ত অবস্থার মতো একই অবস্থাতে অবদান রাখে যেমন শ্বাসযন্ত্রের রোগ, রোগ প্রতিরোধ ক্ষমতা হ্রাস, জন্মগত অক্ষমতা ইত্যাদি
12. PM0.1 আল্ট্রাফাইন ডাস্ট হিসাবেও পরিচিত, 0.1μm বা তার চেয়ে ছোট বায়ুবিদ্যা ব্যাস সহ সমস্ত কণা হিসাবে সংজ্ঞায়িত করা হয়েছে। সাম্প্রতিক গবেষণায় দেখা গেছে যে PM0.1 উন্নত কার্ডিওভাসকুলার বিষাক্ততা এবং অক্সিডেটিভ স্ট্রেসের জন্য বৃহত্তর সম্ভাবনা প্রদর্শন করেছে
13. ব্যাগ ফিল্টার একটি দূষণ নিয়ন্ত্রণ যন্ত্র যা দূষিত গ্যাস প্রবাহ থেকে কণা জমা করা র জন্য ব্যবহৃত হয়েছে যা কাপড়ের বস্তুর তৈরি ব্যাগ ফিল্টারে কণা জমা করেছে
14. ব্যাগ ফিল্টার তিন প্রকার যথা শেকর ব্যাগ ফিল্টার, রিভার্স এয়ার ব্যাগ ফিল্টার এবং পালস জেট টাইপ ব্যাগ ফিল্টার
15. শোষণকারী একটি বায়বীয় দূষককে একটি দ্রাবক মিডিয়ায় দ্রবীভূত করেছে অপসারণের একটি প্রক্রিয়া
16. একটি অনুঘটক রূপান্তরকারী একটি সাধারণ যন্ত্র যা গাড়িতে ব্যবহৃত হয়েছে ক্ষতিকারক নির্গমন ধোঁয়াকে কম ক্ষতিকর ধোঁয়ায়
17. ক্যাটালাইটিক কনভার্টারে প্রধানত দুই ধরনের অনুঘটক ব্যবহৃত হয়েছে, হ্রাস অনুঘটক এবং জারণ অনুঘটক

18. রেফ্রিজারেটর বিভিন্ন ইলেকট্রনিক যন্ত্রপাতি যেমন রেফ্রিজারেটর, এয়ার-কন্ডিশনার ইত্যাদিতে ব্যবহৃত হয়েছে। এটি গ্রিন হাউস এফেক্ট তৈরির জন্য দায়ী

19. শব্দ দূষণ এমন কোনো অবাঞ্ছিত বা বিরক্তিকর শব্দ যা মানুষের এবং অন্যান্য জীবের স্বাস্থ্য ও কল্যাণকে প্রভাবিত করেছে

20. ডেসিবেল (ডিবি) নামক লগারিদমিক ইউনিটে শব্দ মাপা হয়েছে। শব্দটি ক্ষতিকারক হয়ে ওঠে যখন এটি 75 ডিবি ছাড়িয়ে যায় এবং 120 ডিবি এর উপরে বেদনাদায়ক হয়েছে

21. শব্দ দূষণের উৎসগুলির মধ্যে শিল্প উৎস , পরিবহন যানবাহন, গৃহস্থালির শব্দ, পাবলিক অ্যাড্রেস সিস্টেম, কৃষি মেশিন, প্রতিরক্ষা সরঞ্জাম ইত্যাদি অন্তর্ভুক্ত থাকতে পারে

22. শব্দ দূষণ প্রধান স্বাস্থ্য সমস্যা তৈরি করা পারে যেমন শ্রবণ সমস্যা, মানসিক সমস্যা, শারীরিক সমস্যা, জ্ঞানীয় সমস্যা, ঘুমের ব্যাধি, কার্ডিওভাসকুলার সমস্যা, যোগাযোগের সমস্যা ইত্যাদি

23. শব্দ দূষণ (নিয়ন্ত্রণ ও নিয়ন্ত্রণ) বিধি, 2000 "cpc- benvis.nic.in/noisepollution/noise_rules_2000.pdf" ওয়েবসাইট থেকে ডাউনলোড করা যাবে।

2.7 উদ্ভাবনী কার্যক্রম

1. **সেমিনার:** উপস্থাপনার জন্য 8 থেকে 10 জন শিক্ষার্থীর মধ্যে একটি বিষয়কে সাব-সাবজেক্টে ভাগ করা যেতে পারে

2. **সিম্পোজিয়াম:** শিক্ষার্থীরা তাদের পছন্দের বিষয়ে কাগজ উপস্থাপনা করতে পারে।

3. **গ্রুপ আলোচনা:** ১০ জন ছাত্রের একটি গ্রুপে একজন গ্রুপ লিডার, একজন মডারেটর এবং একজন রিপোর্ডার। সকল ছাত্রদের অংশগ্রহণ নিশ্চিত করা র জন্য গ্রুপ লিডার, মডারেটর যাতে কোন ক্রস টক নিশ্চিত না করেছে এবং তার নিজের সহ পর্যবেক্ষণ রেকর্ড করা র জন্য রেকর্ডার।

4. **প্রকল্পের কাজ:** একটি উপযুক্ত বিষয়ের উপর প্রকল্পের কাজ 3 থেকে 4 জন শিক্ষার্থীর একটি গ্রুপের জন্য নির্ধারিত হতে পারে। প্রকল্পটি পরীক্ষামূলক বা তদন্তের ধরন হতে পারে।

5. **শিক্ষাগত সফর:** বর্জ্য জল শোধনাগার, বায়োমেডিক্যাল বর্জ্য শোধনাগার, শিল্প ও রাজ্য দূষণ নিয়ন্ত্রণ বোর্ডের শিক্ষা সফর।

6. **সামাজিক কার্যক্রম:** শিক্ষার্থীরা বাড়ির আবর্জনা সংগ্রহ করেছে ভার্মি কম্পোস্ট প্রস্তুত করা পারে।

2.8 আকর্ষণীয় তথ্য

1. বিশ্বের বিশটি দূষিত শহরের মধ্যে 13 টি ভারতে এবং 3 টি চীনে। দিল্লি সবচেয়ে দূষিত 11 তম স্থানে রয়েছে, যেখানে বেইজিং 57 তম সবচেয়ে দূষিত।

2. দূষিত এলাকায় বসবাসকারী ভারতীয়রা বায়ু দূষণের কারণে তাদের জীবনের 2.২ বছর হারাবে।

3. ভারতের জনসংখ্যার অর্ধেকেরও বেশি (60০ মিলিয়ন, আনুমানিক) মানুষ এমন এলাকায় বাস করেছে যেখানে বায়ু দূষণের অনিরাপদ মাত্রা রয়েছে।

4. ডব্লিউএইচও বলছে, নিম্ন ও মধ্যম আয়ের দেশে বায়ু দূষণের সঙ্গে যুক্ত প্রায় সব মৃত্যু (94%) ঘটে।

5. গ্লোবাল বার্ডেন অব ডিজিজ রিপোর্ট (২০১) অনুসারে, বায়ু দূষণ প্রতি বছর ৫.৫ মিলিয়নেরও বেশি অকাল মৃত্যুতে অবদান রাখে। ইন্টারন্যাশনাল এনার্জি এজেন্সির আরেকটি প্রতিবেদনে অনুমান করা হয়েছে যে প্রতি বছর এই সংখ্যা 6.5 মিলিয়ন হবে।

6. মার্কিন যুক্তরাষ্ট্রে প্রায় 30 মিলিয়ন মানুষ প্রতি দিন তাদের কর্মস্থলে বিপজ্জনক শব্দ মাত্রার সম্মুখীন হয়েছে।
7. ২০১৫ সালে, রোগ নিয়ন্ত্রণ ও প্রতিরোধ কেন্দ্র (সিডিসি) দেখেছে যে খননই সবচেয়ে বেশি কাজের পরিবেশের শিল্প, তারপরে উৎপাদন ও নির্মাণ।
8. উচ্চ আওয়াজে বেঁচে থাকা শিশুর বিকাশমান মস্তিষ্ককে প্রভাবিত করা পারে।
9. বিশেষজ্ঞদের মতে, আপনার বাচ্চার শব্দ বোঝার স্বাভাবিক ক্ষমতা আপনার বাড়িতে অপ্রয়োজনীয় শব্দ যেমন- টেলিভিশন বা রেডিও দ্বারা ব্যাপকভাবে ব্যাহত হতে পারে।
10. অপ্রয়োজনীয় শব্দ দূষণ থেকে নিজেকে রক্ষা করা র একটি সহজ উপায় হল ইয়ারপ্লাগ পরা।

2.9 অনুশীলন

A- বিষয়গত প্রশ্ন:

1. দূষণ এবং দূষণকারী সংজ্ঞায়িত কর? বিভিন্ন ধরনের দূষণ শ্রেণীবদ্ধ করা।
2. বায়ু দূষণের প্রাকৃতিক ও মানবসৃষ্ট উৎস গণনা করা।
3. বিভিন্ন ধরনের বায়ু দূষণকারী এবং এর প্রভাব আলোচনা কর।
4. সংক্ষিপ্ত নোট লেখ:
   (i) ব্যাগ ফিল্টার
   (ii) সাইক্লোন বিভাজক
   (iii) ইলেক্ট্রোস্ট্যাটিক প্রিসিপিটেটর
5. অ্যাবসর্বার এবং ক্যাটালাইটিক কনভার্টারের কাজের নীতি ব্যাখ্যা কর।
6. রেফ্রিজারেন্ট এবং আইসি, বয়লারের কারণে বায়ু দূষণের প্রভাব আলোচনা কর।
7. শব্দ দূষণের উৎস সম্পর্কে সংক্ষেপে আলোচনা কর।
8. মানুষের স্বাস্থ্যের উপর শব্দ দূষণের প্রভাব গণনা করা।
9. শব্দ দূষণের পরিমাপের উপর সংক্ষিপ্ত নোট লিখ।
10. সংক্ষিপ্তভাবে দূষণ নিয়ন্ত্রণ বিধি 2000 আলোচনা কর।

B- উদ্দেশ্যমূলক প্রশ্ন:

1. বায়ুর সর্বোচ্চ শতাংশ গঠিত
   (a) অক্সিজেন
   (b) কার্বন ডাই অক্সাইড
   (c) নাইট্রোজেন
   (d) আর্গন

2. তাজমহল দ্বারা প্রভাবিত হচ্ছে
   (a) শব্দ দূষণ
   (b) বায়ু দূষণ
   (c) জল দূষণ
   (d) এগুলোর কোনটিই নয়
3. পৃথিবীর সবচেয়ে দূষিত নদী
   (a) গঙ্গা
   (b) যমুনা
   (c) নর্মদা
   (d) কেভরি
4. ক্লোরোফ্লুরোকার্বন ব্যবহার করা হয়েছে
   (a) রেফ্রিজারেটর
   (b) এয়ার কন্ডিশনার
   (c) সুগন্ধি
   (d) উপরের সবগুলো
5. কয়লাভিত্তিক বিদ্যুৎকেন্দ্রে নির্গমন নিয়ন্ত্রণের জন্য ইলেক্ট্রো-স্ট্যাটিক প্রিসিপিটেটর স্থাপন করা হয়েছে
   (a) SO_2
   (b) NO_2
   (c) এসপিএম
   (d) CO
6. কোন দূষণের কারণে শরীরে শ্রবণশক্তি হ্রাস পায়?
   (a) বায়ু দূষণ
   (b) শব্দ দূষণ
   (c) জল দূষণ
   (d) মাটি দূষণ
7. একটি নিরাপদ স্তরের শব্দ নির্ভর করেছে
   (a) গোলমালের মাত্রা এবং গোলমালের সংস্পর্শ

(b) এলাকা

(c) পিচ

(d) ফ্রিকোয়েন্সি

8. নিম্নোক্ত স্কেল শব্দ বা আওয়াজের জোরে ব্যবহার করা হয়েছে

(a) লিনিয়ার স্কেল

(b) লগারিদমিক স্কেল

(c) সূচকীয় স্কেল

(d) উপরের কোনটি নয়

9. কোন ইউনিটে শব্দ মাপা হয়েছে?

(a) কিলোমিটার

(b) পাস্কাল

(c) কিলোগ্রাম

(d) ডেসিবেল

10. শব্দের তীব্রতা পরিমাপের জন্য নিম্নলিখিতটি ব্যবহার করা হয়েছে

(a) সাউন্ড লেভেল মিটার

(b) ফ্রিকোয়েন্সি মিটার

(c) উভয় (a) এবং (b)

(d) উপরের সবগুলো

11. নিচের কোন এজেন্ট প্রধানত গৌণ দূষণের জন্য দায়ী?

(a) ধোঁয়া এবং ওজোন

(b) সালফার ট্রাইঅক্সাইড

(c) নাইট্রোজেন ডাই অক্সাইড

(d) উপরের সবগুলো

12. কোন কণা বস্তুর আকার সবচেয়ে ক্ষতিকর?

(a) 10 μm

(b) 2.5 μm

(c) 0.1 μm

(d) 15 μm

13. একটি দ্বিমুখী অনুঘটক রূপান্তরকারী

(a) নিষ্কাশন গ্যাস পুনরায় সঞ্চালন করেছে

(b) জ্বালানী বাষ্প গ্যাস পোড়ায়

(c) CO এবং HC অপসারণ করেছে

(d) NO_2 অপসারণ করেছে

14. ব্যাগ ফিল্টার ব্যবহার করা হয়েছে

(a) দূষিত গ্যাস প্রবাহ থেকে কণা পদার্থ অপসারণ করা

(b) শব্দ দূষণ কমানো

(c) বায়বীয় দূষণ কমাতে

(d) উপরের কোনটি নয়

15. অনুঘটক রূপান্তরকারী ব্যবহৃত হয়েছে

(a) একটি মোটরচক্র

(b) রেলওয়ে ইঞ্জিন

(c) বিমান

(d) গাড়ি

উত্তরের চাবিকাঠি

1(a), 2(b), 3(a), 4 (d), 5(c), 6(b), 7(d), 8(b), 9(d), 10(a), 11(d), 12(b), 13(c), 14(a), 15(d)

2.10 সুপারিশকৃত শিক্ষা সম্পদ

(ক) রেফারেন্স বই:

- C.N Rao, Understanding Chemistry, Universities Press (India) Pvt. Ltd., 2011
- Arceivala, Soli Asolekar, Shyam, Waste Water Treatment for Pollution Control and Reuse, Mc-Graw Hiil Education India Pvt. Ltd., New York, 2007, ISBN:978-07-062099-5.

- Nazaroff, William, Cohen, Lisa, Environmental Engineering Science, Wily, New York, 2000, ISBN: 10-0471144940.
- Rao, C.S., Environmental Pollution Control and Engineering New Age International Publication, 2007, ISBN: 81-224-1835-X.
- Rao, M.N. Rao, H.V.N, Air Pollution, Tata Mc-Graw Hill Publication, New Delhi, 1988, ISBN:0-07-451871-8.
- Patwardhan, A.D., Industrial Solid Waste, Teri Press, New Delhi, 2013, ISBN:978-81-7993502-6.
- Metcalf & Eddy, Waste Water Engineering, Mc-Graw Hill, New York, 2013, ISBN: 077441206

(খ) ওপেন সোর্স সফটওয়্যার এবং ওয়েবসাইট:

- www.nptel.ac.in
- https://swayam.gov.in
- www.cpcp.gov.in
- www.cpcp.nic.in
- www.indiaenvironmentportal.org.in
- www.cpcbenvis.nic.in/noisepollution/noise_rules_2000.pdf.
- http://www.cpcbenvis.nic.in/noise_pollution_control.html.

চিত্র : সৌজন্যে সৃজনশীল সাধারণ

(গ) ভিডিও সম্পদ:

Air Pollution-1

Air Pollution-2

Air Pollutants

Gaseous Pollution Control

3 শক্তির নবায়নযোগ্য উৎস

ইউনিট বিশেষ

এই ইউনিট নিম্নলিখিত প্রধান দিকগুলিতে মনোনিবেশ করেছে:

- **সৌর শক্তি:** সৌর শক্তির মূল বিষয়, সমতল প্লেট সংগ্রাহক (তরল ও বায়ু) এবং এর তত্ব, উন্নত প্লেট সংগ্রাহক, সৌর পুকুর, সোলার ওয়াটার হিটার, সোলার ড্রায়ার এবং সোলার স্টিল।
- **জৈববস্তু:** জ্বালানির উৎস হিসাবে বায়োমাসের সংক্ষিপ্ত বিবরণ এবং জ্বালানি হিসাবে এর তাপীয় বৈশিষ্ট্য, অ্যানেরোবিক হজম, বায়োগ্যাস উৎপাদন প্রক্রিয়া, বায়োগ্যাসের ব্যবহার এবং সঞ্চয়।
- **বায়ু শক্তি:** বায়ু শক্তির বর্তমান অবস্থা এবং ভবিষ্যতের সম্ভাবনা, ভারতে বায়ু শক্তি, পরিবেশগত সুবিধা এবং বায়ু শক্তির সমস্যা।
- **নতুন শক্তির উৎস:** নতুন উৎসের প্রয়োজন, বিভিন্ন ধরণের নতুন শক্তির উৎস এবং এর প্রয়োগ, ভূ-তাপীয় শক্তির ধারণা ও উৎপত্তি, ভূ-তাপীয় শক্তির বিদ্যুৎকেন্দ্র।

সমস্ত বিষয় ব্যবহারকারীর কৌতূহল এবং সৃজনশীলতা সৃষ্টির জন্য প্রাসঙ্গিক চিত্র সহ ভালভাবে সমর্থিত। অনুশীলনের উদ্দেশ্যে একাধিক পছন্দের পাশাপাশি বিষয়গত ধরণের প্রশ্ন দেওয়া হয়েছে। শেখার সম্পদ যেমন রেফারেন্স বই, ওপেন রিসোর্স সফটওয়্যার ও ওয়েবসাইট, ভিডিও রিসোর্স ইত্যাদি ইউনিটটিতে ধারণা এবং সন্দেহের আরও স্পষ্টীকরণের জন্য দেওয়া হয়েছে। এটাও লক্ষ্য করা যেতে পারে যে আগ্রহের বিভিন্ন বিষয়ে আরও তথ্য পাওয়ার জন্য, বিভিন্ন বিভাগে কিছু QR কোড দেওয়া হয়েছে যা প্রাসঙ্গিক সহায়ক জ্ঞানের জন্য স্ক্যান করা যায়।

যুক্তি

আজ, বিশ্ব ব্যাপকভাবে জীবাশ্ম জ্বালানির উপর নির্ভরশীল। জীবাশ্ম জ্বালানীর অনেকগুলি অ্যাপ্লিকেশন রয়েছে যেমন তাপ উৎপাদন করা, জেনারেটর চালানোর জন্য বাষ্প যা বিদ্যুৎ সরবরাহ করা পারে, জেট বিমানগুলিতে ব্যবহৃত গ্যাস টারবাইন ইত্যাদি একই সাথে, জীবাশ্ম জ্বালানী, জলবায়ু-ক্ষতিকর গ্রিনহাউস গ্যাসকে স্বাস্থ্য-বিপন্ন কণায় নির্গত করেছে দূষণ সৃষ্টি করেছে।

আমাদের পরিবেশ

তাই শক্তির বিকল্প উৎসের প্রয়োজন আছে। সাম্প্রতিক পৃষ্ঠায় নতুন, পুনর্নবীকরণযোগ্য শক্তি অন্যান্য সকল শক্তির তুলনায় দ্রুত বৃদ্ধি পাচ্ছে। জীবাশ্ম জ্বালানির তুলনায় এর অনেক সুবিধা রয়েছে: জল এবং স্থল ব্যবহার হ্রাস, কম বায়ু ও জল দূষণ, কম বন্যপ্রাণী এবং আবাসস্থল হ্রাস, গ্রিনহাউস গ্যাস না বা কম নির্গমন।

এই ইউনিটের লক্ষ্য নবায়নযোগ্য শক্তির মৌলিক ধারণাগুলি প্রবর্তন করা যা অন্তর্ভুক্ত; সৌর শক্তি, বায়ু শক্তি, হাইড্রোজেন শক্তি, সমুদ্র শক্তি এবং জৈববস্তুপুঞ্জ। এই ইউনিট শেষ হওয়ার পর, শিক্ষার্থীরা নবায়নযোগ্য শক্তির মূল ধারণাগুলি বিকাশ করবে যা তাদের আমাদের স্বাস্থ্য এবং পরিবেশকে জীবাশ্ম জ্বালানির বিপজ্জনক প্রভাব থেকে রক্ষা করা র সুযোগ দেবে।

পূর্ব-প্রয়োজনীয়তা

- উচ্চ বিদ্যালয় রসায়ন
- ইউনিট আউটকাম

শিক্ষার্থীরা পারবে

U3-O1: সৌরশক্তি এবং ব্যবহার করার পদ্ধতি ব্যাখ্যা করতে।

U3-O2: জৈববস্তুর বৈশিষ্ট্য এবং এর হজম প্রক্রিয়া আলোচনা করতে।

U3-O3: বায়ু শক্তি এবং পরিবেশের উপর এর প্রভাব ব্যাখ্যা করতে।

U3-O4: নতুন শক্তির উৎস এবং তাদের প্রয়োগ বর্ণনা করতে।

কোর্স আউটকোমের সাথে ইউনিট ম্যাপিং

ইউনিট -3 ফলাফল	**কোর্স আউটকোমের সাথে প্রত্যাশিত ম্যাপিং** (1- দুর্বল সম্পর্ক; 2- মাঝারি সম্পর্ক; 3- শক্তিশালী সম্পর্ক)				
	CO-1	CO-2	CO-3	CO-4	CO-5
U3-O1	-	-	-	3	-
U3-O2	-	-	-	3	-
U3-O3	-	-	-	3	-
U3-O4	-	-	-	3	-

ইউনিট পর্যালোচনা

3.1 ভূমিকা

3.2 সৌরশক্তি: সৌরশক্তির মূল বিষয়। ফ্ল্যাট প্লেট সংগ্রাহক (তরল ও বায়ু)। সমতল প্লেট সংগ্রাহক তত্ত্ব। লেপের গুরুত্ব। উন্নত সংগ্রাহক। সৌর পুকুর। সোলার ওয়াটার হিটার, সোলার ড্রায়ার। সৌর স্থিরচিত্র।

3.3 জৈববস্তু: শক্তির উৎস হিসেবে জৈববস্তুর সংক্ষিপ্ত বিবরণ। জ্বালানী হিসাবে জৈববস্তুর তাপীয় বৈশিষ্ট্য। অবাত হজম. বায়োগ্যাস উৎপাদন প্রক্রিয়া। জৈব গ্যাসের ব্যবহার এবং সংরক্ষণ।

3.4 বায়ু শক্তি: বায়ু শক্তির বর্তমান অবস্থা এবং ভবিষ্যতের সম্ভাবনা। ভারতে বায়ু শক্তি। বায়ু শক্তির পরিবেশগত সুবিধা এবং সমস্যা।

3.5 নতুন শক্তির উৎস: নতুন উৎসের প্রয়োজন। বিভিন্ন ধরনের নতুন শক্তির উৎস। (হাইড্রোজেন শক্তি, মহাসাগর শক্তি সম্পদ, জলোচ্ছ্বাস শক্তির রূপান্তর।) ভূ-তাপীয় শক্তির ধারণা, উৎপত্তি এবং বিদ্যুৎকেন্দ্রের প্রয়োগ।

3.1 ভূমিকা

"আমার কোন সন্দেহ নেই যে আমরা সূর্যের শক্তিকে কাজে লাগাতে সফল হব। যদি সানবিম যুদ্ধের অস্ত্র হত, তাহলে আমাদের শতাব্দী আগে সৌরশক্তির প্রয়োগ শুরু হত" জর্জ পোর্টার, রসায়নে নোবেল পুরস্কার বিজয়ী, 1967।

জীবাশ্ম জ্বালানির বিপজ্জনক প্রভাব থেকে আমাদের পরিবেশকে রক্ষা করা র জন্য শক্তির নবায়নযোগ্য উৎসের ব্যবহার অনিবার্য হয়ে ওঠে। এই উৎসগুলি প্রকৃতিতে বিভিন্ন আকারে পাওয়া যায় যেমন সৌর শক্তি, বায়ু শক্তি, হাইড্রোজেন শক্তি, মহাসাগরীয় শক্তি, জৈববস্তুপুঞ্জ ইত্যাদি শক্তির নবায়নযোগ্য উৎসের ব্যবহারের প্রচলিত শক্তির অনেক সুবিধা রয়েছে; যেমন, এটি কোন বা কম গ্রিনহাউস গ্যাস নির্গত করেছে না, কম বা কম বায়ু দূষণকারী, কম খরচে, সবার জন্য অ্যাক্সেসযোগ্য, কাজ সৃষ্টি করেছে ইত্যাদি এই ইউনিটে, সৌরশক্তি, বায়ুশক্তি, জৈববস্তু, নতুন প্রয়োগের ব্যবহার করার বিভিন্ন পদ্ধতি শক্তির উৎস; হাইড্রোজেন এবং মহাসাগরের শক্তি সহ তাদের সুবিধাগুলি বিস্তারিতভাবে আলোচনা করা হয়েছে।

3.2 সৌর শক্তি

আমরা সূর্য থেকে একটি বিশুদ্ধ, দূষণহীন, এবং অক্ষয় শক্তি গ্রহণ করি। এই শক্তি উজ্জ্বল আলো এবং তাপ আকারে আসে এবং সৌর শক্তি হিসাবে পরিচিত। যদিও সূর্য আমাদের থেকে ১৫০ মিলিয়ন কিমি দূরে, কিন্তু তারপরও পৃথিবীতে প্রচুর পরিমাণে সৌরশক্তি পড়ে। সূর্য থেকে আমরা এক ঘণ্টায় যে শক্তি পাই তা এক বছরে সমগ্র বিশ্বের সকলের দ্বারা ব্যবহৃত শক্তির চেয়ে বেশি।

চিত্র 3.1: সৌর শক্তির ব্যবহার

সৌর শক্তি আমাদের শক্তির সবচেয়ে নির্ভরযোগ্য উৎস এবং আমাদের গ্রহের অন্যান্য শক্তির অধিকাংশ উৎস।

ঐতিহাসিকভাবে, মানুষ ভবন গরম করার জন্য, সৌরশক্তি ব্যবহার করেছে , আগুন তৈরিতে এবং শিল্প প্রক্রিয়া চালানোর জন্য ইত্যাদি ব্যবহার করেছে আসছে।

- বিদ্যুৎ উৎপন্ন করেছে
- গরম করা এবং ঠান্ডা করা
- রান্না এবং
- জল বিশুদ্ধকরণ

3.2.1 সমতল প্লেট সংগ্রাহক (তরল এবং বায়ু)

সমতল প্লেট সংগ্রাহক সবচেয়ে মৌলিক সৌর শক্তি সংগ্রাহক। এটি প্রধানত গার্হস্থ্য গরম জল ব্যবস্থার জন্য ব্যবহৃত হয়েছে।

সাধারণ ফ্ল্যাট-প্লেট সংগ্রাহক নিম্নলিখিত বৈশিষ্ট্যগুলি অন্তর্ভুক্ত করেছে :

কালো প্লেট পৃষ্ঠ - ঘটনা সৌর বিকিরণ শোষণ

- কাচের আবরণ - একই সময়ে শোষক তে বিকিরণ প্রেরণের জন্য কাচের একটি স্বচ্ছ স্তর পৃষ্ঠ থেকে তাপের ক্ষয় রোধ করেছে
- সংগ্রাহক থেকে তাপ স্থানান্তর করা র জন্য তরল/বায়ু ধারণকারী টিউব
- সমর্থন কাঠামো সুরক্ষা প্রদান এবং সংগ্রাহক উপাদান রাখা
- তাপ ক্ষতি রোধ করা
- সংগ্রাহকের পাশে এবং নীচে অন্তরণ
- প্লেট সংগ্রাহকের মধ্যে, সৌর বিকিরণ প্লেট দ্বারা শোষিত হয় কালো পৃষ্ঠ এবং তারপর শোষিত তাপ নলগুলিতে ভরা তরল/বায়ুতে স্থানান্তরিত হয়। সংগ্রাহকের নীচে এবং পাশে তাপ নিরোধক, এবং প্লেটের উপরে কাচের পর্দা তাপ স্থানান্তরের সময় তাপ ক্ষয় রোধ করেছে।
- ফ্ল্যাট-প্লেট সিস্টেমগুলি সাধারণত 300°C থেকে 800°C পর্যন্ত তাপমাত্রার পরিসরে কাজ করে
- ভ্যাকুয়াম অন্তরণ এবং নির্বাচনী আবরণ 2000 সি পর্যন্ত তাপমাত্রা অর্জন করা পারে সমতল প্লেট সংগ্রাহক কিছু সুবিধা অন্তর্ভুক্ত; উৎপাদন সহজ, কম উৎপাদন খরচ, সামান্য রক্ষণাবেক্ষণ ইত্যাদি
- তাপ স্থানান্তরের জন্য, ফ্ল্যাট প্লেট সংগ্রাহকদের মধ্যে একটি মাঝারি, তরল বা বায়ু ব্যবহার করা যেতে পারে। তরল জন্য, জল তার সহজলভ্যতা এবং ভাল তাপ বৈশিষ্ট্যগুলির কারণে সাধারণ বিকল্পগুলির মধ্যে একটি।

জলভিত্তিক সমতল প্লেট সংগ্রাহক: এই প্রকারে জলকে তাপ স্থানান্তরের মাধ্যম হিসেবে ব্যবহার করা হয়েছে। জলটি সাধারণত তরল তরল হিসাবে ব্যবহৃত হয়েছে কারণ এর উচ্চ ভলিউমেট্রিক তাপ ক্ষমতা এবং উচ্চ ভর ঘনত্ব, যা তাপ স্থানান্তরের জন্য ছোট টিউব এবং পাইপ ব্যবহার করা দেয়।

জলের একটি অসুবিধা হল এটি শীতকালে জমে যায়, যা সংগ্রাহক বা পাইপিং সিস্টেমের ক্ষতি করা পারে। কালেক্টরকে সময়ে সময়ে নিষ্কাশন করেছে এটি পরিচালনা করা যেতে পারে।

বায়ু ভিত্তিক সমতল প্লেট সংগ্রাহক: এই ধরণের সংগ্রহে, তরল/জলের পরিবর্তে তাপ স্থানান্তরের মাধ্যম হিসাবে বায়ু ব্যবহার করা হয়েছে। এই ধরনের প্লেট সংগ্রাহক স্থান গরম বা ফসল শুকানোর জন্য ব্যবহৃত হয়েছে। পাইপে বাতাস কম থাকার জন্য সাধারণত একটি ফ্যানের প্রয়োজন হয়েছে।

3.2.2 সমতল প্লেট সংগ্রাহক তত্ত্ব

সমতল প্লেট সংগ্রাহকের তত্ত্ব খুবই সহজ। যখন একটি ধাতব শীট সৌর বিকিরণে স্থাপন করা হয়েছে, তখন শীটটির তাপমাত্রা বাড়তে শুরু করবে যতক্ষণ পর্যন্ত শক্তি (সৌর বিকিরণ) প্রাপ্ত হারে ধাতব পাত থেকে শক্তি স্থানান্তরিত বা হারানো হারের সমান হয়েছে।

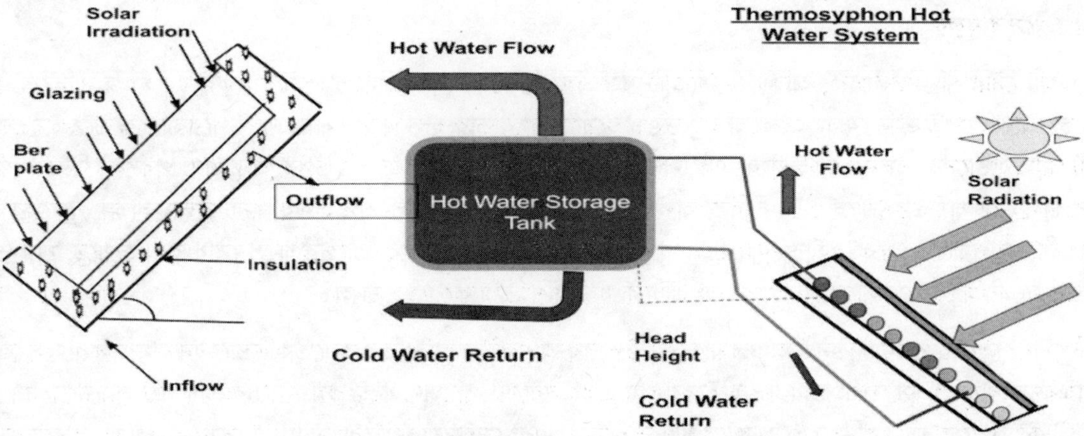

চিত্র 3.2: ফ্ল্যাট প্লেট কালেক্টর এবং এর কাজের নীতি

ধাতব পাতার তাপমাত্রা যার পরে আর কোন বৃদ্ধি লক্ষ্য করা যায় না তাকে "ভারসাম্য" তাপমাত্রা বলা হয়েছে। এখন, যদি প্লেটের পিছনে তাপ নিরোধক উপাদান দিয়ে সুরক্ষিত থাকে, এবং প্লেটের উন্মুক্ত পৃষ্ঠ কালো রঙে আঁকা হয়েছে এবং এটি কাচের চাদরে আবৃত থাকে, তাহলে সামঞ্জস্যপূর্ণ তাপমাত্রা সরল উন্মুক্ত শীটের চেয়ে অনেক বেশি হবে। এই ধাতব শীট একটি জল/বায়ু সঞ্চালন সিস্টেম যোগ করেছে তাপ সংগ্রাহক রূপান্তরিত করা যেতে পারে। তাপ সংগ্রাহক থেকে শোষিত তাপ নলের জল/বায়ুতে স্থানান্তরিত হয়েছে এবং অবশেষে একটি স্টোরেজ ট্যাঙ্কে স্থানান্তরিত হয়েছে।

3.2.3 লেপ এবং উন্নত সংগ্রাহকের গুরুত্ব

সৌর শোষক পৃষ্ঠ একটি সৌর তাপ সংগ্রাহকের মৌলিক অংশ, কারণ এটি সৌর বিকিরণ শোষণের জন্য এবং বিকিরণ তাপ ক্ষতির হ্রাসের জন্য দায়ী। সৌর শোষক পৃষ্ঠ দ্বারা সৌর শোষণ এবং নির্গমন সৌর তাপ সংগ্রাহক দক্ষতার উপর বড় প্রভাব ফেলে। এই প্লেটগুলি সাধারণত ভাল তাপ পরিবাহক সম্পত্তি, সাধারণত তামা বা অ্যালুমিনিয়ামযুক্ত ধাতু দিয়ে তৈরি হয়েছে। কখনও কখনও এই শোষণকারী প্লেটগুলি বিশেষ কালো আবরণ দিয়ে আঁকা হয়েছে যা সাধারণ কালো পেইন্টের চেয়ে তাপ শোষণ এবং ধরে রাখার জন্য ডিজাইন করা হয়েছে। বিশেষ আবরণ প্লেট শোষক বৈশিষ্ট্য যেমন উচ্চ তাপমাত্রা সহনশীলতা, UV প্রতিরোধ এবং আর্দ্রতা হ্রাস, স্থায়িত্ব, অপটিক্যাল বৈশিষ্ট্য ইত্যাদি উন্নত করা সাহায্য করেছে।

উন্নত প্লেট সংগ্রাহক: প্রচলিত প্লেট সংগ্রাহক পদ্ধতিতে, জল 80°C পর্যন্ত উত্তপ্ত করা যায়, যা গরম জল এবং স্থান গরম করার জন্য তাদের প্রয়োগকে সীমিত করেছে। যাইহোক, প্লেট সংগ্রাহকদের গরম করার ক্ষমতা বাড়ানো যেতে পারে কালেক্টর থেকে সারাউন্ডিংয়ে তাপের ক্ষতি কমিয়ে। অন্যান্য অ্যাপ্লিকেশনের জন্য যেমন বিদ্যুৎ উৎপাদন ইত্যাদি 120°C-130°C এর মধ্যে তরল তাপমাত্রা প্রয়োজন। তাপমাত্রার এই পরিসীমা অর্জনের জন্য, সাধারণ প্লেট শোষকের জায়গায়, সিলেক্টিভ লেপ কালো শোষক দিয়ে প্রলিপ্ত (ভ্যাকুয়াম) কাচের টিউব ব্যবহার করা হয়েছে। এই ব্যবস্থাগুলির সাথে প্লেট সংগ্রাহককে উন্নত প্লেট সংগ্রাহক বলা হয়েছে। উন্নত প্লেট কালেক্টর ব্যবহার করেছে তাপমাত্রা 1500°C পর্যন্ত বাড়ানো যায় যার ফলে কালেক্টরের প্রয়োগের পরিসর বাড়িয়ে বিদ্যুৎ উৎপাদন, সৌর শীতাতপ নিয়ন্ত্রণ ব্যবস্থা ইত্যাদি।

3.2.4 সোলার পুকুর, সোলার ওয়াটার হিটার, সোলার ড্রায়ার এবং সোলার স্টিল

সূর্য নবায়নযোগ্য শক্তির সবচেয়ে বড় উৎস এবং এই শক্তি পৃথিবীর সব জায়গায় প্রচুর পরিমাণে পাওয়া যায়। প্রকৃতপক্ষে এটি নবায়নযোগ্য শক্তির উৎস গুলির অন্যতম সেরা বিকল্প। সৌর শক্তি ব্যবহার করার অনেক উপায় আছে উদাহরণস্বরূপ সৌর পুকুর, সোলার ওয়াটার হিটার, সোলার ড্রায়ার এবং সোলার স্টিল ব্যবহারের মাধ্যমে।

3.2.4.1 সৌর পুকুর

এটি একটি সৌর শক্তি সংগ্রাহক, আকারে মোটামুটি বড় এবং দেখতে পুকুরের মতো। সৌর পুকুর খুব সহজ নীতিতে কাজ করেছে। আমরা সবাই জানি যে যখন জল বা বায়ু উত্তপ্ত হয়েছে তখন তারা হালকা হয়ে যায় এবং উপরের দিকে উঠে যায় যেমন, একটি গরম বাতাসের বেলুন। একইভাবে, একটি সাধারণ পুকুরে, সূর্যের রশ্মি জলের উপর পড়ে এবং পুকুরের ভিতর থেকে উত্তপ্ত জল উঠে যায় এবং শীর্ষে পৌঁছায় কিন্তু বাষ্পীভবনের মাধ্যমে বায়ুমণ্ডলে তাপ হারায়। নেট ফলাফল হল পুকুরের জল বায়ুমণ্ডলীয় তাপমাত্রায় থাকে। সৌর পুকুরে, লবণ দ্রবীভূত করেছে জল থেকে তাপের ক্ষতি রোধ করা হয়েছে, যার ঘনত্ব পুকুরের জলের গভীরতার সাথে বৃদ্ধি পায় এবং এটিকে খুব বেশি ভারী করেছে তোলে।

একটি সৌর পুকুরের প্রধানত তিনটি অঞ্চল রয়েছে। উপরের অঞ্চলটি হল উচ্চতর কনভেকটিভ জোন নামক সারফেস জোন, যা সাধারণত বায়ুমণ্ডলীয় তাপমাত্রায় থাকে ইরেচেশন এবং লবণের পরিমাণ খুবই কম। নিচের অঞ্চলটি সবচেয়ে লবণাক্ত অঞ্চল। এই অঞ্চলে, সৌর শক্তি তাপ আকারে সঞ্চিত হয়েছে, এবং সেইজন্য, এটিকে স্টোরেজ জোন বা লোয়ার কনভেকটিভ জোন বলা হয়েছে। এই দুই জোনের মধ্যে একটি গুরুত্বপূর্ণ জোন যা গ্রেডিয়েন্ট জোন বা নন-কনভেকটিভ জোন নামে পরিচিত। এই অঞ্চলে, জলের গভীরতা বৃদ্ধির সাথে লবণের পরিমাণ বৃদ্ধি পায় এবং এর ফলে একটি ঘনত্বের গ্রেডিয়েন্ট তৈরি হয়েছে। যদি আমরা এই অঞ্চলের একটি বিশেষ স্তর বিবেচনা করি, এর জল সেই স্তরটি অবধি উঠতে পারে না, কারণ এই অঞ্চলের উপরে জলের স্তরে লবণের পরিমাণ কম এবং তাই, এটি হালকা। একইভাবে, এই স্তর থেকে জল পড়তে পারে না কারণ এই অঞ্চলের নীচের জলের স্তরে লবণের পরিমাণ বেশি থাকে এবং তাই ভারী হয়েছে। এই গ্রেডিয়েন্ট জোনটি একটি স্বচ্ছ অন্তরক হিসেবে কাজ করেছে যা সূর্যের আলোকে নিচের অঞ্চলে পৌঁছানোর অনুমতি দেয় কিন্তু সেখানে এটিকে আটকে দেয়। অতএব, যখন সূর্যের আলো সৌর পুকুরে ঘটে, তখন আগত সূর্যালোকের বেশিরভাগই নীচে পৌঁছায় এবং এইভাবে "স্টোরেজ জোন" উত্তপ্ত হয়েছে। যেহেতু এই জোন থেকে তাপের ক্ষতি রোধ করা হয়েছে তার ঠিক উপরে ইনসুলেটর জোনের কারণে, পুকুরের তলদেশ অত্যন্ত উষ্ণ তাপমাত্রায় উষ্ণ হয়েছে এবং কখনও কখনও এটি ৪০০°C এর বেশি পৌঁছতে পারে। অবশেষে, নিচের স্তর থেকে উত্তপ্ত জল পাইপগুলিতে স্থানান্তরিত হয়েছে, পুকুরের মধ্য দিয়ে তাপ শক্তি বের করেছে।

প্রয়োগ: সৌর পুকুর দ্বারা উৎপন্ন তাপের অনেকগুলি অ্যাপ্লিকেশন রয়েছে এবং জীবাশ্ম জ্বালানির ব্যবহার হ্রাস করা পারে। পুকুর থেকে উত্তোলিত তাপ রাসায়নিক, খাদ্য, বস্ত্র এবং অন্যান্য শিল্প পণ্য উৎপাদনের জন্য ব্যবহার করা যেতে পারে। এটি গ্রিনহাউস, সুইমিং পুল এবং অন্যান্য ভবন এবং অফিসকে উষ্ণ করা র জন্যও ব্যবহার করা যেতে পারে। তাপকে বিদ্যুতেও রূপান্তর করা যায়। বিদ্যুতের রূপান্তরের খরচ খুবই কম এবং অর্থনৈতিক। এটি বিশেষত দূরবর্তী স্থানে দরকারী। সৌর পুকুরটি ডিসালিনেশনের মাধ্যমে পৌর জল ব্যবস্থার জন্য জল বিশুদ্ধ করা পারে।

উপকারিতা: সৌর পুকুর ব্যবহারের বেশ কিছু সুবিধা রয়েছে। যেহেতু এটি অন্তর্নির্মিত তাপ শক্তির সঞ্চয়স্থান, তাই এটি আবহাওয়ার অবস্থা নির্বিশেষে সারা বছর, দাও এবং রাত ব্যবহার করা যেতে পারে। গ্রামীণ অঞ্চলে জীবাশ্ম জ্বালানি প্রযুক্তির বিকল্প হিসেবে সৌর পুকুর বিশেষভাবে আকর্ষণীয়, স্বল্পোন্নত দেশে, যেখানে বড় পুকুর তৈরি করা যায়। একটি সৌর পুকুর থেকে শক্তি সমতল-প্লেট সৌর জল-গরম করা র সিস্টেমের তুলনায় শক্তি ব্যয়বহুল যা সাধারণত ভবনগুলিতে ব্যবহৃত হয়েছে। যেহেতু পুকুরটি কোন জ্বালানী না জ্বালিয়ে তাপ শক্তি সরবরাহ করেছে , তাই এটি বায়ু দূষণে অবদান রাখে না একই সাথে জীবাশ্ম জ্বালানীর মতো ঐতিহ্যবাহী শক্তি সম্পদ সংরক্ষণে অবদান রাখে।

অসুবিধা: সৌর পুকুরের কিছু ত্রুটি রয়েছে। এর জন্য একটি বৃহৎ জমির প্রয়োজন এবং তাই, ঘনবসতিপূর্ণ এলাকার জন্য অনুপযুক্ত হতে পারে। পুকুরে লবণাক্ত জলের ক্রমাগত এবং বৃহৎ সরবরাহ এবং উচ্চ স্তরের সৌর শক্তির ইনপুটও প্রয়োজন। উপরন্তু, একটি নিয়মিত রক্ষণাবেক্ষণ এটি একটি কাজ অবস্থায় রাখতে খুব প্রয়োজন।

যদিও সৌর পুকুর যে কোন জায়গায় নির্মিত হতে পারে, কিন্তু কম খরচে লবণ, সমুদ্রের জল বা ভরাট এবং ফ্লাশিংয়ের জন্য জলের ভাল সরবরাহ, উচ্চ সৌর বিকিরণ এবং কম খরচে জমি পাওয়া যায় এমন স্থানে এটি নির্মাণ করা অর্থনৈতিক। তামিলনাড়ু, গুজরাট, অন্ধ্র প্রদেশ এবং ওড়িশার উপকূলীয় অঞ্চলগুলি ভারতে এই ধরনের সৌর পুকুরের জন্য আদর্শভাবে উপযুক্ত।

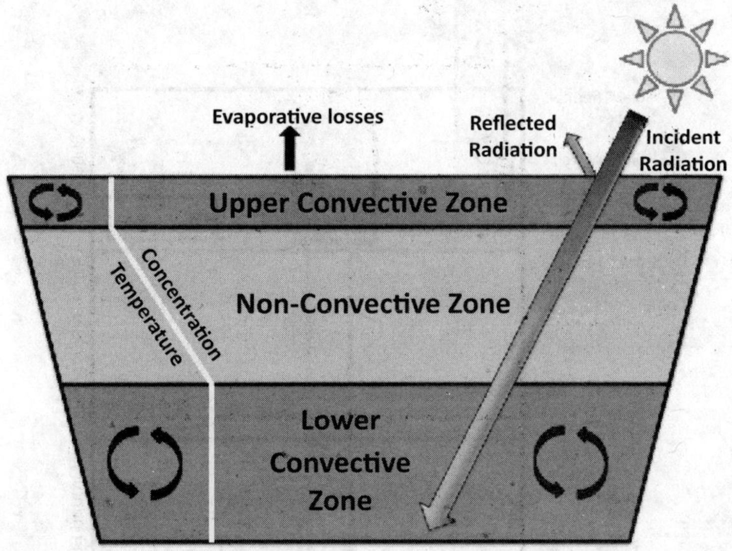

চিত্র 3.3: পরিকল্পিত সৌর পুকুরের চিত্র

3.2.4.2 সোলার ওয়াটার হিটার

এটি এমন একটি যন্ত্র যা সূর্যের বিকিরণ শক্তি ব্যবহার করেছে জল গরম করা সাহায্য করেছে। এই ডিভাইসটি ব্যবহার করেছে, জল সহজেই তাপমাত্রা 60°C থেকে 80°C পর্যন্ত উত্তপ্ত হতে পারে। 100 থেকে 300 লিটার ক্ষমতার একটি সোলার ওয়াটার হিটার (SWH) গার্হস্থ্য ব্যবহারের জন্য উপযুক্ত। রেস্তোরাঁ, ক্যান্টিন, গেস্ট হাউস, হোটেল, হাসপাতাল ইত্যাদিতে বৃহত্তর সিস্টেম ব্যবহার করা যেতে পারে। 100 লিটার ক্ষমতা সম্পন্ন SWH আবাসিক ব্যবহারের জন্য বৈদ্যুতিক গিজার প্রতিস্থাপন করেছে বছরে প্রায় 1500 ইউনিট বিদ্যুৎ সাশ্রয় করা পারে। এটি থেকে বছরে 1.5 টন কার্বন ডাই অক্সাইড নির্গমন রোধ করা পারে।

সোলার ওয়াটার হিটারের প্রধান উপাদানগুলির মধ্যে রয়েছে:

1. সৌর বিকিরণ থেকে শক্তি সংগ্রহের জন্য সংগ্রাহক
2. উত্তপ্ত জল সংরক্ষণের জন্য ইনসুলেটেড ট্যাংক
3. সহায়ক ব্যবস্থা
4. সংযোগকারী পাইপ এবং সংশ্লিষ্ট যন্ত্র

সূর্যের রশ্মি সংগ্রাহকের প্লেটে পড়ে এবং সংগ্রাহকের কালো শোষণকারী পৃষ্ঠ দ্বারা শোষিত হয়েছে। শোষিত তাপ শক্তি তার মধ্য দিয়ে প্রবাহিত জলতে স্থানান্তরিত হয়েছে। উত্তপ্ত জল সংগ্রহস্থলের ট্যাঙ্কে সংগ্রহ করা হয়েছে। তাপ ক্ষয় রোধ করা র জন্য ট্যাঙ্কটি উত্তাপিত।

সোলার ওয়াটার হিটার সৌর শক্তির সবচেয়ে সাশ্রয়ী ব্যবহারগুলির মধ্যে একটি। প্রতি বছর, বিশ্বজুড়ে কয়েক হাজার নতুন সোলার ওয়াটার হিটার ইনস্টল করা হয়েছে। এটি ঘর, কমিউনিটি সেন্টার, নার্সিং হোম, হোটেল, হোস্টেল, শিল্প ইত্যাদির জন্য

ব্যবহার করা যেতে পারে। একটি বাসা বিদ্যুৎ বিলে 70%-80% সাশ্রয় করা পারে প্রচলিত ওয়াটার হিটারকে সোলার ওয়াটার হিটার দিয়ে প্রতিস্থাপন করেছে। সোলার ওয়াটার হিটারগুলি তার ব্যবহারের উপর নির্ভর করেছে 2 থেকে 4 বছরে বিনিয়োগের দ্রুততম পরিশোধ।

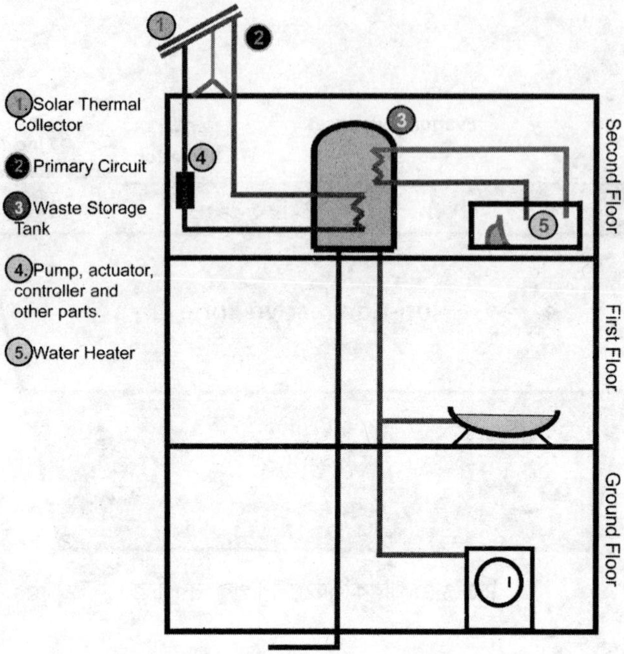

চিত্র 3.1: সোলার ওয়াটার হিটার

3.2.4.3 সোলার ড্রায়ার

সৌরশক্তি একটি কার্যকর বিকল্প শক্তিতে পরিণত হয়েছে এবং তা গরম শক্তিতে রূপান্তরিত হতে পারে যেমন গরম জল, বিদ্যুৎ উৎপাদন, খাদ্য শুকানো, কৃষি পণ্য বিশেষ করেছে শাকসবজি এবং ফল ইত্যাদি শুকানো ইত্যাদি। শুকনো ছিল খোলা বাতাসে রোদের মধ্যে খাদ্য সামগ্রী রাখা। যদিও, এই পদ্ধতিটি অল্প পরিমাণে খাবারের জন্য কার্যকর ছিল কিন্তু খোলা বাতাসে রাখা খাবার সহজেই দূষিত হতে পারে। সূর্য শুকানোর বিপরীতে, যেখানে খাদ্য সরাসরি সূর্যের সংস্পর্শে আসে, সৌর শুকানোর পরোক্ষ সৌর বিকিরণ ব্যবহার করেছে। সৌর শুকানোর কৌশলটির নীতি হল সৌর সংগ্রাহক এবং বায়ু পরিবহনে বায়ুর পরিমাণ বাড়িয়ে সৌর শক্তি সংগ্রহ করা

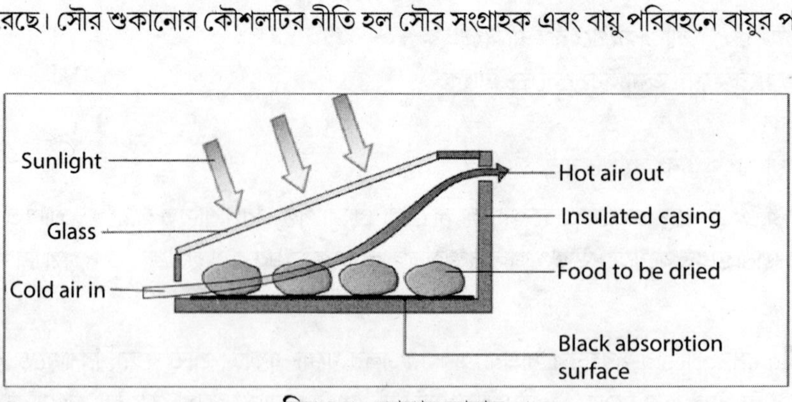

চিত্র 3.4: সোলার ড্রায়ার

সংগ্রাহক থেকে গরম বাতাস একটি সংযুক্ত শুকনো খাবার চেম্বারে যেখানে খাবার শুকিয়ে রাখা হয়েছে। এটি খাদ্য শুকানোর আরও স্বাস্থ্যকর কৌশল, কারণ বৃষ্টি, ধুলো, পোকামাকড়, পাখি ইত্যাদির মাধ্যমে খাদ্যদ্রব্যের কোন গৌণ দূষণ নেই পণ্যগুলি কেবল গরম বাতাসে শুকিয়ে যাচ্ছে এবং সৌর বিকিরণের (সূর্যের আলো) সরাসরি প্রভাব নেই। সরঞ্জামগুলো. সোলার ড্রায়ারগুলি প্রচুর পরিমাণে খাদ্য পণ্য শুকানোর জন্য এবং ছোট আকারের কৃষক এবং খাদ্য উৎপাদকদের জন্য উপযুক্ত।

3.2.4.4 সৌর স্টিল

একটি সৌর এখনও একটি সবুজ শক্তি পণ্য যা জলকে বিশুদ্ধ করা প্রাকৃতিক সূর্য শক্তি ব্যবহার করেছে। সোলার স্টিলগুলি পানীয় এবং রান্নার জন্য বিশুদ্ধ জল সরবরাহ করা সক্ষম, এমনকি পরিবেশে বন্ধুত্বপূর্ণ থাকা সত্ত্বেও, যেসব এলাকায় শক্তির অন্য কোন উৎস নেই সেখানেও। এটি বাষ্পীভবন এবং ঘনীভবন প্রক্রিয়ার নীতিতে কাজ করেছে। একটি অববাহিকা (যেখানে অশুদ্ধ জল রাখা হয়েছে) নিয়ে গঠিত স্থিরটি তার চারপাশে সম্পূর্ণভাবে উত্তাপিত এবং সৌর শক্তির অনুমতি দেওয়ার জন্য স্বচ্ছ কাচের আবরণ দিয়ে বন্ধ। প্রথমে, যে জল বিশুদ্ধ করা প্রয়োজন তা বেসিনে রাখা হয়েছে। সৌরকে এখনও সূর্যের মধ্যে বসার অনুমতি দেওয়া হয়েছে, যা স্থির সৌর বিকিরণ শোষণ করা দেয়। শক্তি শোষিত হওয়ার সাথে সাথে এটি জলকে গরম করা শুরু করেছে। জলের তাপমাত্রা বাড়ার সাথে সাথে তরল H_2O বাষ্পে রূপান্তরিত হয়েছে এবং কাচের সিলিংয়ের দিকে বাষ্পীভূত হয়েছে, নিচের বেসিনে অমেধ্য ফেলে। দ্বিতীয় বৈজ্ঞানিক নীতি যার উপর একটি সৌর এখনও কাজ করেছে তা হল ঘনীভবন। জল ধীরে ধীরে কাচের উপর ঘনীভূত হয়েছে, বিশুদ্ধ জলের ফোঁটা তৈরি করেছে। যেহেতু গ্লাসটি দ্বিতীয় বেসিনের দিকে কোণযুক্ত, তাই জলের ফোঁটাগুলি পরিষ্কার জলের বেসিনে নেমে যায়। যেহেতু খনিজ পদার্থ, ব্যাকটেরিয়া বা অন্য কোন পদার্থ বিশুদ্ধ H_2O দিয়ে বাষ্পীভূত হতে পারে না, তাই দ্বিতীয় অববাহিকায় শেষ হওয়া জলের ফোঁটাগুলি কেবল বিশুদ্ধ এবং পানীয় এবং রান্নার জন্য নিরাপদ। বিশুদ্ধকরণের অন্যান্য উৎস গুলিতে, যেমন বাণিজ্যিক জল-বোতলজাতকরণ প্ল্যান্ট ইত্যাদি সাধারণত,

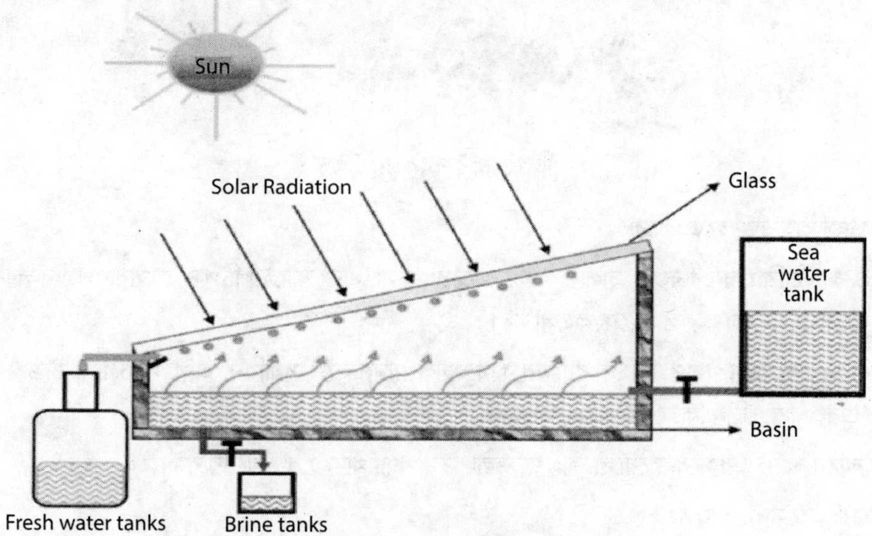

চিত্র 3.5: সোলার স্টিলস

বিশুদ্ধকরণ প্রক্রিয়ার অংশ হিসেবে জল সিদ্ধ করা হয়েছে। জল সেদ্ধ হওয়ার সাথে সাথে এর pH মান ভীষণভাবে কমে যায়, যার ফলে সমতল-স্বাদযুক্ত জলের সৃষ্টি হয়েছে। যেখানে একটি সৌর স্থির অবস্থায়, জল স্বাভাবিকভাবেই পরিশোধন করা হয়েছে, যার ফলে পিএইচ মাত্রা ভারসাম্যপূর্ণ থাকে এবং সেইজন্য জলের পরীক্ষা অক্ষত থাকে।

3.3 বায়োমাস

বায়োমাস বলতে পুনর্নবীকরণযোগ্য জৈব পদার্থের ভরকে বোঝায় যা উদ্ভিদ, প্রাণী এবং অণুজীব সহ জীবন্ত জীব থেকে আসে বা জৈব রাসায়নিক দৃষ্টিকোণ থেকে, সেলুলোজ, লিগিনিন, শর্করা, চর্বি এবং প্রোটিন। বায়োমাস নবায়নযোগ্য শক্তির উৎস। এটি ব্যবহার করা হয়েছে যেহেতু মানুষ প্রথমে খাবার রান্না এবং চারপাশকে উষ্ণ রাখার জন্য কাঠ পোড়ানো শুরু করেছে। জৈববস্তু সর্বদা মানবজাতির জন্য শক্তির একটি প্রধান উৎস এবং বিশ্বের মোট শক্তি সরবরাহের 10% থেকে 14% অবদান রাখার অনুমান।

শক্তির জন্য ব্যবহৃত সবচেয়ে সাধারণ জৈববস্তুর উৎস হল উদ্ভিদ, কাঠ এবং জৈব বর্জ্য। যাহোক,

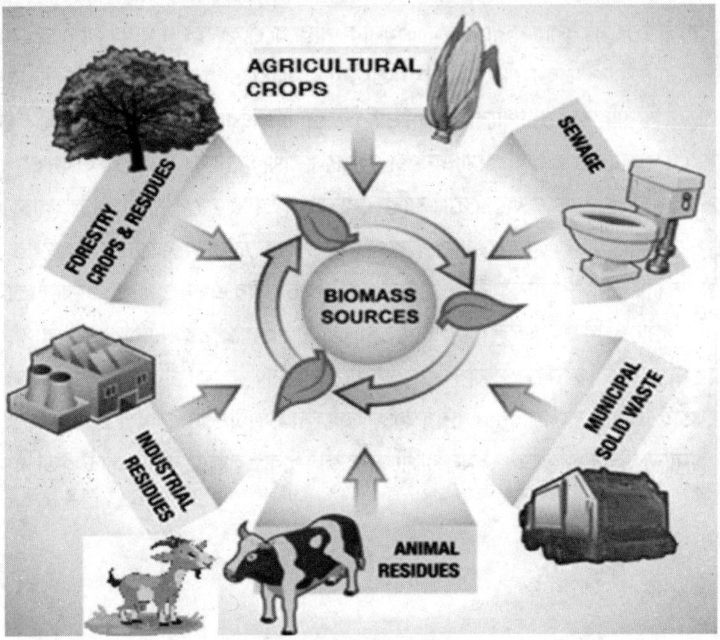

চিত্র 3.6: জৈববস্তুর উৎস

প্রধান বায়োমাস উৎস অন্তর্ভুক্ত হতে পারে:

1. **কাঠ ও কাঠ প্রক্রিয়াকরণ বর্জ্য:** জ্বালানী কাঠ, কাঠের খোসা, এবং কাঠের চিপস, আসবাবপত্র কল-ধুলো এবং বর্জ্য, এবং সজ্জা এবং কাগজ কল থেকে কালো মদ।
2. **কৃষি ফসল এবং বর্জ্য পদার্থ:** বিভিন্ন ধরনের কৃষি ফসল যেমন ভুট্টা, সয়াবিন, আখ, সুইচগ্রাস, উডি গাছ, এবং শৈবাল, ফসল এবং খাদ্য প্রক্রিয়াকরণের অবশিষ্টাংশ সহ।
3. **পৌর কঠিন বর্জ্য:** এর মধ্যে রয়েছে, কাগজ, তুলা, উল পণ্য, খাদ্য এবং কাঠের বর্জ্য।
4. পশু সার এবং নর্দমার জল।

বায়োমাসে শক্তি থাকে যা প্রথম সূর্য থেকে উৎপন্ন হয়েছে। উদ্ভিদ সালোকসংশ্লেষণের মাধ্যমে সূর্যের শক্তি শোষণ করেছে এবং কার্বন ডাই অক্সাইড এবং জলকে পুষ্টিতে (কার্বোহাইড্রেট) রূপান্তর করেছে। এই জীব থেকে এই শক্তি ব্যবহারযোগ্য শক্তিতে রূপান্তরিত হতে পারে। জৈববস্তু জ্বালিয়ে তাপ সৃষ্টি করা পারে, বিদ্যুতে রূপান্তরিত হতে পারে বা এটি প্রক্রিয়াজাত করেছে জৈব জ্বালানীতে পরিণত হতে পারে।

3.3.1 জ্বালানি হিসাবে জৈববস্তুর তাপীয় বৈশিষ্ট্য

যদি আপনি জ্বালানির জন্য জৈববস্তুপুঞ্জ ব্যবহার করা র পরিকল্পনা করেছে ন, তাহলে সম্ভাব্য সমস্যাগুলি এড়ানোর জন্য এবং জৈববস্তুকে কার্যকরভাবে ব্যবহার করা র জন্য এর তাপীয় বৈশিষ্ট্যগুলি বোঝা প্রয়োজন। বায়োমাস তরল জ্বালানী বা বায়বীয় জ্বালানী বা কঠিন জ্বালানির উৎস হতে পারে। এই জ্বালানীর মধ্যে কঠিন জ্বালানী সবচেয়ে বেশি ব্যবহৃত হয়েছে। কঠিন বায়োমাস জ্বালানির গুরুত্বপূর্ণ তাপীয় বৈশিষ্ট্যগুলি অন্তর্ভুক্ত করা পারে:

- তাপ মান
- আর্দ্রতা সামগ্রী
- গঠন
- জ্বালানি আকার এবং ঘনত্ব

তাপ মূল্য: একটি জ্বালানিতে পাওয়া তাপের পরিমাণ (কেজে/কেজি) তার তাপের মান নির্দেশ করেছে। এটি একটি জ্বালানির অন্যতম গুরুত্বপূর্ণ বৈশিষ্ট্য কারণ এটি একটি নির্দিষ্ট জ্বালানিতে মোট শক্তির পরিমাণ নির্দেশ করেছে। প্রদত্ত জ্বালানি ধরণের তাপের মান বেশিরভাগই জ্বালানির রাসায়নিক গঠন।

একটি জ্বালানীর তাপের মান এভাবে প্রকাশ করা যেতে পারে: উচ্চতর গরমের মান বা কম গরম করা র মান। উচ্চ হিটিং ভ্যালু (HHV) হল জ্বালানিতে পাওয়া মোট তাপশক্তির পরিমাণ, যার মধ্যে নিষ্কাশন গ্যাসের মধ্যে থাকা শক্তি অন্তর্ভুক্ত থাকে, যখন, নিম্ন উত্তাপের মান (LHV) নিষ্কাশন গ্যাসের মধ্যে থাকা শক্তি অন্তর্ভুক্ত করেছে না। সাধারণত, এইচএইচভি বায়োমাস দহনকারীর জন্য ব্যবহৃত হয়েছে। একটি জ্বালানীর তাপের সামগ্রী, সাধারণত নির্দিষ্ট মান থাকে না। এটি জলবায়ু এবং মাটির উপর নির্ভর করেছে উল্লেখযোগ্যভাবে পরিবর্তিত হতে পারে যেখানে জ্বালানী জন্মে। অতএব, একটি জৈববস্তুপুঞ্জ জ্বালানির তাপের মান একটি নির্দিষ্ট মানের পরিবর্তে একটি পরিসীমা হিসাবে প্রকাশ করা উচিত।

আর্দ্রতা কন্টেন্ট: আর্দ্রতা কন্টেন্ট একটি বায়োমাস ফুয়েলের জ্বলন্ত সম্পত্তি প্রভাবিত করেছে। উচ্চ আর্দ্রতাযুক্ত বায়োমাস জ্বালানি কম আর্দ্রতাযুক্ত জৈববস্তু জ্বালানির চেয়ে কম সহজেই জ্বলে, তাই প্রতি ইউনিট ভর কম দরকারী তাপ সরবরাহ করেছে। অতএব, উচ্চ আর্দ্রতা স্তরের জ্বালানীর তুলনায় কম আর্দ্রতা স্তরের জ্বালানি পছন্দ করা হয়েছে। ভেজা জ্বালানীর বেশিরভাগ শক্তি জলকে উত্তপ্ত ও বাষ্পীভূত করা ব্যবহৃত হয়েছে। যাইহোক, অত্যন্ত শুষ্ক জ্বালানী সমস্যা সৃষ্টি করা পারে যেমন ধূলিকণা যা সরঞ্জামকে নষ্ট করেছে বা এমনকি বিস্ফোরণের ঝুঁকিতেও অবদান রাখতে পারে। একটি জ্বালানীতে আর্দ্রতার পরিমাণ ভেজা বা শুষ্ক ভিত্তিতে গণনা করা যেতে পারে। ওয়েটবেসিস ক্যালকুলেশনে, আর্দ্রতার পরিমাণ জ্বালানীর জলের ভরের সমান যা জ্বালানির মোট ভর দ্বারা ভাগ করা হয়েছে। শুষ্ক-ভিত্তিক গণনার ক্ষেত্রে, আর্দ্রতার পরিমাণ জ্বালানীর জলের ভরের সাথে জ্বালানীর শুষ্ক অংশের ভর দ্বারা ভাগ করা হয়েছে। ব্যবহারিকভাবে, সর্বাধিক প্রয়োজনীয় আর্দ্রতা স্তর

জ্বালানী জ্বালানী প্রায় 50 থেকে 60 শতাংশ, ভেজা ভিত্তিতে গণনা করা হয়েছে।

রচনা: তাপ এবং আর্দ্রতার পরিমাণ ছাড়াও, বিভিন্ন জৈব জ্বালানির গঠন তার কর্মক্ষমতাকে প্রভাবিত করেছে। প্রধান অন্তর্ভুক্ত গঠনমূলক বৈশিষ্ট্য; ছাই বিষয়বস্তু, স্ল্যাগিংয়ের জন্য সংবেদনশীলতা এবং ফাউলিং, এবং শতাংশ উদ্বায়ী।

"অ্যাশ বিষয়বস্তু" একটি জৈব জ্বালানীর মধ্যে অগোচরে উপকরণগুলির ভগ্নাংশ। এটি একটি গুরুত্বপূর্ণ প্যারামিটার, যা দহন দক্ষতা কমাতে পারে বা ছাই হ্যান্ডলিং প্রক্রিয়া বন্ধ করা পারে।

"স্ল্যাগিং এবং ফাউলিং" সমস্যা দেখা দেয় যখন উৎপন্ন ছাই গলতে শুরু করেছে এবং দহন যন্ত্রের ভিতরে জমা হতে শুরু করেছে। বেশিরভাগ সময়, ছাই পাউডারি আকারে থাকে, তবে, নির্দিষ্ট পরিস্থিতিতে, ছাই আংশিকভাবে গলে যেতে পারে, দহনকারী পৃষ্ঠের উপর জমা (ফাউলিং) বা দহন চেম্বারের গোড়ায় উপাদানগুলির শক্ত অংশ (স্ল্যাগিং/ক্লিংকারিং)। এটা পরিলক্ষিত

হয়েছে যে উচ্চ খনিজ উপাদান এবং জ্বালানীর ময়লা ফাউলিং এবং স্ল্যাগিং সমস্যা সৃষ্টি করা পারে। অতএব, জ্বালানী মাটি এবং অন্যান্য দূষক থেকে মুক্ত রাখা উচিত। ছাই গঠন এড়ানোর জন্য দহন তাপমাত্রা যথেষ্ট কম রেখে স্ল্যাগিং এবং ফাউলিং কমানো যেতে পারে।

একটি জ্বালানীতে "শতাংশ ভোলাটাইলস" হল একটি সম্পত্তি যা জ্বালানীর ভগ্নাংশকে বোঝায় যা উচ্চ তাপমাত্রায় উত্তপ্ত হয়ে গেলে অস্থির হয়ে যায় এবং গ্যাসে পরিণত হয়েছে। "উচ্চ উদ্বায়ী" জ্বালানীগুলি জ্বলনের আগে বাষ্প হয়ে যায়। একে জ্বলন্ত দহন বলা হয়েছে। এই সম্পত্তি দহন চেম্বারের কার্যকারিতা প্রভাবিত করা পারে এবং একটি বায়োমাস জ্বালানী দহনকারী ডিজাইন করার সময় এটি বিবেচনায় নেওয়া উচিত।

জ্বালানির আকার এবং ঘনত্ব: জৈববস্তু জ্বালানী কণার আকার এবং ঘনত্বও তার তাপীয় বৈশিষ্ট্যগুলিকে প্রভাবিত করেছে এমন একটি গুরুত্বপূর্ণ কারণ। এগুলি জ্বালানোর প্রক্রিয়া চলাকালীন গরম এবং শুকানোর হারকে প্রভাবিত করেছে এবং এইভাবে জ্বালানির জ্বলন্ত বৈশিষ্ট্য প্রভাবিত হয়েছে। হ্যান্ডলিং সরঞ্জামের ধরণ মূলত জ্বালানী কণার আকারের উপর নির্ভর করেছে। ভুল আকারের জ্বালানী দহন প্রক্রিয়ার দক্ষতার উপর প্রভাব ফেলতে পারে এবং এর ফলে জ্যামিং বা হ্যান্ডলিং সরঞ্জাম ক্ষতিগ্রস্ত হতে পারে। ছোট আকারের জ্বালানী বেশিরভাগই বাণিজ্যিক ব্যবস্থার জন্য পছন্দ করা হয়েছে কারণ এটি একটি স্বয়ংক্রিয় ফিড সিস্টেমে ব্যবহার করা সহজ। সাধারণত, জ্বালানির আকার এবং ঘনত্ব অতিরিক্ত দেখা হয়েছে এবং জ্বালানির ধরন নির্বাচন করা র সময় সতর্কতার সাথে বিবেচনা করা উচিত।

3.3.2 অ্যানেরোবিক হজম

অ্যারোবিক হজম একটি রাসায়নিক প্রক্রিয়া যার মাধ্যমে অক্সিজেনের অনুপস্থিতিতে অণুজীব (ব্যাকটেরিয়া) দ্বারা জৈব পদার্থ যেমন পশু সার, খাদ্য বর্জ্য, বর্জ্য জল বায়োসোলিড ইত্যাদি ভেঙে যায়। অ্যানোরিবিক হজম প্রক্রিয়ার ফলে বায়োগ্যাস এবং জৈব সার তৈরি হয়েছে। বায়োগ্যাস বেশিরভাগই কার্বন ডাই অক্সাইড (CO_2) এবং মিথেন (CH_4) নিয়ে গঠিত যা খুব কম পরিমাণে জলীয় বাষ্প এবং অন্যান্য গ্যাসের সাথে থাকে। এইভাবে উৎপাদিত মিথেন গ্যাস কার্বন ডাই অক্সাইড এবং অন্যান্য গ্যাস অপসারণ করেছে সংগ্রহ করা যেতে পারে এবং রান্না বা গরম করার জন্য বা বিদ্যুৎ উৎপাদনে জ্বালানি হিসেবে ব্যবহার করা যেতে পারে।

এনারোবিক হজম প্রক্রিয়া পৌর বর্জ্য জল চিকিৎসায়ও ব্যবহৃত হয়েছে। কঠিন পদার্থের পরিমাণ বর্জ্য জল চিকিৎসা থেকে উৎপাদিত এনারোবিক হজম প্রক্রিয়ার মাধ্যমে হ্রাস করা যেতে পারে যার ফলে এর নিষ্পত্তি খরচ হ্রাস পায়।

যখন একটি খামারে প্রচুর সংখ্যক প্রাণী থাকে, ফলস্বরূপ সার এবং বর্জ্য জলের উপর উল্লেখযোগ্য পরিবেশগত প্রভাব ফেলতে পারে যদি তাদের কেবল খোলা জমি, ঝড় নর্দমা ইত্যাদি দিয়ে চালানোর অনুমতি দেওয়া হয়েছে। বর্জ্য পদার্থ, দরকারী মিথেন উৎপাদন করেছে এবং একটি উপ-পণ্য সরবরাহ করেছে যা সার হিসাবে ব্যবহার করা যেতে পারে। পশুর বর্জ্য ছাড়াও, কৃষি থেকে উদ্ভিদের বর্জ্যও বায়োগ্যাস উৎপাদনের জন্য অ্যানারোবিক হজম প্রক্রিয়া দ্বারা প্রক্রিয়াজাত করা যেতে পারে।

অ্যানারোবিক হজম প্রক্রিয়ার পরে অবশিষ্ট উপাদানগুলিকে "ডাইজেস্টেট" বলা হয়েছে। ডাইজেস্টেট একটি ভেজা মিশ্রণ যা সাধারণত কঠিন এবং তরল আকারে বিভক্ত হয়েছে। ডাইজেস্টেট পুষ্টিতে সমৃদ্ধ এবং ফসলের জন্য সার হিসাবে ব্যবহার করা যেতে পারে।

3.3.3 বায়োগ্যাস উৎপাদন প্রক্রিয়া

বায়োগ্যাস অ্যানায়োবিক হজম প্রক্রিয়া ব্যবহার করেছে বায়োমাস দ্বারা উৎপাদিত হয়েছে যার মধ্যে মাল্টিস্টেপ জৈবিক এবং রাসায়নিক প্রক্রিয়া জড়িত। এটি কেবল বর্জ্য ব্যবস্থাপনায় নয়, শক্তি তৈরিতেও উপকারী। জৈব গ্যাস উৎপাদনের প্রক্রিয়ায় সবচেয়ে বড় ভূমিকা পালন করেছে জীবাণুগুলি জৈববস্তুকে খাওয়ায়।

বিভিন্ন ধরনের কাঁচামাল থেকে বায়োগ্যাস তৈরি করা যায়, যার মধ্যে থাকতে পারে:

- শিল্প ও উদ্যোগ থেকে
- দোকান থেকে খাদ্য বর্জ্য
- ভোক্তাদের দ্বারা উৎপাদিত জৈববর্জ্য
- বর্জ্য জল শোধনাগার থেকে কাদা
- কৃষি বর্জ্য থেকে উৎপন্ন সার এবং জৈববস্তু

জৈববস্তু থেকে বায়োগ্যাস উৎপাদনের প্রক্রিয়া নিম্নলিখিত ধাপগুলি অন্তর্ভুক্ত করেছে :

1. বায়োগ্যাস উৎপাদন শুরু হয়েছে বায়োওয়েস্টের আগমন থেকে
2. এর পরে, এটি যতটা সম্ভব তার ধারাবাহিকতা তৈরি করা চূর্ণ করা হয়েছে। এই ধাপে, যে কোনও অবাঞ্ছিত অ-জৈব অবসানযোগ্য বর্জ্য, মিশ্রণ থেকে আলাদা করা হয়েছে।
3. চূর্ণবিচূর্ণ বায়োয়েস্ট তরল যোগ করেছে স্লারি আকারে তৈরি করা হয়েছে যাতে এটি বায়ুশূন্য হজম প্রক্রিয়ার জন্য প্রস্তুত হয়েছে।
4. জৈববস্তুপুঞ্জকে স্লারি আকারে বায়োগ্যাস প্লান্টে বিতরণ করা হয়েছে এবং প্রি-ডাইজেস্টার ট্যাঙ্কে পাম্প করা হয়েছে যেখানে ব্যাকটেরিয়া দ্বারা নি enসৃত এনজাইমগুলি জৈববস্তুকে আরও সূক্ষ্ম সঙ্গতিতে ভেঙে দেয়।
5. পরবর্তী ধাপে, জৈববস্তু কমপক্ষে এক ঘন্টার জন্য 700 ডিগ্রি সেন্টিগ্রেড এবং তার বেশি তাপমাত্রায় মিশ্রণ গরম করে জীবাণুমুক্ত করা হয়েছে। এই প্রক্রিয়া চলাকালীন জৈববস্তুর মধ্যে উপস্থিত যে কোন ক্ষতিকর ব্যাকটেরিয়া দূর করা হয়েছে।
6. স্যানিটাইজেশন প্রক্রিয়ার পরে, ভরটি প্রধান বায়োমাস রিঅ্যাক্টরে পাম্প করা হয়েছে যেখানে বায়োগ্যাস উৎপাদন হয়েছে।
7. বায়োগ্যাস চুল্লীতে, মাইক্রোবায়াল ক্রিয়া শুরু হয়েছে এবং জৈববস্তু ক্রমান্বয়ে ক্রমান্বয়ে প্রবেশের প্রক্রিয়ায় প্রবেশ করেছে। এই প্রক্রিয়ায় জীবাণুগুলি জৈব পদার্থ যেমন প্রোটিন, কার্বোহাইড্রেট এবং লিপিডের উপর খাদ্য গ্রহণ করেছে এবং তাদের হজম এই বিষয়গুলিকে মিথেন এবং কার্বন ডাই অক্সাইডে রূপান্তরিত করেছে।
8. জৈব পদার্থের অধিকাংশই বায়োগ্যাসে বিভক্ত যা প্রধানত মিথেন এবং কার্বন ডাই অক্সাইড, জলীয় বাষ্প এবং অন্যান্য গ্যাসের মিশ্রণ, প্রায় তিন সপ্তাহের মধ্যে।
9. এইভাবে উৎপন্ন বায়োগ্যাস বায়োগ্যাস রিসেটরের শীর্ষে রাখা একটি গোলাকার গ্যাস হোল্ডারে সংগ্রহ করা হয়েছে।

এর পরে, বায়োগ্যাস শিল্প, উদ্যোগ এবং ভোক্তাদের ব্যবহারের জন্য প্রস্তুত। বায়োগ্যাস উত্পাদনে সৃষ্ট অবশিষ্ট কঠিন পদার্থ এবং তরলকে ডাইজেস্টেট বলা হয়েছে। এই ডাইজেস্ট একটি ডাইজেস্টর চুল্লিতে যায় এবং সেখান থেকে আরও স্টোরেজ ট্যাঙ্কে যায়। ডাইজেস্টেটস গর্ভাধান বা অন্যান্য বাগানের উদ্দেশ্যে ব্যবহারের জন্য উপযুক্ত।

সারণী 3.1: বায়োগ্যাস কম্পোজিশন

অ্যানেরোবিক হজমে আনুমানিক বায়োগ্যাস কম্পোজিশন	
গ্যাস	**ঘনত্ব%**
CH_4	50-70
CO_2	25-30
N_2	0-10
H_2O	0-5
H_2S	0-3
O_2	0-3
NH_3	0-0.5

3.3.4 জৈব গ্যাসের ব্যবহার ও সঞ্চয়

অ্যানোরিবিক হজম প্রক্রিয়া থেকে উৎপন্ন বায়োগ্যাস একটি পরিবেশ বান্ধব নবায়নযোগ্য জ্বালানি। কিন্তু এটি ব্যবহার করার আগে এটি পরিষ্কার বা আপগ্রেড করা গুরুত্বপূর্ণ, প্রধানত এর গরম করা র মান বাড়ানো এবং এটি কিছু গ্যাস যন্ত্রপাতি যেমন ইঞ্জিন, বয়লার ইত্যাদি ব্যবহারযোগ্য করেছে তোলার জন্য বায়োগ্যাসে প্রধানত 50% থেকে 70% মিথেন (CH_4), 25% থেকে 30% কার্বন ডাই অক্সাইড (CO_2), অন্যান্য গ্যাসের ট্রেস এবং জলীয় বাষ্পের ভগ্নাংশ। এটি বাতাসের চেয়ে প্রায় 20% হালকা এবং 650°C থেকে 750°C এর মধ্যে ইগনিশন তাপমাত্রা রয়েছে। এটি একটি গন্ধহীন এবং বর্ণহীন গ্যাস যা প্রাকৃতিক গ্যাসের মতো পরিষ্কার নীল শিখায় জ্বলছে।

3.3.4.1 বায়োগ্যাসের ব্যবহার

বায়োগ্যাস অ্যানারোবিক হজম প্রক্রিয়া জুড়ে উৎপাদিত হয়েছে। বায়োগ্যাসএকটি নবায়নযোগ্য শক্তির উৎস যা বিভিন্ন উপায়ে ব্যবহার করা যায়। সারা দেশে সম্প্রদায় এবং উদ্যোগগুলি বায়োগ্যাস ব্যবহার করেছে :

- যান্ত্রিক শক্তি, তাপ এবং/অথবা বিদ্যুৎ উৎপাদন করেছে।
- জ্বালানী বয়লার এবং চুল্লি, গরম জলের ব্যবস্থা, এয়ার হিটার।
- জ্বালানি যান চালানোর জন্য। এবং
- তাদের ব্যবহারের জন্য বাড়ি এবং অন্যান্য ব্যবসায়িক কেন্দ্রে সরবরাহ।

যথাযথ পরিচ্ছন্নতা বা আপগ্রেডের মাধ্যমে, প্রাকৃতিক গ্যাসের জন্য তৈরি করা সমস্ত অ্যাপ্লিকেশনে বায়োগ্যাস ব্যবহার করা যেতে পারে। বায়োগ্যাসের জন্য তিনটি মৌলিক শেষ ব্যবহারগুলি শ্রেণীবদ্ধ করা যেতে পারে:

- **তাপ উৎপাদন:** বায়োগ্যাসের সবচেয়ে সহজবোধ্য ব্যবহার হল তাপ (তাপ) শক্তি। যেসব এলাকায় জ্বালানি কম, সেখানে ছোট বায়োগ্যাস সিস্টেম মৌলিক রান্না এবং জল গরম করা র জন্য তাপ শক্তি সরবরাহ করা পারে। এটি গ্যাস আলোর সিস্টেমেও ব্যবহার করা যেতে পারে যেমন আলোকসজ্জার জন্য টেমস এ ব্যবহার করা হয়েছে।

- **বিদ্যুৎ উৎপাদন:** বেশিরভাগ ক্ষেত্রে, বায়োগ্যাস জ্বলন ইঞ্জিনগুলির জ্বালানি হিসাবে ব্যবহৃত হয়েছে, যা এটিকে যান্ত্রিক শক্তিতে রূপান্তর করেছে যা পরিবর্তে একটি বৈদ্যুতিক জেনারেটরকে বিদ্যুৎ উৎপাদনে শক্তি সরবরাহ করেছে।

- **যানবাহনের জ্বালানি:** বায়োগ্যাস গ্যাসোলিন যানবাহনে জ্বালানি হিসেবে ব্যবহার করা যেতে পারে যদি বায়োগ্যাস প্রাকৃতিক গ্যাসের মান উন্নত হয়েছে। এটি প্রাকৃতিক গ্যাস ব্যবহারের জন্য সামঞ্জস্য করা যানবাহনে ব্যবহার করা যেতে পারে। এই শ্রেণীর বেশিরভাগ যানবাহনগুলি সাধারণ পেট্রোল জ্বালানী ব্যবস্থার পাশাপাশি একটি গ্যাস ট্যাংক এবং একটি গ্যাস সরবরাহ ব্যবস্থা সহ বিপরীতমুখী। যাইহোক, ডেডিকেটেড যানবাহন (শুধুমাত্র বায়োগ্যাস ব্যবহার করেছে) এই রেট্রো-ফিট যানবাহনের চেয়ে বেশি দক্ষ। বায়োগ্যাস প্রাকৃতিক গ্যাস পাইপলাইনের মাধ্যমে বিতরণ করা যেতে পারে এবং পাইপলাইনের মানের মান পূরণের জন্য যথাযথ চিকিৎসার পর ঘরবাড়ি এবং ব্যবসায়িক কেন্দ্রে ব্যবহার করা যেতে পারে। পরিষ্কার এবং উন্নত বায়োগ্যাস সংকুচিত প্রাকৃতিক গ্যাস (সিএনজি) বা তরলীকৃত প্রাকৃতিক গ্যাস (এলএনজি) তৈরিতেও ব্যবহার করা যেতে পারে। গাড়ি এবং ট্রাকের জন্য জ্বালানী সরবরাহ করার কাজে সিএনজি এবং এলএনজি ব্যবহার করা যেতে পারে।

ডাইজেস্টেট হল এমন উপাদান যা অ্যানারোবিক হজম প্রক্রিয়া অনুসরণ করে অবশিষ্ট থাকে। ডাইজেস্টেট ফুলের পাত্র, মৃত্তিকা চিকিৎসা এবং সার হিসাবে পণ্য তৈরি করা যেতে পারে।

চিত্র 3.7: বায়োগ্যাসের ব্যবহার

3.3.4.2 বায়োগ্যাসের মজুদ

একটি বায়োগ্যাস প্ল্যান্টের দক্ষতা ও নিরাপত্তার জন্য উপযুক্ত বায়োগ্যাস স্টোরেজ সিস্টেম অপরিহার্য। বায়োগ্যাস সংরক্ষণের দুটি প্রধান কারণ রয়েছে:

(i) সাইট ব্যবহারের জন্য প্ল্যান্টের লোকেশনে স্টোরেজ, যখন প্রয়োজন হয়েছে এবং

(ii) ডিস্ট্রিবিউশন পয়েন্ট বা সিস্টেমে স্টোরেজ।

একটি বায়োগ্যাস স্টোরেজ সিস্টেম বায়োগ্যাস উৎপাদন এবং ব্যবহারের ক্ষেত্রে ওঠানামার যত্ন নেয়। বায়োগ্যাস স্টোরেজ সিস্টেমের দুটি বিসতৃত শ্রেণী রয়েছে: (i) অ্যানারোবিক ডাইজেস্টারের সাথে একীভূত অভ্যন্তরীণ বায়োগ্যাস স্টোরেজ ট্যাঙ্ক এবং (ii) বহিরাগত বায়োগ্যাস স্টোরেজ ট্যাঙ্ক যা এনারোবিক ডাইজেস্টার থেকে আলাদা। আরও, এর আবেদনের উপর ভিত্তি করেছে, এটিকে শ্রেণীভুক্ত করা যেতে পারে; নিম্নচাপ বায়োগ্যাস স্টোরেজ, মাঝারি চাপ বায়োগ্যাস স্টোরেজ, এবং উচ্চ চাপ বায়োগ্যাস স্টোরেজ।

নিম্নচাপের বায়োগ্যাস স্টোরেজ: এটি সাইটের অ্যাপ্লিকেশন এবং বায়োগ্যাসের মধ্যবর্তী স্টোরেজের জন্য ব্যবহৃত সবচেয়ে সহজ এবং সর্বনিম্ন ব্যয়বহুল স্টোরেজ সিস্টেম। এই সিস্টেমটি 2 পিএসআই -এর নিচে কম চাপে কাজ করেছে। ডাইজেস্টার ফর্মে ভাসমান বায়োগ্যাস স্টোরেজ ট্যাঙ্ক এই শ্রেণীর আওতায় পড়ে। এটি ইস্পাত, ফাইবারগ্লাস বা নমনীয় ফ্যাব্রিক উপাদান দিয়ে তৈরি হতে পারে। এই গ্যাসধারীদের জন্য সাধারণত ব্যবহৃত নমনীয় ফ্যাব্রিক উপকরণগুলির মধ্যে রয়েছে উচ্চ ঘনত্বের পলিথিন (এইচডিপিই), কম ঘনত্বের পলিথিন (এলডিপিই) এবং রৈখিক কম ঘনত্বের পলিথিন (এলএলডিপিই)। কখনও কখনও, ডাইজেস্টেট এবং কাঁচা বায়োগ্যাস সংরক্ষণের জন্য ভাসমান গ্যাস হোল্ডারের সাথে একটি পৃথক ট্যাঙ্কও স্থাপন করা হয়েছে।

মাঝারি চাপের বায়োগ্যাস স্টোরেজ: বায়োগ্যাস মাঝারি চাপে (2 থেকে 200 পিএসআই) বায়োগ্যাস স্টোরেজেও সংরক্ষণ করা যেতে পারে। যাইহোক, এই ট্যাংকগুলির সাথে যুক্ত নিরাপত্তা, স্ক্রাবিং এবং উচ্চ রক্ষণাবেক্ষণের অতিরিক্ত প্রয়োজনীয়তাগুলি তাদের আরও ব্যয়বহুল করেছে তোলে। ট্যাঙ্কের উপাদানগুলির ক্ষয় রোধ এবং নিরাপদ অপারেশন নিশ্চিত করা র জন্য, বায়োগ্যাসকে প্রথমে H_2S অপসারণ করেছে পরিষ্কার করা হবে। H_2S, আর্দ্রতা, এবং CO_2 অপসারণ করেছে বায়োগ্যাস যা বায়ো-মিথেন-এ উন্নীত করা হয়েছে তা এই ট্যাঙ্কগুলিতে সংরক্ষণ করা হয়েছে। যাইহোক, স্টোরেজ করার আগে পরিষ্কার করা বায়োগ্যাস অবশ্যই সামান্য সংকুচিত হতে হবে।

উচ্চ চাপের বায়োগ্যাস স্টোরেজ: এই ধরনের স্টোরেজে জৈব-মিথেন জমা হয়েছে। জৈব-মিথেন বায়োগ্যাসের তুলনায় কম ক্ষয়কারী, উপরন্তু জ্বালানি হিসেবে আরো মূল্যবান। সাধারণত, এই ধরনের জ্বালানি উৎপাদন অবিলম্বে সাইটে চাহিদা ছাড়িয়ে

যায়; তাই ভবিষ্যতে ব্যবহারের জন্য জৈব-মিথেন সংরক্ষণ করা হবে। এটি সাধারণত সংকুচিত বায়ো-মিথেন (CBM) বা তরল বায়ো-মিথেন (LBM) হিসাবে সংরক্ষণ করা হয়েছে। এটি 2000 পিএসআই থেকে 5000 পিএসআই এর মধ্যে উচ্চ চাপের পরিসরে সংরক্ষণ করা হয়েছে।

3.4 বায়ু শক্তি

বর্তমানে, নবায়নযোগ্য শক্তি বিকল্প শক্তির উৎসের প্রথম পছন্দ হয়ে উঠেছে। এটি মূলত ঐতিহ্যবাহী শক্তির উৎস অর্থাৎ জীবাশ্ম জ্বালানি পোড়ানো দ্বারা সৃষ্ট দূষণের কারণে। জীবাশ্ম জ্বালানি পুননবীকরণযোগ্য উৎস নয়, তাই এর ক্রমাগত ব্যবহারের কারণে এটি সম্পূর্ণভাবে নি:শেষ হয়ে যেতে পারে। অতএব, নবায়নযোগ্য শক্তির উৎস সুস্পষ্ট পছন্দ হয়ে ওঠে। সমস্ত উপলব্ধ পুননবীকরণযোগ্য উত্সের মধ্যে, বায়ু এবং সৌর শক্তি বিশ্বব্যাপী প্রায় 90% অবদান রাখে।

বায়ু শক্তি বায়ুমণ্ডলীয় বায়ুর চলাচলের সাথে যুক্ত গতিশীল শক্তি। এটি আমাদের পরিবেশে প্রাকৃতিক বায়ু ধারণ করেছে এবং বাতাসের গতিকে যান্ত্রিক শক্তিতে রূপান্তরিত করেছে। এটি বায়ু টারবাইন বা বায়ু শক্তি রূপান্তর পদ্ধতি ব্যবহার করেছে বৈদ্যুতিক শক্তিতে রূপান্তরিত হয়েছে। বাতাস প্রথমে আঘাত হানে

চিত্র 3.8: বায়ু শক্তি (উইন্ডমিলস)

একটি টারবাইনের ফলক, যার ফলে তাদের ঘোরানো হয়েছে এবং তাদের সাথে সংযুক্ত টারবাইন ঘুরিয়ে দেয়। টারবাইন শাফট একটি জেনারেটরের সাথে সংযুক্ত, যা ইলেক্ট্রোম্যাগনেটিজম নীতির মাধ্যমে বিদ্যুৎ উৎপাদন করেছে। বাতাস থেকে যে পরিমাণ শক্তি উৎপন্ন হতে পারে তা টারবাইনের আকার এবং তার ফলকের দৈর্ঘ্যের উপর নির্ভর করেছে।

3.4.1 বায়ু শক্তির বর্তমান অবস্থা এবং ভবিষ্যতের সম্ভাবনা

বায়ু শক্তি প্রযুক্তি দ্রুত বর্ধনশীল নবায়নযোগ্য শক্তি প্রযুক্তিগুলির মধ্যে একটি। ঐতিহ্যগত ব্যবহারের সাথে যুক্ত বিভিন্ন পরিবেশগত সমস্যার কারণে শক্তির উৎস, ব্যবহারকারীদের অধিকাংশই কার্বন ফুট প্রিন্ট এবং এর নি:সরণ কমানোর জন্য বিকল্প এবং টেকসই শক্তির সন্ধান শুরু করা উচ্চ চাপে রয়েছেন।

বিশ্বব্যাপী বায়ু উৎপাদন ক্ষমতা খুব দ্রুত বৃদ্ধি পাচ্ছে। এটি 1997 সালে 7.5 গিগাওয়াট (GW) থেকে 2018 পর্যন্ত 598 GW পর্যন্ত অনেক গুণ বেড়েছে। 2019 সালে এটি 7% বৃদ্ধি পেয়ে 645 GW এর মান পর্যন্ত পৌঁছেছে। ২০০ 2009 থেকে ২০১ 2013 সালের মধ্যে বায়ু শক্তি ব্যবহার করেছে বিদ্যুৎ উৎপাদন দ্বিগুণ হয়েছে এবং 2016 সালে বায়ু শক্তি অন্যান্য সকল নবায়নযোগ্য শক্তির উৎস দ্বারা উৎপাদিত বিদ্যুতের 16%। ওয়ার্ড-ওয়াইড পুননবীকরণযোগ্য চাকরিগুলি উল্লেখযোগ্যভাবে বৃদ্ধি পেয়েছে এবং 2018 সালে 11 মিলিয়নেরও বেশি মানুষের কাছে পৌঁছেছে কর্মসংস্থান সৃষ্টির ক্ষেত্রে চীন ছিল তালিকার সর্বোচ্চ স্থানে, তার পর ইইউ, ব্রাজিল, আমাদের এবং ভারত।

সাম্প্রতিক বছরগুলিতে, বায়ু শক্তি ইনস্টলেশন অনেক গুণ বৃদ্ধি পেয়েছে। বায়ু বিদ্যুৎ উৎপাদন ব্যবস্থার উন্নতি এবং অগ্রগতি দ্রুত আপডেট হয়েছে এবং এর ফলে বিশ্বব্যাপী আগ্রহ আকর্ষণ করেছে। গ্লোবাল উইন্ড এনার্জি কাউন্সিল প্রস্তাব করেছে যে বায়ু শক্তি ব্যবস্থা 2030 সালের মধ্যে বৈশ্বিক চাহিদার 20% সরবরাহ করা পারে। ইনস্টলেশন ব্যাপকভাবে হ্রাস পাবে, যার ফলে বায়ু শক্তি ব্যবস্থা অর্থনৈতিকভাবে প্রতিযোগিতামূলক হবে। বৈদ্যুতিক যানবাহনের পাশাপাশি গণপরিবহনের ক্রমবর্ধমান চাহিদার কারণে, ভবিষ্যতে বিদ্যুতের চাহিদা অনেক গুণ বেড়ে যেতে পারে। আন্তর্জাতিক ঋনদাতাদের বিশেষ সহায়তা সম্প্রতি উন্নয়নশীল দেশগুলোতে বায়ুশক্তির ব্যবহারকে তীব্র করেছে।

2050 সালের মধ্যে বৈশ্বিক বিদ্যুৎ উৎপাদনের 20% প্রদানের জন্য বায়ু শক্তির সম্ভাব্যতা বিভিন্ন গবেষণা কাজের মাধ্যমে প্রতিষ্ঠিত হয়েছে। এই ক্ষেত্রে, গ্লোবাল উইন্ড এনার্জি কাউন্সিল (GWEC) ২০৫০ সালের মধ্যে ৫.8 TW বায়ু শক্তির ধারণা নিয়েছে। GWEC অনুমান করেছে ছিল যে চীন ২০৫০ সালের মধ্যে ১8 GW বায়ুশক্তির সঙ্গে বিশ্বের বৃহত্তম বাজার হিসেবে থাকবে। 2050 সালের মধ্যে বায়ুশক্তির GW। বর্তমানে ভারতে 39.25 GW এর মোট ইনস্টল ক্ষমতা সহ বিশ্বের চতুর্থ সর্বোচ্চ বায়ু ইনস্টল করা র ক্ষমতা রয়েছে (31 মার্চ 2021 পর্যন্ত)

3.4.2 ভারতে বায়ু শক্তি

ভারতের বায়ু শক্তি খাত ধারাবাহিকভাবে অগ্রসর হচ্ছে। এটি দেশীয় বায়ু শক্তি শিল্প দ্বারা পরিচালিত হয়েছে। ভারতে বায়ুশক্তি শিল্পের ধারাবাহিক অগ্রগতি এবং সম্প্রসারণের ফলে বাস্তুতন্ত্রের সুরক্ষা ঘটে। এটি প্রকল্প পরিচালনার ক্ষমতা এবং উৎপাদন ভিত্তিকে বার্ষিক প্রায় 10,000 মেগাওয়াটে উন্নীত করা হয়েছে। মার্চ 2021 পর্যন্ত, ভারতে বর্তমানে 39.25 GW এর মোট ইনস্টল ক্ষমতা সহ বিশ্বের চতুর্থ সর্বোচ্চ বায়ু ইনস্টল করা র ক্ষমতা রয়েছে। এটি ২০২০-২১ এর মধ্যে প্রায় .10.১49 বিলিয়ন ইউনিট তৈরি করেছে ছে। ২০১০ থেকে ২০২০ সালের মধ্যে বায়ু উৎপাদনের যৌগিক বার্ষিক বৃদ্ধির হার ছিল ১১.9% এবং ইনস্টল করা ক্ষমতার জন্য এটি ছিল 7.8%।

সরকার বেসরকারি খাতের বিনিয়োগের মাধ্যমে সমগ্র দেশে বায়ু বিদ্যুৎ প্রকল্পের প্রচার করছে। ভারত সরকার প্রাইভেট সেক্টরগুলিকে বিভিন্ন আর্থিক এবং আর্থিক প্রণোদনা প্রদান করেছে যেমন ত্বরিত অবচয় সুবিধা; কিছু উপাদানের উপর ছাড়ের শুল্ক ছাড়।

চিত্র 3.9: ভারতে বায়ু শক্তি

বায়ু বৈদ্যুতিক জেনারেটর। এটি ছাড়াও, 31 মার্চ 2017 এর আগে চালু হওয়া বায়ু প্রকল্পগুলির জন্য জেনারেশন বেজড ইনসেনটিভ (জিবিআই) স্কিম উপলব্ধ ছিল।

উপরে বর্ণিত সুবিধা ছাড়াও, বায়ু বিদ্যুৎ উৎপাদন সুবিধা স্থাপনের জন্য নিম্নলিখিত পদক্ষেপগুলিও নেওয়া হয়েছে:

1. চেন্নাইয়ের ন্যাশনাল ইনস্টিটিউট অফ উইন্ড এনার্জির সহায়তায় সম্ভাব্য স্থানগুলির সনাক্তকরণ এবং বায়ু সম্পদ মূল্যায়ন সহ প্রযুক্তিগত সহায়তা প্রদান।
2. বায়ুশক্তির আন্ত -রাজ্য বিক্রয়ের সুবিধার্থে আন্ত -রাজ্যীয় সঞ্চালন চার্জ এবং ক্ষতি ক্ষমা করা হয়েছে। যাইহোক, এই সুবিধা পেতে, 2022 সালের মার্চের মধ্যে বায়ু বিদ্যুৎ প্রকল্প চালু করা প্রয়োজন।
3. বিডিংয়ের স্বচ্ছ প্রক্রিয়ার মাধ্যমে বায়ু বিদ্যুৎ সংগ্রহের জন্য একটি ফ্রেম ওয়ার্ক প্রদানের লক্ষ্যে, গ্রিড সংযুক্ত বায়ু বিদ্যুৎ প্রকল্প থেকে বিদ্যুৎ ক্রয়ের জন্য ট্যারিফ ভিত্তিক প্রতিযোগিতামূলক বিডিং প্রক্রিয়ার জন্য নির্দেশিকা জারি করা হয়েছে।
4. বিডিং প্রক্রিয়াটি মানসম্মত হয়েছে এবং বিভিন্ন স্টেকহোল্ডারদের ভূমিকা এবং দায়িত্বগুলিও স্পষ্টভাবে সংজ্ঞায়িত করা হয়েছে।
5. প্রতিযোগিতামূলক হারে এবং সাশ্রয়ী উপায়ে বায়ু বিদ্যুৎ সংগ্রহের জন্য বিতরণ লাইসেন্স সহজতর করা র লক্ষ্যে এই নির্দেশিকা প্রদান করা হয়েছে।

ভারতে বায়ু শক্তির সম্ভাবনা

সম্ভাব্য স্থান নির্বাচনের জন্য বায়ু সম্পদের ব্যাপক মূল্যায়ন অপরিহার্য কারণ বায়ু একটি অন্তর্বর্তী এবং সাইট-নির্দিষ্ট শক্তির সম্পদ। সরকার, ন্যাশনাল ইনস্টিটিউট অফ উইন্ড এনার্জির (NIWE) মাধ্যমে, চেন্নাই সারা দেশে 800 টিরও বেশি বায়ু-পর্যবেক্ষণ স্টেশন স্থাপন করেছে ছে এবং 50 মিটার, 80 মিটার, 100 মিটার এবং 120 মিটার স্থল থেকে বাতাসের সম্ভাব্য মানচিত্র জারি করেছে ছে। সাম্প্রতিক মূল্যায়ন দেশে 1002 মিটার এবং 305.25 গিগাওয়াট স্থল স্তর থেকে 120 মিটার উচ্চ বায়ু শক্তি সম্ভাব্যতা নির্দেশ করেছে। এই পোটেন অধিকাংশ নীচে দেওয়া সাতটি ঝড়ো রাজ্যে টিয়াল বিদ্যমান:

টেবিল 3.2: ভারতে বায়ু শক্তি সম্ভাব্য বিতরণ

নং.	রাজ্য	বায়ু সম্ভাব্যতা 100 মিটার (GW)	বাতাসের সম্ভাব্যতা 120m (GW)
1	গুজরাট	84.43	142.56
2	রাজস্থান	18.77	127.75
3	মহারাষ্ট্র	45.39	98.21
4	তামিলনাড়ু	33.79	68.75
5	মধ্যপ্রদেশ	10.48	15.40
6	কর্ণাটক	55.85	124.15
7	অন্ধ্র প্রদেশ	44.22	74.90
	মোট 7 টি বাতাসবহুল রাজ্য	292.97	651.72
8	অন্যান্য	9.28	43.78
	মোট	302.25	695.50

3.4.3 পরিবেশগত সুবিধা এবং বায়ু শক্তির সমস্যা

বায়ু শক্তির পরিবেশগত সুবিধাগুলি সমস্যার চেয়ে বেশি স্পষ্ট। প্রধান পরিবেশগত সুবিধাগুলির মধ্যে রয়েছে:

- বাতাস একটি সীমাহীন, অবাধে উপলব্ধ নবায়নযোগ্য সম্পদ। অতএব, এটি একটি টেকসই প্রযুক্তি
- যেহেতু বাতাস একটি প্রাকৃতিক ঘটনার সম্পদ, বাতাসের গতিশক্তি সংগ্রহ করা বাতাসের চক্রের স্রোতকে কোনোভাবেই প্রভাবিত করেছে না
- এটি বিদ্যুৎ উৎপাদনের একটি পরিষ্কার, দূষণ-মুক্ত উপায়
- অন্যান্য ধরনের বিদ্যুৎকেন্দ্রের মতো এটি বায়ু দূষণকারী বা গ্রিনহাউস গ্যাস নির্গত করেছে না। বাতাসের পাশ দিয়ে যাওয়ার গতিশক্তি ব্যবহার করেছে বায়ু টারবাইনগুলি নিরীহভাবে বিদ্যুৎ উৎপন্ন করেছে।
- বিদ্যুৎ উৎপাদনের জন্য জীবাশ্ম জ্বালানি পোড়ানোর চেয়ে বায়ু শক্তি অনেক বেশি পরিবেশবান্ধব।
- একবার টারবাইন এবং শক্তি কেন্দ্র স্থাপন করা হলে, টারবাইনগুলির রক্ষণাবেক্ষণ খরচ এবং বায়ু বিদ্যুৎ উৎপাদন সর্বনিম্ন।
- বায়ু শক্তি টারবাইন যেখানে প্রয়োজন সেখানে স্থাপন করা যেতে পারে কারণ এটি খুব কম জায়গার প্রয়োজন।

বায়ু শক্তির সমস্যা

বায়ু শক্তির প্রধান সমস্যা হল টারবাইন এবং বায়ু সুবিধা নির্মাণের জন্য প্রাথমিক খরচ যা অত্যন্ত ব্যয়বহুল। অন্যান্য সমস্যাগুলির মধ্যে নিম্নলিখিতগুলি অন্তর্ভুক্ত থাকতে পারে:

- বায়ু শক্তি টারবাইনগুলির বিশাল আকার দর্শকদের মনোরম পরিবেশ থেকে বিভ্রান্ত করেছে
- বায়ু টারবাইন উড়ন্ত প্রাণীদের জন্য বিপজ্জনক হতে পারে। রোটারে উড়ে গিয়ে অনেক পাখি এবং বাদুড় মারা গেছে
- সাধারণত, বায়ু টারবাইনগুলি প্রত্যন্ত অঞ্চলে অবস্থিত। অতএব, টারবাইনগুলিতে ভ্রমণ এবং রক্ষণাবেক্ষণের ব্যয় বৃদ্ধি পায় এবং সময় সাপেক্ষ
- অফশোর বায়ু টারবাইনগুলির জন্য নৌকা প্রয়োজন এবং এটি পরিচালনা করা বিপজ্জনক হতে পারে
- কিছু বাতাসের টারবাইন প্রচুর শব্দ সৃষ্টি করেছে যা অপ্রীতিকর হতে পারে
- অন্ধকারে/রাতের বেলায় আগত নৌকার জন্য বাতাসের টারবাইন দেখতে অসুবিধা হতে পারে, ফলে সংঘর্ষ হতে পারে

3.5 নতুন এনার্জি সোর্স

জীবাশ্ম জ্বালানি (কয়লা, তেল এবং প্রাকৃতিক গ্যাস) আমাদের বিদ্যুৎ উৎপাদনের সবচেয়ে ঐতিহ্যবাহী উৎস। অতএব, জীবাশ্ম জ্বালানি ছাড়া অন্য যে কোনো উৎস থেকে উৎপাদিত শক্তিকে নতুন শক্তি বা বিকল্প শক্তি বলা যেতে পারে। বর্তমানে, আমরা বিদ্যুৎ উৎপাদনের জন্য জীবাশ্ম জ্বালানির উপর নির্ভরশীল, যার ফলে এই সীমাবদ্ধ পদার্থের অবনতি ঘটে। অতএব, যদি আমরা এখনই সতর্ক না হই, আমাদের মূল্যবান, নবায়নযোগ্য সম্পদ শীঘ্রই নি:শেষ হয়ে যেতে পারে। তার মানে আর তেল, প্রাকৃতিক গ্যাস এমনকি কয়লাও নেই। এছাড়াও, বিদ্যুৎকেন্দ্রে জীবাশ্ম জ্বালানি পোড়ানো আমাদের পরিবেশে অনেক বিরূপ প্রভাব ফেলে। জীবাশ্ম জ্বালানি পোড়ানোর ফলে সৃষ্ট বিভিন্ন ধরনের দূষণের কারণে সমগ্র বাস্তুতন্ত্র ধ্বংস হয়ে যায়। অতএব, উপরে বর্ণিত সমস্ত সমস্যা কাটিয়ে ওঠার জন্য নতুন শক্তির উত্সের প্রয়োজন রয়েছে।

3.5.1 বিভিন্ন ধরণের নতুন শক্তির উৎস

নতুন শক্তির উৎস নবায়নযোগ্য বা নবায়নযোগ্য হতে পারে। পুননবীকরণযোগ্য শক্তির উৎস প্রাকৃতিকভাবে পাওয়া শক্তির উৎস যেমন সূর্য, বাতাস এবং জল থেকে উদ্ভূত। এই উৎস গুলি পুননবীকরণযোগ্য বা টেকসই হিসাবে উল্লেখ করা হয়েছে কারণ প্রাকৃতিকভাবে ক্রমাগত পুননবীকরণ তাদের অক্ষয় করেছে। নতুন শক্তির উৎস রয়েছে যা নবায়নযোগ্য নয় এমন বিভাগে আসে; যেমন, পারমাণবিক শক্তির উৎস। নিউক্লিয়ার ফিউশন তৈরিতে পারমাণবিক বিদ্যুৎকেন্দ্রে ব্যবহৃত উপাদান সাধারণত একটি বিরল ধরনের ইউরেনিয়াম, যা নবায়নযোগ্য নয়।

আটটি (08) সর্বাধিক ব্যবহৃত নতুন শক্তির উৎস রয়েছে:

1. **বায়ু শক্তি:** বাতাসের খামারগুলি টারবাইন ব্যবহার করেছে বাতাসকে প্রবাহিত করেছে এবং এটিকে বিদ্যুতে রূপান্তর করেছে।

2. **সৌরশক্তি:** সৌরশক্তি সরাসরি সূর্যালোকের মাধ্যমে নির্গত উজ্জ্বল শক্তি থেকে ব্যবহার করা হয়েছে এবং তা তাপ, বিদ্যুৎ বা গরম জলে রূপান্তরিত হয়েছে।

3. **জলবিদ্যুৎ শক্তি:** এই শক্তি বেশিরভাগ বাঁধেই উৎপন্ন হয়েছে। বিদ্যুৎ উৎপাদনের জন্য বাঁধের স্থানে অবস্থিত টারবাইনগুলির মধ্য দিয়ে জল প্রবাহিত হয়েছে।

4. **জিওথার্মাল এনার্জি:** জিওথার্মাল শক্তি গরম জল এবং বাষ্পের ভূগর্ভস্থ জলাধার ট্যাপ করেছে উৎপন্ন হয়েছে। ভবন গরম করা র এবং শীতল করা র উদ্দেশ্যে জিওথার্মাল বিদ্যুৎ সরাসরি ব্যবহার করা যেতে পারে।

5. **জৈবশক্তি:** জৈবশক্তি জৈব পদার্থ থেকে উৎপন্ন হয়েছে যা বায়োমাস বা জৈব জ্বালানি নামে পরিচিত। বায়োগ্যাস অ্যানারোবিক হজম প্রক্রিয়া থেকে উৎপন্ন হয়েছে এবং বিদ্যুৎ উৎপাদনে ব্যবহৃত হয়েছে।

6. **নিউক্লিয়ার এনার্জি:** নিউক্লিয়ার এনার্জি পরমাণুর ফিশন প্রক্রিয়ার মাধ্যমে তাপ আকারে তৈরি হয়েছে।

7. **হাইড্রোজেন শক্তি:** হাইড্রোজেন পরিষ্কার জ্বলন্ত জ্বালানী হিসাবে ব্যবহৃত হয়েছে কারণ এটি কম দূষণকারী তৈরি করেছে যা পরিষ্কার পরিবেশের দিকে পরিচালিত করেছে।

8. **মহাসাগর শক্তি:** মহাসাগর শক্তি সমুদ্র থেকে প্রাপ্ত সকল প্রকার শক্তিকে বোঝায়। সমুদ্রের ঢেউ, জোয়ার এবং স্রোতের গতিবিধি এমন শক্তি বহন করেছে যা বিদ্যুৎ শক্তিতে রূপান্তরিত হতে পারে এবং বিদ্যুৎ ঘর, ভবন এবং শহরগুলিতে রূপান্তরিত হতে পারে। মহাসাগরীয় শক্তি পরিবেশ বান্ধব এবং নবায়নযোগ্য শক্তির উৎস।

3.5.2 হাইড্রোজেন শক্তির প্রয়োগ

একটি প্রোটন এবং একটি ইলেকট্রন সহ হাইড্রোজেন পৃথিবীর সবচেয়ে সহজ এবং প্রচুর উপাদান। কিন্তু এটি প্রকৃতিতে নিজে থেকে বিদ্যমান নয় এবং যেসব উৎস থেকে এটি উৎপাদিত হয়েছে যেমন জৈববস্তু, সৌরশক্তি, বায়ুশক্তি, প্রাকৃতিক গ্যাস ইত্যাদি। শক্তির পরিমাণ এটি জ্বালানি কোষে বিদ্যুৎ, বা শক্তি এবং তাপ উৎপন্ন করা ব্যবহার করা যেতে পারে। হাইড্রোজেন একটি পরিষ্কার জ্বালানী এবং জ্বালানী কোষে ব্যবহৃত হলে শুধুমাত্র বিদ্যুৎ, তাপ এবং জল উৎপন্ন করেছে। হাইড্রোজেন এবং ফুয়েল সেল একসাথে পরিবহন, শিল্প, আবাসিক ইত্যাদি সব সেক্টরে বিসতৃত পরিসরে প্রয়োগ করা হয়েছে। উপরন্তু, এটি ট্রাক, বিমান, রেল, জাহাজ, গাড়ি, বাস ইত্যাদির জন্য বিদ্যুৎ সরবরাহ করা পারে। অনেক অ্যাপ্লিকেশনে গ্রিনহাউস গ্যাস নির্গমন কমানোর সম্ভাবনা রয়েছে।

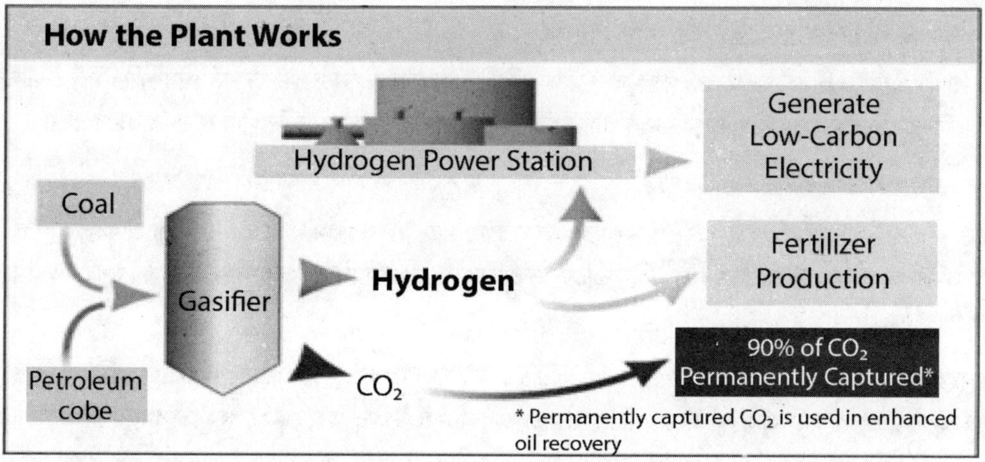

চিত্র 3.10: হাইড্রোজেন শক্তি

3.5.3 প্রয়োগ মহাসাগর শক্তি সম্পদ

মহাসাগরগুলি পৃথিবীর পৃষ্ঠের 70% এরও বেশি অংশ জুড়ে রয়েছে, যা তাদের বিশ্বের বৃহত্তম সৌর সংগ্রাহক করেছে তোলে। সমুদ্রের মধ্যে আটকে থাকা তাপের একটি ছোট অংশ সমগ্র বিশ্বকে শক্তি দিতে পারে। মহাসাগর থেকে প্রধানত দুই ধরনের শক্তি আহরণ করা যায়; তাপীয় শক্তি এবং যান্ত্রিক শক্তি।

তাপীয় শক্তি: এটি উষ্ণ পৃষ্ঠের জলের তাপমাত্রার পার্থক্য এবং শীতল গভীর জলের থেকে সংগ্রহ করা হয়েছে। সাগরে তাপশক্তি আহরণের প্রযুক্তিগত ধারণাটিকে সর্বজনীনভাবে "ওশান তাপীয় শক্তি রূপান্তর (OTEC)" বলা হয়েছে এবং বর্তমানে এটি উন্নয়ন পর্যায়ে রয়েছে। ওটিইসি উষ্ণ পৃষ্ঠের জল এবং ঠান্ডা গভীর জলের তাপমাত্রার পার্থক্যকে শক্তিতে রূপান্তর করেছে। শীতল জলের গভীরতা ভূপৃষ্ঠ থেকে প্রায় 1000 মিটার নিচে। সন্তোষজনক উপায়ে ওটিইসি পাওয়ার চক্র চালানোর জন্য প্রয়োজনীয় জলের তাপমাত্রার পার্থক্য ন্যূনতম 20°C। তাপীয় শক্তির সম্পদ নির্দিষ্ট জোনে সংযোজিত। এই অঞ্চলে, মার্কিন যুক্তরাষ্ট্র এবং অস্ট্রেলিয়া সহ প্রায় 66 উন্নয়নশীল দেশ অবস্থিত। মহাসাগরীয় তাপশক্তি বিদ্যুৎ উৎপাদনে ব্যবহৃত হয়েছে।

যান্ত্রিক শক্তি: সম্ভাব্য এবং গতিশক্তি উভয় শক্তির সমন্বয়ে গঠিত এই শক্তি সমুদ্রের জোয়ার, তরঙ্গ এবং স্রোত থেকে সংগ্রহ করা হয়েছে। মহাসাগর যান্ত্রিক শক্তি সমুদ্রের তাপীয় শক্তির থেকে খুব আলাদা। জোয়ার, তরঙ্গ এবং স্রোত বিরতিহীন শক্তির উৎস যেখানে; মহাসাগরের তাপ শক্তি বেশ ধ্রুবক। তিনটি শক্তির উৎস থেকে বিদ্যুৎ রূপান্তর সাধারণত যান্ত্রিক যন্ত্রের সাথে জড়িত।

জোয়ার শক্তির রূপান্তর: সূর্য-চন্দ্র-পৃথিবী ব্যবস্থার মিথস্ক্রিয়া জোয়ার সৃষ্টি করেছে। জোয়ারের উত্থান ও পতন হল মহাকর্ষীয় এবং কেন্দ্রাতিগ শক্তির উৎপাদন, মূলত পৃথিবীর সাথে চাঁদের। নিম্ন এবং উচ্চ জোয়ারের মধ্যে স্তরের পার্থক্য বিদ্যুৎ উৎপাদনে ব্যবহৃত হয়েছে। প্রযুক্তিটি প্রচলিত জলবিদ্যুৎ কেন্দ্রগুলিতে ব্যবহৃত প্রযুক্তির অনুরূপ। জোয়ার শক্তির ব্যবহারের জন্য একটি অগভীর এলাকা জুড়ে একটি ব্যারেজ (বাঁধ) প্রয়োজন, যেখানে নিম্ন এবং উচ্চ জোয়ারের স্তরের পার্থক্য কমপক্ষে 5 মিটার হওয়া উচিত। জোয়ারের অববাহিকা ভরাট হয়ে যায় এবং জলের স্তর বেড়ে গেলে বন্যার জোয়ারের সাথে এবং জলের স্তর কমে গেলে ভাটা জোয়ারের সাথে প্রতিদাও শূন্য হয়ে যায়। স্লুইস গেটগুলির সাথে ব্যারেজে লো-হেড টারবাইন স্থাপন করা হয়েছে যা ব্যারেজের এক পাশ থেকে জোয়ারের অববাহিকার ভিতরে জল প্রবাহিত করা দেয়। উচ্চতার পার্থক্য একটি হাইড্রোস্ট্যাটিক মাথা তৈরি করেছে যা বৈদ্যুতিক টারবাইনের মাধ্যমে বিদ্যুৎ উৎপন্ন করেছে।

3.5.4 ভূ -তাপীয় শক্তির ধারণা, উৎপত্তি এবং বিদ্যুৎকেন্দ্র

জিওথার্মাল শব্দটি এসেছে গ্রিক শব্দ জিও থেকে যার অর্থ পৃথিবী এবং থিম মানে তাপ। ভূ -তাপীয় শক্তি মূলত পৃথিবীর মধ্যে সঞ্চিত তাপ। বিশ্বজুড়ে মানুষ প্রাথমিকভাবে ভবন গরম করা এবং বিদ্যুৎ উৎপাদনে ভূ-তাপীয় শক্তি ব্যবহার করেছে।

3.5.4.1 ভূ -তাপীয় শক্তির ধারণা এবং উৎপত্তি

রোমান, চীনা এবং স্থানীয় আমেরিকান সহ প্রাচীনকালে মানুষ স্নান, রান্না এবং গরম করা র উদ্দেশ্যে প্রাকৃতিক পুল এবং ঝর্ণা থেকে গরম খনিজ জল ব্যবহার করেছে। প্রাথমিকভাবে, ভূতাত্ত্বিক শক্তির এমন ব্যবহার সীমিত ছিল যেখানে গরম জল এবং বাষ্প প্রবেশযোগ্য ছিল।

আমাদের গ্রহের সবচেয়ে উষ্ণতম অংশ যা কোর নামে পরিচিত তা পৃথিবীর পৃষ্ঠ থেকে প্রায় 2900 কিলোমিটার নীচে অবস্থিত। তেজস্ক্রিয় আইসোটোপের ক্ষয় দ্বারা পৃথিবীর অধিকাংশ তাপ ক্রমাগত উৎপন্ন হয়েছে। কোর তাপমাত্রা 5000°C এর বেশি। কোর থেকে তাপ বিকিরণ পাথর, জল, গ্যাস এবং অন্যান্য ভূতাত্ত্বিক পদার্থ উষ্ণ করছে। যদি ভূগর্ভস্থ শিলা গঠনগুলি প্রায় 700°C-1300°C তাপমাত্রায় উত্তপ্ত হয়েছে তবে তারা আংশিকভাবে গলে যায় এবং ম্যাগমা হয়ে যায়। ম্যাগমা কাছাকাছি পাথর এবং ভূগর্ভস্থ জলভূমি গরম করেছে। এই উত্তপ্ত জলভূমি থেকে, গিজার, গরম স্প্রিংস, বাষ্প ভেন্ট এবং মাটির পাত্রের মাধ্যমে গরম জল ছেড়ে দেওয়া যেতে পারে। এগুলি হল ভূ -তাপীয় শক্তির উৎস। তাদের তাপ ক্যাপচার করা যায় এবং সরাসরি তাপ কাঠামোর জন্য যেমন ব্যবহার করা যায় I

ভবন, গাড়ির পার্কিং স্পেস ইত্যাদি

1892 সালে মার্কিন যুক্তরাষ্ট্রের আবাসস্থলে ভূ-তাপীয় তাপ বিতরণ করা হয়েছিল। তবে, ভূ-তাপীয় শক্তির গুরুত্ব এবং অর্থনৈতিক সম্ভাবনা কেবল 19 শতকের শেষের দিকে উপলব্ধি করা হয়েছিল। ভূ-শক্তি 1858 সালে নিউজিল্যান্ডে এবং 1970 সালে উত্তর ক্যালিফোর্নিয়ার গিজার্সে ল্যান্ট চালু করা হয়েছিল। 2016 সালে, জিওথার্মাল শক্তি ব্যবহার করেছে বৈদ্যুতিক বিদ্যুৎ উৎপাদনের জন্য বিশ্বব্যাপী মোট ইনস্টল করা ক্ষমতা ছিল প্রায় 13,400 মেগাওয়াট।

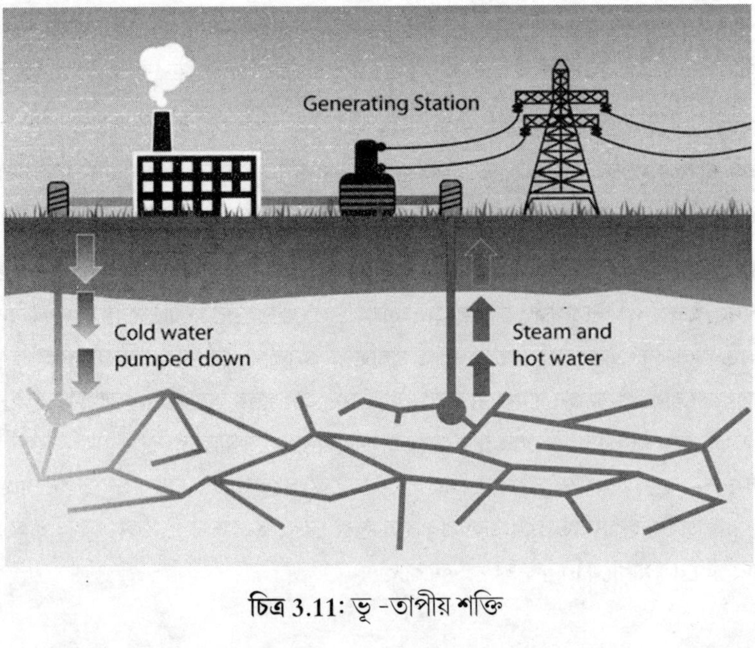

চিত্র 3.11: ভূ -তাপীয় শক্তি

3.5.4.2 ভূ -তাপীয় শক্তির বিদ্যুৎকেন্দ্র

জিওথার্মাল পাওয়ার প্ল্যান্টগুলি জিওথার্মাল শক্তি ব্যবহার করেছে বিদ্যুৎ উৎপাদনে ব্যবহৃত হয়েছে। তাদের কাজের নীতি শক্তির উৎস ছাড়া কয়লা বা পারমাণবিক বিদ্যুৎ কেন্দ্রের মতো। জিওথার্মাল পাওয়ার প্ল্যান্টে, পৃথিবীর তাপ একটি কয়লা প্ল্যান্টের বয়লার বা পারমাণবিক প্লান্টের চুল্লিকে প্রতিস্থাপন করেছে। গরম জল বা বাষ্প পৃথিবী থেকে একের পর এক কূপের মাধ্যমে বের করেছে জিওথার্মাল পাওয়ার প্লান্টে ব্যবহার করা হয়েছে। এখানে প্রধানত তিন ধরনের ভূ -তাপবিদ্যুৎ কেন্দ্র রয়েছে এবং উদ্ভিদের পছন্দ রাজ্যের (বাষ্প এবং জল) এবং উপলব্ধ ভূ -তাপীয় শক্তির তাপমাত্রার উপর নির্ভর করেছে।

1. শুকনো বাষ্প বিদ্যুৎ কেন্দ্র
2. ফ্ল্যাশ স্টিম পাওয়ার প্লান্ট এবং
3. বাইনারি চক্র পাওয়ার প্লান্ট

শুষ্ক বাষ্প বিদ্যুৎ কেন্দ্র: এই উদ্ভিদগুলি ভূ -তাপীয় জলাধার থেকে শুষ্ক বাষ্প ব্যবহার করেছে। উৎপাদন থেকে বাষ্প সরাসরি একটি টারবাইনে ভ্রমণ করেছে, যা বিদ্যুৎ উৎপাদনের জন্য একটি জেনারেটর চালায়। টারবাইনে তার শক্তি স্থানান্তরের পর, বাষ্প ঘনীভূত হয়েছে এবং পৃথিবীতে আবার ইনজেকশনের জন্য। এগুলি হল প্রাচীনতম ভূ -তাপীয় বিদ্যুৎকেন্দ্র এবং প্রথমটি ১৯০৪ সালে ইতালিতে নির্মিত হয়েছিল। এই উদ্ভিদগুলির সর্বোচ্চ তাপমাত্রার প্রয়োজন হয়েছে এবং কেবলমাত্র ভূগর্ভস্থ তাপমাত্রা যেখানে বেশি সেখানে ব্যবহার করা যেতে পারে। স্টিম টেকনোলজি আজও কার্যকর এবং বর্তমানে উত্তর ক্যালিফোর্নিয়ার দ্য গিজার্সে ব্যবহার করা হচ্ছে, যা পৃথিবীর ভূ-তাপীয় শক্তির সবচেয়ে বড় উৎস।

ফ্ল্যাশ স্টিম পাওয়ার প্লান্ট: ফ্ল্যাশ স্টিম পাওয়ার প্লান্টগুলি বর্তমানে সর্বাধিক ব্যবহৃত ভূ -তাপবিদ্যুৎ উৎপাদন কেন্দ্র। এটি মূলত প্রাকৃতিকভাবে উচ্চমানের বাষ্পের অভাবের কারণে। এই উদ্ভিদ জন্য, জল তাপমাত্রা 180°C বেশী হতে হবে। ভূগর্ভস্থ গরম জল কূপের মধ্য দিয়ে পৃষ্ঠের স্তরে রাখা একটি ট্যাঙ্কে পাম্প করা হয়েছে। ভূপৃষ্ঠের জলের ট্যাঙ্ক অনেক কম চাপে রাখা হয়েছে, যার ফলে

কিছু তরল দ্রুত বাষ্প হয়ে যায়, বা ফ্ল্যাশ হয়েছে। বাষ্প তখন টারবাইন চালায় যা পালাক্রমে জেনারেটর চালায় এবং এভাবে বিদ্যুৎ উৎপন্ন হয়েছে। অব্যবহৃত জল, যা বাষ্পে পরিণত হতে পারেনি, তা আবার সাইকেলে করেছে কূপে ফেলে দেওয়া হয়েছে অথবা এটি আবার আরেকটি ট্যাঙ্কে ফ্ল্যাশ করেছে আরো কিছু শক্তি বের করা পারে। এটি অন্য কিছু গরম করার উদ্দেশ্যেও ব্যবহার করা যেতে পারে।

বাইনারি চক্র পাওয়ার প্লান্ট: বাইনারি চক্র পাওয়ার প্লান্ট অন্য দুই ধরনের জিওথার্মাল প্লান্ট থেকে আলাদা। এতে, ভূ -তাপীয় জলাধার থেকে জল বা বাষ্প কখনই টারবাইন বা জেনারেটর ইউনিটের সংস্পর্শে আসে না। এখানে, একটি সেকেন্ডারি লুপ (অতএব নাম বাইনারি) একটি কম ফুটন্ত বিন্দুযুক্ত তরল ধারণ করেছে , যেমন পেন্টেন বা বুটেন ব্যবহার করা হয়েছে। কূপ থেকে জল একটি তাপ এক্সচেঞ্জারের মাধ্যমে প্রবাহিত হয়েছে, যা তার তাপকে কম ফুটন্ত বিন্দুযুক্ত তরলে স্থানান্তর করেছে। কম তরল বিন্দুর কারণে জল এই তরল থেকে বাষ্প হয়ে যায়। তারপর এটি একটি টারবাইনের মধ্য দিয়ে যায়, এটি চালায় এবং পরবর্তীতে, জেনারেটর বিদ্যুৎ উৎপাদন করেছে। এটা আশা করা হচ্ছে যে এই প্লান্টগুলি ভবিষ্যতে সবচেয়ে বেশি ব্যবহার করা হবে কারণ এটি অন্য দুই ধরনের পাওয়ার প্লান্টের তুলনায় কম তাপমাত্রার জল ব্যবহার করা পারে।

3.6 ইউনিট সারাংশ

1. আমরা সূর্য থেকে একটি বিশুদ্ধ, দূষণহীন, এবং অক্ষয় শক্তি গ্রহণ করি। এই শক্তি উজ্জ্বল আলো এবং তাপ আকারে আসে এবং সৌর শক্তি হিসাবে পরিচিত।

2. সৌর শক্তি শক্তির একটি শক্তিশালী উৎস, তবে, এর একটি ছোট অংশ প্রধানত/এর জন্য ব্যবহার করা যেতে পারে: বিদ্যুৎ উৎপাদন, উত্তাপ এবং শীতলকরণ, রান্না এবং জল নির্মূলকরণ।
3. সমতল প্লেট সংগ্রাহক সবচেয়ে মৌলিক সৌর শক্তি সংগ্রাহক প্রধানত গার্হস্থ্য গরম জল সিস্টেমের জন্য ব্যবহৃত হয়েছে।
4. প্লেট কালেক্টরে, সৌর বিকিরণ প্লেট দ্বারা কালো পৃষ্ঠ ধারণ করেছে শোষিত হয়েছে এবং তারপর শোষিত তাপ টিউবে ভরা তরল/বায়ুতে স্থানান্তরিত হয়েছে।
5. ফ্ল্যাট-প্লেট সিস্টেমগুলি সাধারণত 30°C থেকে 80°C তাপমাত্রা পরিসরের মধ্যে কাজ করেছে।
6. তাপ পরিবহনের জন্য, তরল বা বায়ু সমতল প্লেট সংগ্রাহকদের মধ্যে ব্যবহার করা যেতে পারে। তরল জন্য, জল তার সহজলভ্যতা এবং ভাল তাপ বৈশিষ্ট্যগুলির কারণে সাধারণ বিকল্পগুলির মধ্যে একটি।
7. বিশেষ আবরণ প্লেট শোষক বৈশিষ্ট্য যেমন উচ্চ তাপমাত্রা সহনশীলতা, UV প্রতিরোধ এবং আর্দ্রতা হ্রাস, স্থায়িত্ব, অপটিক্যাল বৈশিষ্ট্য ইত্যাদি উন্নত করা সাহায্য করেছে
8. উন্নত প্লেট কালেক্টর ব্যবহার করেছে তাপমাত্রা 150°C পর্যন্ত বাড়ানো যায় যার ফলে কালেক্টরের আবেদনের পরিসর বাড়িয়ে বিদ্যুৎ উৎপাদন, সৌর শীতাতপ নিয়ন্ত্রণ ব্যবস্থা ইত্যাদি।
9. সৌর শক্তি ব্যবহার করার অনেক উপায় আছে উদাহরণস্বরূপ সৌর পুকুর, সোলার ওয়াটার হিটার, সোলার ড্রায়ার এবং সোলার স্টিল ব্যবহারের মাধ্যমে।
10. সৌর পুকুর একটি সৌর শক্তি সংগ্রাহক, আকারে মোটামুটি বড় এবং দেখতে পুকুরের মতো।
11. একটি সৌর পুকুরের প্রধানত তিনটি অঞ্চল রয়েছে: উপরের কনভেকটিভ জোন, মধ্য নন-কনভেকটিভ জোন এবং লোয়ার কনভেকটিভ জোন।
12. সোলার ওয়াটার হিটার একটি দেবী ce যে সূর্য থেকে বিকিরণ শক্তি ব্যবহার করেছে জল গরম করা সাহায্য করেছে।
13. হিটারের প্রধান উপাদানগুলির মধ্যে রয়েছে: সৌর বিকিরণ থেকে শক্তি সংগ্রহ করা র জন্য একটি সংগ্রাহক, উত্তপ্ত জল সংরক্ষণের জন্য ইনসুলেটেড ট্যাঙ্ক, সহায়ক ব্যবস্থা, এবং সংযোগকারী পাইপ এবং যন্ত্রপাতি।
14. সৌর শুকানোর কৌশলটির মূলনীতি হল, সর্বাধিক সংগ্রাহকদের মধ্যে বাতাসের পরিমাণ বাড়িয়ে সৌর শক্তি সংগ্রহ করা এবং সংগ্রাহক থেকে গরম বাতাসকে একটি সংযুক্ত শুকনো খাদ্য চেম্বারে প্রেরণ করা, যেখানে খাবার শুকিয়ে রাখা হয়েছে।
15. সৌর স্থির হল একটি সবুজ শক্তির পণ্য যা জলকে বিশুদ্ধ করা প্রাকৃতিক সূর্যের শক্তি ব্যবহার করেছে।
16. বায়োমাস বলতে বোঝায় নবায়নযোগ্য জৈব পদার্থের ভর যা উদ্ভিদ, প্রাণী এবং অণুজীব সহ জীবন্ত জীব থেকে আসে বা জৈব রাসায়নিক দৃষ্টিকোণ থেকে আসে; সেলুলোজ, লিগনিন, চিনি, চর্বি এবং প্রোটিন।
17. কঠিন জৈববস্তুপুঞ্জ জ্বালানির গুরুত্বপূর্ণ তাপীয় বৈশিষ্ট্যগুলির মধ্যে অন্তর্ভুক্ত থাকতে পারে: তাপের মান, আর্দ্রতার পরিমাণ, গঠন, জ্বালানির আকার এবং ঘনত্ব।
18. অ্যানারোবিক হজম একটি রাসায়নিক প্রক্রিয়া যার মাধ্যমে জৈব পদার্থ যেমন পশু সার, খাদ্য বর্জ্য, বর্জ্য জলের বায়োসোলিড ইত্যাদি অক্সিজেনের অনুপস্থিতিতে অণুজীব (ব্যাকটেরিয়া) দ্বারা ভেঙে যায়।

19. বায়োগ্যাস অ্যানায়োবিক হজম প্রক্রিয়া ব্যবহার করেছে বায়োমাস দ্বারা উৎপাদিত হয়েছে যার মধ্যে মাল্টিস্টেপ জৈবিক এবং রাসায়নিক প্রক্রিয়া জড়িত।

20. বায়োগ্যাস সংরক্ষণের দুটি মৌলিক কারণ রয়েছে: (i) পরবর্তীতে সাইট ব্যবহারের জন্য স্টোরেজ এবং (ii) স্টোরেজ আগে এবং/অথবা অফ-সাইট ডিস্ট্রিবিউশন পয়েন্ট বা সিস্টেমে পরিবহনের পরে।

21. বায়ু শক্তি বায়ুমণ্ডলীয় বায়ুর চলাচলের সাথে যুক্ত গতিশীল শক্তি। এটি আমাদের পরিবেশে প্রাকৃতিক বায়ু ধারণ করেছে এবং বাতাসের গতিকে যান্ত্রিক শক্তিতে রূপান্তরিত করেছে।

22. বর্তমানে ভারতের চতুর্থ সর্বোচ্চ বায়ু ইনস্টল করা র ক্ষমতা 39.25 GW (মোট 31 ই মার্চ 2021 পর্যন্ত)।

23. জীবাশ্ম জ্বালানি ছাড়া অন্য যে কোনো উৎস থেকে উৎপাদিত শক্তিকে নতুন শক্তি বা পরিবর্তিত শক্তি বলা যেতে পারে।

24. প্রধানত তিন ধরনের ভূ -তাপবিদ্যুৎ কেন্দ্র রয়েছে; শুষ্ক বাষ্প বিদ্যুৎ কেন্দ্র, ফ্ল্যাশ স্টিম পাওয়ার প্লান্ট এবং বাইনারি চক্র পাওয়ার প্লান্ট।

3.7 উদ্ভাবনী কার্যক্রম

1. **সেমিনার:** উপস্থাপনার জন্য 8 থেকে 10 জন শিক্ষার্থীর মধ্যে একটি বিষয়কে সাব-সাবজেক্টে ভাগ করা যেতে পারে।

2. **সিম্পোজিয়াম:** শিক্ষার্থীরা তাদের পছন্দের বিষয়ে কাগজ উপস্থাপনা।

3. **গ্রুপ আলোচনা:** ১০ জন ছাত্রের একটি গ্রুপে একজন গ্রুপ লিডার, একজন মডারেটর এবং একজন রিপোর্ডার। সকল ছাত্রদের অংশগ্রহণ নিশ্চিত করার জন্য গ্রুপ লিডার, মডারেটর যাতে কোন ক্রস টক নিশ্চিত না করেছে এবং তার নিজের সহ পর্যবেক্ষণ রেকর্ড করার জন্য রেকর্ডার।

4. **প্রকল্পের কাজ:** একটি উপযুক্ত বিষয়ের উপর প্রকল্পের কাজ 3 থেকে 4 জন শিক্ষার্থীর একটি গ্রুপের জন্য নির্ধারিত হতে পারে। প্রকল্পটি পরীক্ষামূলক বা তদন্তের ধরন হতে পারে।

5. **শিক্ষাগত সফর:** সৌর শক্তি বিদ্যুৎ কেন্দ্র, বায়ু শক্তি বিদ্যুৎ স্থাপনা এবং বায়োগ্যাস প্ল্যান্টের শিক্ষামূলক সফর।

6. **সামাজিক কার্যক্রম:** উৎসাহিত করার জন্য একদল শিক্ষার্থী ঘরে ঘরে প্রচারণার জন্য জড়িত থাকতে পারে যাতে বাসিন্দারা তাদের বাড়িতে বৈদ্যুতিক গিজারের পরিবর্তে সৌর বিদ্যুতের ওয়াটার হিটার ব্যবহার করবে। তাদের সৌরশক্তি, জৈববস্তু এবং বায়ুশক্তির মতো নবায়নযোগ্য শক্তির উৎসের গুরুত্বও বোঝানো উচিত।

3.8 আকর্ষণীয় তথ্য

1. সূর্যের আলোর এক ঘন্টা গ্রহের জন্য এক বছরের শক্তির সমান।

2. 174,000 টেরাওয়াট শক্তি ধারাবাহিকভাবে যে কোনো মুহূর্তে পৃথিবীকে সৌর বিকিরণ হিসাবে আঘাত করেছে, এমনকি দিনের সবচেয়ে মেঘলা দিনেও।

3. গড় সৌর প্যানেল সিস্টেমটি 20% দক্ষতায় কাজ করেছে , যার মানে এটি 20% সূর্যালোককে বিদ্যুতে পরিণত করেছে।

4. সৌর শক্তি ব্যবহারকারীরা প্রতি বছর 35 টন কার্বন ডাই অক্সাইড এবং 75 মিলিয়ন ব্যারেল তেল সাশ্রয় করেছে।

5. 200 সালে বায়ুশক্তির সাহায্যে বায়ুশক্তি প্রথম বিকশিত হয়েছে খ্রিস্টপূর্ব পারস্য এবং চীনে।
6. বায়ু শক্তি তখন শত শত বছর ধরে জল পাম্প এবং শস্য চূর্ণ করা র জন্য ব্যবহার করা হয়েছিল। মানুষ বায়ু শক্তির একটি রূপ হিসাবে পাল নৌকায় পাল ব্যবহার করত।
7. তৈরি সবচেয়ে বড় টারবাইন হাওয়াইতে অবস্থিত। এটি বিশ তলা লম্বা এবং প্রতিটি ফলক একটি ফুটবল মাঠের দৈর্ঘ্য।
8. বায়ু শক্তি বিকল্প শক্তির একমাত্র রূপ যার জন্য জলের প্রয়োজন হয়েছে না।
9. ইউএস এনার্জি ডিপার্টমেন্ট একটি বায়ু-উৎস ম্যাপ প্রদান করেছে যা বাতাসের গড় গতি দেখায় এবং

   সম্ভাব্য বায়ু শক্তি ক্ষমতা যদি আপনি আপনার এলাকায় একটি বায়ু টারবাইন ইনস্টল করা চান।
10. চীন বিশ্বের সবচেয়ে বেশি বায়ু শক্তি উৎপাদন করেছে। দ্বিতীয় বৃহত্তম বায়ু শক্তি উৎপাদক হিসেবে যুক্তরাষ্ট্র নিবিড়ভাবে অনুসরণ করেছে।
11. আপনার বাড়ির উঠোনে একটি ছোট টারবাইন আপনার বাড়িকে শক্তি দিতে পারে।
12. 2015 সালে, মার্কিন যুক্তরাষ্ট্র 12.3 গিগা-টন গ্রীনহাউস গ্যাস হ্রাস এবং 260 বিলিয়ন গ্যালন জল সাশ্রয় করা র পরিকল্পনা করেছে ছিল যাতে বিদ্যুৎ হোম, স্কুল এবং ব্যবসাগুলিতে বায়ু শক্তির ব্যবহার বৃদ্ধি পায়।
13. জোয়ারের বিদ্যুৎকেন্দ্র বাতাস বা শক্তির চেয়ে অনেক বেশি সময় ধরে চলতে পারে।

3.9 অনুশীলন

A- বিষয়গত প্রশ্ন:

1. সমতল প্লেট সংগ্রাহক ব্যাখ্যা কর
2. কিভাবে সমতল প্লেট সংগ্রাহকের দক্ষতা উন্নত করা যায়?
3. সমতল প্লেট সংগ্রাহকের উপর লেপের গুরুত্ব বর্ণনা কর
4. সংক্ষিপ্ত নোট লিখুন:
   (a) সৌর পুকুর
   (b) সোলার ড্রায়ার
   (c) সোলার এখনও
   (d) জৈববস্তুর উৎস
   (e) জৈববস্তুর ব্যবহার
5. জৈববস্তুর তাপীয় বৈশিষ্ট্য ব্যাখ্যা কর
6. জৈববস্তুপুঞ্জের উৎপাদন প্রক্রিয়া ব্যাখ্যা কর

7. বায়ু শক্তির সংজ্ঞা দাও
8. ভারতে বায়ু শক্তির সম্ভাবনা আলোচনা কর
9. বায়ু শক্তির সুবিধা ও অসুবিধা বর্ণনা কর
10. বিভিন্ন ধরনের নতুন শক্তির উৎস ব্যাখ্যা কর

B- উদ্দেশ্যমূলক প্রশ্ন:

1. সৌর হিটারের কাজ হল সৌর শক্তিকে রূপান্তর করা :
   (a) বিকিরণ (b) বৈদ্যুতিক শক্তি
   (c) তাপীয় শক্তি (d) উপরের কোনটি নয়
2. কোন সৌর শক্তি সরাসরি বৈদ্যুতিক শক্তিতে রূপান্তর করা ব্যবহৃত হয়েছে:
   (a) শুকনো কোষ (b) ফটোইলেক্ট্রিক সেল
   (c) ব্যাটারি (d) উপরের কোনটি নয়
3. নবায়নযোগ্য শক্তির উৎস হল:
   (a) বায়ু এবং সূর্য থেকে শক্তি (b) সমুদ্রের তরঙ্গ থেকে শক্তি
   (c) জীবাশ্ম জ্বালানি থেকে শক্তি
4. বিজোড় একটি চয়ন করা :
   (a) কয়লা (b) পেট্রোলিয়াম
   (c) তেল (d) বায়োমাস
5. সৌর শোষক এ ব্যবহৃত প্রলেপ উপকরণ থাকা উচিত:
   (a) উচ্চ শোষক, কম নির্গমন (b) দৃ আনুগত্য, উচ্চ স্থায়িত্ব
   (c) উচ্চ তাপ পরিবাহিতা, পরা প্রতিরোধ (d) উপরের সবগুলো
6. সূর্য থেকে বিকিরিত হয়েছে সৌরশক্তি কোন রূপে?
   (a) অতিবেগুনী বিকিরণ (b) ইনফ্রারেড বিকিরণ
   (c) তড়িৎচুম্বকীয় তরঙ্গ (d) বিপরীত তরঙ্গ
7. বায়োমেথেনে, কার্বন ডাই অক্সাইডের শতাংশ হল:
   (a) 55-60 (b) 35-45
   (c) 30-40 (d) 25-35
8. নর্দমার বায়বীয় হজম উৎপাদনে ব্যবহৃত হয়েছে
   (a) জৈব জ্বালানি (b) বায়োমাস
   (c) স্যানিটারি পণ্য (d) কৃত্রিম জ্বালানি

9. জৈববস্তু থেকে আমরা কি পাই?

(a) রাসায়নিক পদার্থ
(b) বায়োকেমিক্যালস
(c) চিনি
(d) পরিবহন জ্বালানি

10. অক্সিজেনের অভাবে উচ্চ তাপমাত্রায় ফিডস্টক গরম করা র প্রক্রিয়াকে বলা হয়েছে

(a) বায়ো-হজম
(b) দহন
(c) গ্যাসীকরণ
(d) পাইরোলাইসিস

11. বায়োমাস শব্দটি প্রায়শই বোঝায়:

(a) অজৈব বিষয়
(b) জৈব পদার্থ
(c) অ্যামোনিয়াম যৌগ
(d) রাসায়নিক পদার্থ

12. বায়ু শক্তি ব্যবহার করেছে :

(a) বায়ুর সম্ভাব্য শক্তি
(b) বায়ুর গতিশক্তি
(c) উভয় a এবং b
(d) এর কিছুই না

13. বায়ুশক্তিকে যান্ত্রিক শক্তিতে রূপান্তর করা কোন যন্ত্র ব্যবহার করা হয়েছে:

(a) টারবাইন
(b) জেনারেটর
(c) ব্লেড
(d) মোটর

14. বায়ু শক্তি কোন ধরনের শক্তি সম্পদ:

(a) প্রচলিত শক্তি
(b) বাণিজ্যিক শক্তি
(c) নবায়নযোগ্য শক্তি
(d) অ নবায়নযোগ্য শক্তি

15. বায়ু গঠনের প্রধান উৎস কি?

(a) উদ্ভিদ
(b) ঋতু
(c) অসম ভূমি
(d) সূর্য

16. জিও-তাপীয় শক্তি বর্তমান তাপ শক্তি:

(a) সমুদ্র পৃষ্ঠে
(b) পৃথিবীর পৃষ্ঠে
(c) পৃথিবীর গভীরে
(d) পর্বতের উপরিভাগে

17. নিম্নোক্ত ধরনের উদ্ভিদ বাইনারি চক্রে চলে

(a) বাষ্প অধ্যুষিত উদ্ভিদ
(b) তরল প্রভাবশালী নিম্ন তাপমাত্রার উদ্ভিদ
(c) তরল প্রভাবশালী উচ্চ তাপমাত্রা উদ্ভিদ
(d) উপরের সবগুলো

18. যখন পৃথিবীর অভ্যন্তর থেকে গরম জল আকারে জল বের হয়েছে, তখন তাকে বলা হয়েছে:

(a) হট স্প্রিং
(b) গিজার
(c) উভয় a এবং b
(d) উপরের কোনটি নয়

উত্তরের চাবিকাঠি

1(c), 2(b), 3(*), 4(c), 5(c), 6(c), 7(c), 8(a), 9(d), 10(d), 11(b), 12(b), 13(a), 14(c), 15(d), 16(c), 17(b)

3.10 সুপারিশকৃত শিক্ষা সম্পদ

(ক) রেফারেন্স বই:

- C.N. R. Rao, Understanding Chemistry, University Press (India) Pvt. Ltd., 2011.
- G.S. Sodhi, Fundamental Concepts of Environmental Chemistry, Marisa, 2011.
- Vanek, F.M, and Albright, L.D., Energy Systems Engineering, McGraw Hill, 2008.
- Frank Kreith, Jan F Kreider, Principles of Solar Engineering, McGraw-Hill, New York; 1978, ISBN: 9780070354760.
- Aldo Vieira, Da Rosa, Fundamentals of renewable energy processes, Academic Press Ox- ford, UK; 2013, ISBN: 9780123978357.
- S.P. Sukhatme, Solar Energy; Principles of Thermal Collection and Storage, Tata Mc- Graw-Hill, New Delhi; 1984, ISBN: 0-07-462453-9.
- Donald Rapp, Solar energy, Prentice-Hall, Inc., Eaglewood Cliffs, USA; 1981, ISBN: 0-13- 822213-4.

(খ) ওপেন সোর্স সফটওয়্যার এবং ওয়েবসাইট:

- https://energypedia.info/wiki/Portal:Solar
- https://www.e-education.psu.edu/eme811/node/685
- https://hareda.gov.in/centers/solar-water-heating-system/
- https://www.irena.org/wind
- https://www.rees-journal.org
- https://www.energy.gov/eere/articles/hydrogen-clean-flexible-energy-carrier
- https://www.energy.gov/eere/wind/advantages-and-challenges-wind-energy
- https://www.nationalgeographic.org/encyclopedia/geothermal-energy/
- https://www.eia.gov/energyexplained/biomass/
- https://www.britannica.com/science/anaerobic-digestion
- https://farm-energy.extension.org/biogas-utilization-and-cleanup/
- https://www.bioenergyconsult.com/biomethane-utilization/
- https://www.e-inst.com/training/biomass-to-biogas/
- www.sustainebledevelopment.un.org
- www.conserve-energy-future.com

চিত্র : সৌজন্যে সৃজনশীল সাধারণ

(গ) ভিডিও সম্পদ:

Solar Energy-1

Solar Energy-2

Biomass

Wind Energy-1

Wind Energy-2

4 কঠিন বর্জ্য ব্যবস্থাপনা, ISO 14000 এবং পরিবেশ ব্যবস্থাপনা

ইউনিট বিশেষ

এই ইউনিট নিম্নলিখিত যে প্রধান দিক নিয়ে কাজ করেছে :

- কঠিন বর্জ্য উৎপাদন- পৌর কঠিন বর্জ্যের উৎস এবং বৈশিষ্ট্য, ই-বর্জ্য, জৈব- মেডিক্যাল বর্জ্য
- ধাতব বর্জ্য এবং অ - ধাতব বর্জ্য (লুব্রিকেন্ট, প্লাস্টিক, রাবার) শিল্প থেকে
- সংগ্রহ এবং নিষ্পত্তি: MSW (3R, নীতি, শক্তি পুনরুদ্ধার, স্যানিটারি ল্যান্ডফিল), বিপজ্জনক বর্জ্য
- বায়ু গুণমান আইন 2004, বায়ু দূষণ নিয়ন্ত্রণ আইন 1981 এবং দ্য ওয়াটার অ্যাক্ট 1974
- কেন্দ্রীয় ও রাজ্য দূষণ নিয়ন্ত্রণ বোর্ডের গঠন এবং ভূমিকা
- কার্বন ক্রেডিট, কার্বন ফুট প্রিন্টের ধারণা
- বুনন শিল্পে পরিবেশ ব্যবস্থাপনা, ISO14000: শিল্পে বাস্তবায়ন, সুবিধা

এই বইটির ব্যবহারকারীদের মধ্যে কৌতূহল এবং সৃজনশীলতা সৃষ্টির জন্য প্রাসঙ্গিক চিত্র সহ সমস্ত বিষয় ভালভাবে সমর্থিত। বহুনির্বাচনী এবং সাবজেক্টিভ টাইপের প্রশ্নগুলির একটি সংখ্যা দেওয়া হয়েছে যাতে কেউ অনুশীলনের জন্য যেতে পারে এবং সেগুলি সমাধান করা পারে। লার্নিং রিসোর্স যেমন রেফারেন্স বই, ওপেন রিসোর্স সফটওয়্যার ও ওয়েবসাইট, ভিডিও রিসোর্স ইত্যাদি ইউনিটটিতে ধারণা এবং সন্দেহের আরও স্পষ্টীকরণের জন্য (যদি থাকে) দেওয়া হয়েছে। এটাও লক্ষ্য করা যেতে পারে যে বিভিন্ন আগ্রহের বিষয়গুলির উপর আরো তথ্য পাওয়ার জন্য, বিভিন্ন বিভাগে কিছু QR কোড দেওয়া হয়েছে যা প্রাসঙ্গিক সহায়ক জ্ঞানের জন্য স্ক্যান করা যেতে পারে।

যুক্তি

কঠিন বর্জ্য ব্যবস্থাপনা একটি বৈশ্বিক সমস্যা হয়ে দাঁড়িয়েছে এবং আমাদের পরিবেশ রক্ষার জন্য সঠিকভাবে সমাধান করা প্রয়োজন। এই ইউনিটের লক্ষ্য হল কঠিন বর্জ্য উৎপাদনের মৌলিক ধারণা, এর উৎস এবং বৈশিষ্ট্যগুলি আমাদের স্বাস্থ্য এবং পরিবেশের উপর তার প্রভাবের উপর জোর দেওয়া। এই ইউনিটে কঠিন বর্জ্য সংগ্রহ, নিষ্পত্তি, বিপজ্জনক বর্জ্য এবং কঠিন বর্জ্য ব্যবস্থাপনার 3R নীতি অন্তর্ভুক্ত রয়েছে। পরিবেশগত ব্যবস্থাপনা ব্যবস্থা এবং বায়ু ও জল দূষণ নিয়ন্ত্রণ সংক্রান্ত বিভিন্ন কাজও এই ইউনিটে আলোচনা করা হয়েছে।

এই ইউনিট সমাপ্ত হওয়ার পর, শিক্ষার্থীরা কঠিন বর্জ্য এবং এর ব্যবস্থাপনার মৌলিক ধারণাগুলি বিকাশ করবে। শিক্ষার্থীরা কঠিন বর্জ্য উৎপাদন, যথাযথ নিষ্পত্তি, বিভিন্ন ধরনের বায়ু ও জল দূষণ নিয়ন্ত্রণ আইন সম্পর্কেও জানবে, যা দেবে অনুপযুক্ত কঠিন বর্জ্য ব্যবস্থাপনার কারণে বায়ু, মাটি এবং জল দূষণ কমিয়ে আমাদের স্বাস্থ্য ও পরিবেশ রক্ষার সুযোগ।

পূর্ব-প্রয়োজনীয়তা

- উচ্চ বিদ্যালয় রসায়ন
- ইউনিট আউটকাম

শিক্ষার্থীরা পারবে:

U4-O1: বিভিন্ন ধরনের কঠিন বর্জ্যের উৎস ও বৈশিষ্ট্য ব্যাখ্যা করতে

U4-O2: একটি নির্দিষ্ট পরিস্থিতিতে কঠিন বর্জ্য সংগ্রহ এবং নিষ্পত্তি ধারণাটি প্রয়োগ করতে

U4-O3: বিভিন্ন বায়ু ও জল দূষণ আইন ব্যাখ্যা করতে

U4-O4: কেন্দ্রীয় ও রাজ্য দূষণ নিয়ন্ত্রণ বোর্ডের ভূমিকা আলোচনা কর।

U4-O5: কার্বন ফুট প্রিন্ট এবং কার্বন ক্রেডিট ব্যাখ্যা করতে

কোর্স আউটকোমের সাথে ইউনিট ম্যাপিং

ইউনিট -4 ফলাফল	কোর্স আউটকোমের সাথে প্রত্যাশিত ম্যাপিং (1- দুর্বল সম্পর্ক; 2- মাঝারি সম্পর্ক; 3- শক্তিশালী সম্পর্ক)				
	CO-1	CO-2	CO-3	CO-4	CO-5
U4-O1	-	-	-	-	3
U4-O2	-	-	-	-	3
U4-O3	-	-	-	-	2
U4-O4	-	-	-	-	2
U4-O5	-	-	-	-	3

ইউনিট পর্যালোচনা

4.1 ভূমিকা

4.2 কঠিন বর্জ্য উৎপাদন- উৎস এবং বৈশিষ্ট্য: পৌর কঠিন বর্জ্য, ই-বর্জ্য, জৈব-চিকিৎসা বর্জ্য

4.3 শিল্প থেকে ধাতব বর্জ্য এবং অ ধাতব বর্জ্য (লুব্রিকেন্ট, প্লাস্টিক, রাবার)

4.4 সংগ্রহ এবং নিষ্পত্তি: MSW (3R, নীতি, শক্তি পুনরুদ্ধার, স্যানিটারি ল্যান্ডফিল), বিপজ্জনক বর্জ্য

4.5 বায়ু গুণমান আইন 2004, বায়ু দূষণ নিয়ন্ত্রণ আইন 1981 এবং জল (দূষণ নিয়ন্ত্রণ ও নিয়ন্ত্রণ) আইন 1974

4.6 কেন্দ্রীয় ও রাজ্য দূষণ নিয়ন্ত্রণ বোর্ডের গঠন এবং ভূমিকা

4.7 কার্বন ক্রেডিট, কার্বন ফুটপ্রিন্টের ধারণা

4.8 বুনন শিল্পে পরিবেশ ব্যবস্থাপনা

4.9 ISO14000: শিল্পে বাস্তবায়ন, সুবিধা

4.1 ভূমিকা

"আপনার যা প্রয়োজন নেই তা প্রত্যাখ্যান করা; আপনার যা প্রয়োজন তা হ্রাস করা; আপনি যা ব্যবহার করেছেন তা পুনরায় ব্যবহার কর; যা আপনি পুন:ব্যবহার, হ্রাস বা পুন:ব্যবহার করা পারবেন না তা পুনর্ব্যবহার করা; এবং বাকিগুলো পচা (কম্পোস্ট)" 'বিয়া জনসন'

মানুষের ক্রিয়াকলাপে ক্রমবর্ধমান বৃদ্ধির কারণে, কঠিন বর্জ্য উৎপাদন অনেক গুণ বেড়েছে যা সঠিকভাবে পরিচালনা করা প্রয়োজন। আমরা প্রকৃতি যতটা সামলাতে পারি তার চেয়ে অনেক বেশি বর্জ্য উৎপাদন করছি। তবে, বর্জ্য উৎপাদনের চেয়ে বর্জ্য উৎপাদন রোধ করা ভাল এবং তারপরে এটি পরিচালনা করার চেষ্টা করা। আমরা কেবল বর্জ্য দূর করা পারি না, কারণ আমরা যা নিষ্পত্তি করি তা বাস্তুতন্ত্রের মধ্যে থাকে এবং এক ধরণের দূষণ সৃষ্টি করেছে। কঠিন বর্জ্য দ্বারা সৃষ্ট দূষণ থেকে আমাদের পরিবেশকে বাঁচাতে, এই বর্জ্যগুলিকে সঠিকভাবে পরিচালনা করা খুবই জরুরি। যথাযথ বর্জ্য ব্যবস্থাপনার জন্য, বিভিন্ন ধরণের বর্জ্যের উৎস এবং বৈশিষ্ট্য যেমন পৌর কঠিন বর্জ্য, ই-বর্জ্য, জৈব-চিকিৎসা বর্জ্য ইত্যাদি জানা আবশ্যক।

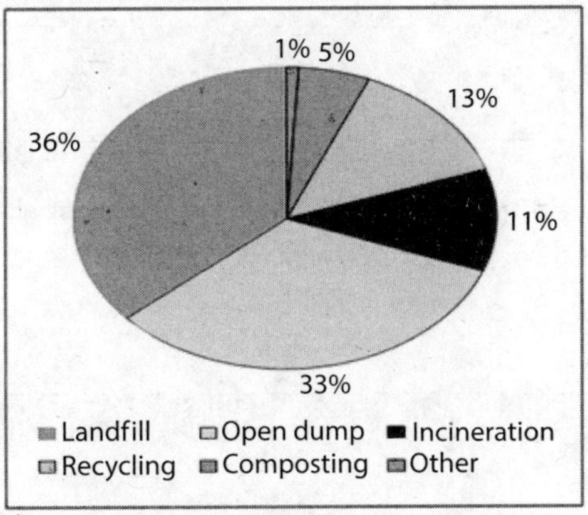

চিত্র 4.1: কঠিন বর্জ্য উৎপাদন

কঠিন বর্জ্য ব্যবস্থাপনার যথাযথ বাস্তবায়নের জন্য। উপরে উল্লিখিত সমস্ত বিষয় এই ইউনিটে আলোচনা করা হয়েছে।

4.2 সলিড ওয়েস্ট জেনারেশন

আমাদের দৈনন্দিন জীবনে, আমরা প্রচুর ব্যবহৃত সামগ্রী তৈরি করি এবং সেগুলো ফেলে দেই। ব্যবহৃত এবং ফেলে দেওয়া উপাদানগুলিকে বর্জ্য বলা হয়েছে। বর্জ্য পদার্থ গ্যাসীয় আকারে হতে পারে (যেমন, অটোমোবাইল নিষ্কাশন, চিমনি থেকে ধোঁয়া) কঠিন বর্জ্য বিভিন্ন উপকরণের একটি জটিল মিশ্রণ। এর বর্জ্য রচনা ঋতু ভেদে, অঞ্চল ভেদে এবং একটি নির্দিষ্ট অঞ্চলের মধ্যেও পরিবর্তিত হয়েছে। এটি বর্জ্য হিসাবে নির্ধারিত হতে পারে যা প্রত্যাখ্যাত হয়েছে এবং একই আকারে আরও ব্যবহার করা

যাবে না। এটি জলের মাধ্যমে স্রোতে পরিবহন করা যায় না বা বায়ুমণ্ডলে সহজেই পালানো যায় না। সমাজের বিভিন্ন উৎস/কার্যকলাপ থেকে কঠিন বর্জ্য উৎপন্ন হয়েছে, যেমন পরিবারের বর্জ্য, পাবলিক ইনস্টিটিউশন, অফিস, বাজার, রেস্তোরাঁ, শিল্প, নির্মাণ সাইট, কৃষি কার্যক্রম ইত্যাদি।

4.2.1 পৌর কঠিন বর্জ্যের উৎস এবং বৈশিষ্ট্য

পৌরসভার কঠিন বর্জ্যকে পৌরসভা কর্তৃক বা তার দ্বারা সংগৃহীত এবং চিকিৎসা করা বর্জ্য হিসাবে সংজ্ঞায়িত করা হয়েছে। এতে তরল এবং কঠিন বর্জ্য উভয়ই রয়েছে।

4.2.1.1 পৌর কঠিন বর্জ্যের উৎস:

মিউনিসিপ্যাল সলিড বর্জ্যের প্রধান উৎসগুলিকে নিম্নলিখিত শ্রেণীতে ভাগ করা যেতে পারে:

1. **আবাসিক উৎস:** গৃহস্থালি এবং আবাসিক এলাকা থেকে বর্জ্য। এগুলো পৌর কঠিন বর্জ্যের প্রধান উৎস
2. **প্রাতিষ্ঠানিক উৎস:** সরকারী এবং পাবলিক প্রতিষ্ঠান যেমন স্কুল, কলেজ বিশ্ববিদ্যালয়, সরকারি অফিস ইত্যাদি থেকে অপচয়
3. **বাণিজ্যিক প্রতিষ্ঠান:** ব্যবসা কেন্দ্র থেকে অপচয় যেমন খাদ্য ও পানীয় প্রতিষ্ঠান, দোকান, ব্যাংক ইত্যাদি
4. **স্বাস্থ্য সুবিধা:** হাসপাতাল এবং অন্যান্য স্বাস্থ্য সুবিধা থেকে অপচয়
5. **নির্মাণ ও ধ্বংস কার্যক্রম:** বিভিন্ন ধরনের নির্মাণ ও ধ্বংস কর্ম থেকে অপচয় যেমন অ্যাপার্টমেন্ট নির্মাণ, বস্তি ধ্বংস ইত্যাদি
6. **শিল্প উৎস** : বিভিন্ন ধরণের শিল্প প্রক্রিয়া থেকে অপচয়
7. **কৃষি উৎস:** কৃষি কার্যক্রম থেকে অপচয়
8. **খোলা এলাকা:** রাস্তার ধারে ডাস্টবিন, রাস্তার ঝাড়ু দেওয়া এবং অন্যান্য পাবলিক প্লেস থেকে বর্জ্য
9. **ইলেকট্রনিক এবং বৈদ্যুতিক বর্জ্য (ই-বর্জ্য):** ইলেকট্রনিক ডিভাইস যেমন কম্পিউটার, ফোন, রেডিও ইত্যাদি এবং গৃহস্থালী যন্ত্রপাতি যেমন কুকার, ওয়াশিং মেশিন ইত্যাদি থেকে বর্জ্য

4.2.1.2 পৌর কঠিন বর্জ্যের বৈশিষ্ট্য:

পৌর কঠিন বর্জ্যের বৈশিষ্ট্য চিহ্নিতকরণ এর সঠিক ব্যবস্থাপনার জন্য গুরুত্বপূর্ণ। কঠিন বর্জ্যের বৈশিষ্ট্যগুলির মধ্যে রয়েছে শারীরিক এবং রাসায়নিক পরামিতি।

বৈশিষ্ট্যাবলী

এগুলি যন্ত্রপাতি নির্বাচন এবং পরিচালনার জন্য এবং নিষ্পত্তি সুবিধাগুলির বিশ্লেষণ এবং নকশার জন্য গুরুত্বপূর্ণ। এটি নিম্নলিখিত পরামিতি অন্তর্ভুক্ত করা পারে:

- **ঘনত্ব:** বর্জ্যের ঘনত্ব হল তার ভর প্রতি ইউনিট ভলিউম (কেজি/মি 3)। ল্যান্ডফিল, স্টোরেজ, সংগ্রহের ধরন এবং পরিবহন যানবাহনের নকশার জন্য এটি প্রয়োজন।
- **আর্দ্রতার পরিমাণ:** এটি জলের ওজনের সাথে বর্জ্যের মোট ওজনের অনুপাত। পোড়ানোর মাধ্যমে বর্জ্য পরিশোধনের সংগ্রহ, পরিবহন এবং অর্থনৈতিক সম্ভাব্যতা বর্জ্যের আর্দ্রতার পরিমাণের উপর নির্ভর করেছে।

- **বর্জ্য উপাদানগুলির আকার:** যান্ত্রিক বিভাজক, শ্রেডার এবং বর্জ্য চিকিৎসা প্রক্রিয়ার নকশার জন্য উত্থিত উপাদানগুলির আকার প্রয়োজন।
- **ক্যালরিফিক মান:** এটি একটি পদার্থের একক ওজনের দহন থেকে উৎপন্ন তাপের পরিমাণ, যা কেসিএল/কেজিতে এক্সপ্রেস করা হয়েছে
- **ব্যাপ্তিযোগ্যতা:** সংকুচিত বর্জ্যের ব্যাপ্তিযোগ্যতা একটি গুরুত্বপূর্ণ ভৌত সম্পত্তি কারণ এটি ল্যান্ডফিলের মধ্যে তরল এবং গ্যাসের চলাচলকে পরিচালনা করেছে
- **সংকোচনযোগ্যতা:** চাপের শিকার হলে এটি কঠিন বর্জ্যে শারীরিক পরিবর্তনের মাত্রা

রাসায়নিক বৈশিষ্ট্য

কঠিন বর্জ্য পদার্থের আচরণ বোঝার জন্য, এর রাসায়নিক গঠনের জ্ঞানও গুরুত্বপূর্ণ। এর রাসায়নিক বৈশিষ্ট্যের মধ্যে থাকতে পারে PH মান, নাইট্রোজেন, ফসফরাস, এবং পটাশিয়াম, মোট কার্বন ইত্যাদি এবং জৈব রাসায়নিক বৈশিষ্ট্যের মধ্যে কার্বোহাইড্রেট, প্রোটিন, প্রাকৃতিক ফাইবার ইত্যাদি থাকতে পারে।

4.2.1.3 বায়োডিগ্রেডেবল এবং নন-বায়োডিগ্রেডেবল কঠিন বর্জ্য

আমাদের দৈনন্দিন জীবনে, আমরা বিভিন্ন ধরণের বর্জ্য তৈরি করি এবং সেগুলো ফেলে দিই বা ফেলে দেই। এই বর্জ্য অনেক রূপের হতে পারে; যাইহোক, আমরা প্রধানত তাদের দুটি ভাগে ভাগ করা পারি; বায়োডিগ্রেডেবল বর্জ্য এবং নন-বায়োডিগ্রেডেবল বর্জ্য। আমাদের অবশ্যই জানা উচিত যে আমরা আমাদের দৈনন্দিন জীবনে যা কিছু ব্যবহার করি তা হয়েছে জৈব-গ্রেড সক্ষম বা অ-বায়োডিগ্রেডেবল।

চিত্র 4.2: বায়োডিগ্রেডেবল এবং নন-বায়োডিগ্রেডেবল সলিড ওয়েস্ট

বায়োডিগ্রেডেবল বর্জ্য: এগুলি হল বর্জ্য পদার্থ যা প্রাকৃতিক উপাদান যেমন অণুজীব (যেমন, ব্যাকটেরিয়া, ছত্রাক ইত্যাদি), অ্যাজৈবিক উপাদানগুলি (যেমন, সূর্যের আলো, জল, অক্সিজেন ইত্যাদি) দ্বারা সহজেই হ্রাস করা যায়। তারা এগুলিকে সাধারণ জৈব পদার্থে রূপান্তরিত করেছে যা সার, সার, কম্পোস্ট, বায়োগ্যাস এবং আরও অনেক কিছু হিসাবে ব্যবহার করা যেতে পারে। অতএব, এটি তাদের পরিবেশ বান্ধব করেছে তোলে। মিউনিসিপ্যাল সলিড বর্জ্যে পাওয়া বায়োডিগ্রেডেবল বর্জ্যের মধ্যে রয়েছে সবুজ বর্জ্য, খাদ্য বর্জ্য, কাগজের বর্জ্য, বায়োডিগ্রেডেবল প্লাস্টিক ইত্যাদি কিছু বর্জ্যের মধ্যে রয়েছে মানুষের বর্জ্য, কসাইখানার বর্জ্য ইত্যাদি

নন-বায়োডিগ্রেডেবল বর্জ্য: এগুলি সেই বর্জ্য যা প্রাকৃতিক এজেন্ট দ্বারা পচানো বা হ্রাস করা যায় না। অতএব, তারা ভিতরে থাকে দীর্ঘ সময় ধরে বাস্তুতন্ত্র পচে না গিয়ে আমাদের পরিবেশের ক্ষতি করেছে। তারা মোটেও পরিবেশবান্ধব নয়। বেশিরভাগ অজৈব বর্জ্য যেমন প্লাস্টিকের কাপ, বোতল, ই-বর্জ্য ইত্যাদি নন-বায়োডিগ্রেডেবল বিভাগে আসে। এই বর্জ্যগুলির মধ্যে কিছু যা পুনর্ব্যবহারযোগ্য হতে পারে এবং আবার ব্যবহার করা যেতে পারে তা "পুনর্ব্যবহারযোগ্য বর্জ্য" হিসাবে পরিচিত এবং যা আবার ব্যবহার করা যায় না সেগুলি "পুনর্ব্যবহারযোগ্য বর্জ্য" হিসাবে পরিচিত।

4.2.2 ই-বর্জ্যের উৎস এবং বৈশিষ্ট্য

"ই-বর্জ্য" শব্দটি "বৈদ্যুতিন এবং বৈদ্যুতিক বর্জ্য" এর সংক্ষিপ্ত রূপ। বৈদ্যুতিন বর্জ্য বা ই-বর্জ্য ইলেকট্রনিক বা বৈদ্যুতিক পণ্যের একটি জনপ্রিয়, অনানুষ্ঠানিক নাম যা তাদের দরকারী জীবনের শেষের দিকে এবং বাতিল করা হয়েছে। তথ্যপ্রযুক্তি খাতে বিপ্লবের কারণে, বৈদ্যুতিক এবং ইলেকট্রনিক যন্ত্রপাতি (ইইই) উৎপাদন দ্রুততম উৎপাদন কার্যক্রমগুলির মধ্যে একটি হয়ে ওঠে। দ্রুত অর্থনৈতিক প্রবৃদ্ধির কারণে, EEE এর উৎপাদন এবং খরচ অনেক গুণ বেড়েছে। অতএব, ই-বর্জ্যও দ্রুত বৃদ্ধি পাচ্ছে, কারণ বিশ্বব্যাপী ভোক্তাদের চাহিদা বাড়তে থাকে। গ্লোবাল ই-বর্জ্য মনিটর 2017 দেখায় যে ই-বর্জ্য বছরে বেড়েছে 44.7 মিলিয়ন মেট্রিক টন। কিন্তু উৎপাদিত ই-বর্জ্যের মাত্র 20% সংগ্রহ এবং পুনর্ব্যবহারযোগ্য বলে নথিভুক্ত করা হয়েছে। 80% এর (75.7 মিলিয়ন মেট্রিক টন) ভাগ্য অজানা, তবে নিম্নমানের অবস্থায় ডাম্প, স্টোর, ট্রেড বা পুনর্ব্যবহারযোগ্য।

4.2.2.1 ই-বর্জ্যের উৎস: ই-বর্জ্যের বিভিন্ন উৎসকে নিম্নোক্ত শ্রেণীতে ভাগ করা যায়

- **হোম অ্যাপ্লায়েন্সেস:** এতে মাইক্রোওয়েভ, হোম এন্টারটেইনমেন্ট ডিভাইস, ইলেকট্রিক কুকার, হিটার, ফ্যান ইত্যাদি অন্তর্ভুক্ত থাকতে পারে
- **ইলেকট্রনিক ইউটিলিটি:** হিটিং প্যাড, রিমোট কন্ট্রোল, টেলিভিশন রিমোট, ইলেকট্রিক্যাল কর্ড, ল্যাম্প, নাইট লাইট, ট্রেডমিল, স্মার্ট ঘড়ি, হার্ট মনিটর ইত্যাদি এই বিভাগে অন্তর্ভুক্ত হতে পারে
- **যোগাযোগ ও তথ্য প্রযুক্তির ডিভাইস:** সেল ফোন, স্মার্টফোন, ডেস্কটপ কম্পুটার, কম্পিউটার মনিটর, ল্যাপটপ ইত্যাদি এই শ্রেণীর আওতায় পড়তে পারে
- **অফিস সরঞ্জাম:** এই বিভাগে অন্তর্ভুক্ত হতে পারে, কপিয়ার/প্রিন্টার, আইটি সার্ভার র্যাক, আইটি সার্ভার, কর্ড এবং কেবল, ফোন ও পিবিএক্স সিস্টেম, অডিও ও ভিডিও সরঞ্জাম, নেটওয়ার্ক হার্ডওয়্যার, পাওয়ার স্ট্রিপস এবং পাওয়ার সাপ্লাই, নিরবচ্ছিন্ন বিদ্যুৎ সরবরাহ (ইউপিএস সিস্টেম), পাওয়ার ডিস্ট্রিবিউশন সিস্টেম (PDU) ইত্যাদি
- **চিকিৎসা সরঞ্জাম:** এই বিভাগে অন্তর্ভুক্ত হতে পারে, ডায়ালাইসিস মেশিন, ইমেজিং সরঞ্জাম, ভিডিও সরঞ্জাম, বিদ্যুৎ সরবরাহ, নিরবচ্ছিন্ন বিদ্যুৎ সরবরাহ (ইউপিএস সিস্টেম) ইত্যাদি।
- **হোম এন্টারটেইনমেন্ট ডিভাইস:** এতে ডিভিডি, স্টেরিও, টেলিভিশন, ভিডিও গেম সিস্টেম ইত্যাদি অন্তর্ভুক্ত থাকতে পারে।

4.2.2.2 ই-বর্জ্যের বৈশিষ্ট্য

ই-বর্জ্য তাদের উপাদানগুলিতে বিপজ্জনক এবং অ-বিপজ্জনক উভয় পদার্থ ধারণ করেছে। ই-বর্জ্যে অরজানিক বিষাক্ত এবং বিপজ্জনক পদার্থের উপস্থিতি এটিকে সাধারণ পৌর বর্জ্য থেকে আলাদা করেছে।

বিপজ্জনক পদার্থ: বিপজ্জনক পদার্থ যা বেশিরভাগই পাওয়া যায় তা হল প্লাস্টিক, সীসা, পারদ, ক্যাডমিয়াম, আর্সেনিক, সিএফসি, পিভিসি ইত্যাদি।

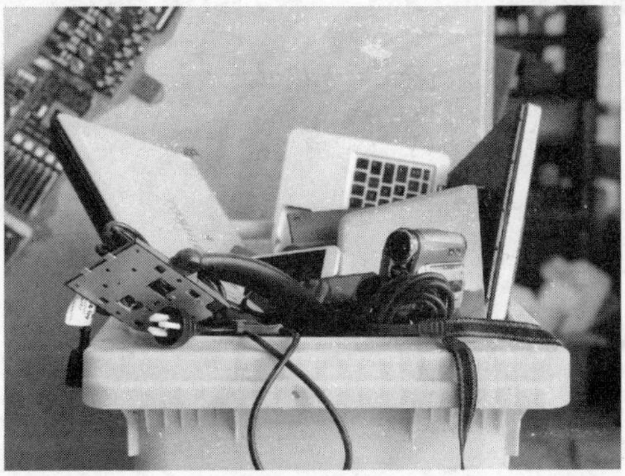

চিত্র 4.3: ই-বর্জ্য

পরিবেশ (উদ্ভিদ, প্রাণী, মাটি ইত্যাদি) এবং মানুষের স্বাস্থ্য (কার্সিনোজেনিক রোগ, লিভার, কিডনি, মস্তিষ্কের ক্ষতি ইত্যাদি)।

অ-বিপজ্জনক পদার্থ: ই-বর্জ্যের পুনর্ব্যবহার পরিবেশের ক্ষতি না করেছে আবার ব্যবহার করা যেতে পারে এমন বিপজ্জনক পদার্থ সনাক্ত করা সহায়তা করেছে। বিভিন্ন ধাতু যখন তারা পুনর্ব্যবহার করা হয়েছে, বিভিন্ন শিল্পের উৎপাদন প্রক্রিয়ার একটি বড় সুবিধা রয়েছে। উদাহরণস্বরূপ, অ্যালুমিনিয়াম, তামা এবং স্বর্ণ যা প্রায়ই ইলেকট্রনিক সামগ্রীতে পাওয়া যায় তা অ-বিপজ্জনক বলে বিবেচিত হয়েছে। প্লাস্টিক এবং গ্লাস এমন উপাদান যা কম্পিউটারের যন্ত্রাংশে পাওয়া যায় তাও বিপজ্জনক নয়।

চিত্র 4.4: জৈব চিকিৎসা বর্জ্য

4.2.3 বায়োমেডিক্যাল বর্জ্যের উৎস এবং বৈশিষ্ট্য

বায়োমেডিক্যাল বর্জ্যকে হাসপাতাল, জৈবিক ক্রিয়াকলাপ, পশুচিকিৎসা ক্লিনিক এবং স্বাস্থ্যসেবা ইউনিটগুলিতে উত্পন্ন বর্জ্য হিসাবে সংজ্ঞায়িত করা যেতে পারে। এই বর্জ্যগুলি কঠিন পদার্থ, তরল পদার্থ, পরীক্ষাগারের বর্জ্য এবং তীক্ষ্ণ যন্ত্র যা মানুষ, প্রাণী, বা গবেষণা কার্যক্রমের নির্ণয়, চিকিৎসা, প্রতিরোধ বা টিকা দেওয়ার সময় ব্যবহৃত হয়েছে। বায়োমেডিক্যাল বর্জ্য বিপজ্জনক বা অ-বিপজ্জনক হতে পারে। ডব্লিউএইচও (ওয়ার্ল্ড হেলথ অর্গানাইজেশন) এর মতে, প্রায় 85% বায়োমেডিক্যাল বর্জ্য বিপজ্জনক ক্যাটেগোর আওতায় পড়ে যেখানে 15% বিপজ্জনক বিভাগে পড়ে।

4.2.3.1 জৈব-চিকিৎসা বর্জ্যের উৎস

বায়োমেডিক্যাল বর্জ্যের উৎস হল সেই স্থান বা অবস্থান, যেখানে এই বর্জ্য উৎপন্ন হয়েছে। উৎসগুলিকে দুটি বিসতৃত শ্রেণীতে ভাগ করা যেতে পারে; প্রধান এবং ক্ষুদ্র উৎস।

প্রধান উৎসগুলি ক্ষুদ্র উত্সের তুলনায় এবং নিয়মিতভাবে বর্জ্যের পরিমাণ বেশি উত্পন্ন করেছে

ভিত্তি এই উৎসগুলির মধ্যে রয়েছে; হাসপাতাল, জরুরী যত্ন সুবিধা, ডায়ালাইসিস সেন্টার, ট্রান্সফিউশন সেন্টার, ব্লাড ব্যাংক, ক্লিনিক্যাল ল্যাবরেটরিজ, রিসার্চ ল্যাবরেটরিজ, মর্টুয়ারী, পশু চিকিৎসক এবং নার্সিং হোম। গৌণ উৎস অন্তর্ভুক্ত; মেডিকেল ক্লিনিক, কসমেটিক ক্লিনিক, হোম কেয়ার, প্যারামেডিক্স এবং প্রতিষ্ঠান।

4.2.3.2 জৈব-চিকিৎসা বর্জ্যের বৈশিষ্ট্য

বায়োমেডিক্যাল বর্জ্য তার উৎপাদনের উৎস এবং পরিবেশের বিপদের মাত্রার ভিত্তিতে চিহ্নিত করা হয়েছে। এটাকে দুই ভাগে ভাগ করা যায়; অ-জ বিপজ্জনক বর্জ্য এবং বিপজ্জনক বর্জ্য।

অ-বিপজ্জনক বর্জ্য হল এমন এক ধরনের বর্জ্য যা মানুষ এবং পরিবেশের জন্য সরাসরি কোনো বিপদ সৃষ্টি করেছে না কারণ তারা প্রকৃতিগতভাবে অ-বিষাক্ত। কিন্তু তবুও, এটি খোলা এলাকায় বা নর্দমার লাইনে ফেলে দেওয়া উচিত নয় কারণ এটি পরিবেশের জন্য হুমকি হতে পারে। অ-বিপজ্জনক বর্জ্য অন্তর্ভুক্ত হতে পারে; ধোয়া জল, কাগজ কার্টুন, প্যাকেজিং উপকরণ, খাদ্য অবশিষ্টাংশ ইত্যাদি এই বর্জ্যগুলি মূলত বিভিন্ন সংস্থা, হাসপাতাল এবং স্বাস্থ্যসেবা কেন্দ্রগুলির রক্ষণাবেক্ষণ থেকে উত্পন্ন হয়েছে।

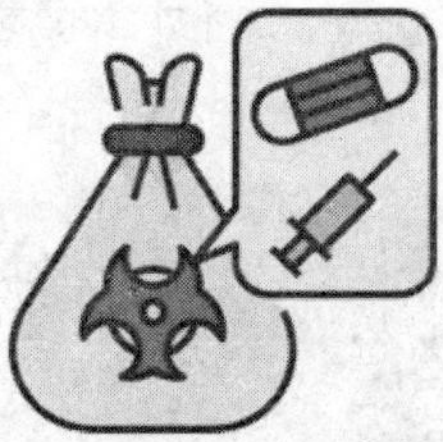

চিত্র 4.5: সংক্রামক বর্জ্য

বিপজ্জনক বর্জ্য হল বর্জ্য যা তাদের বিষাক্ত এবং সংক্রামক বৈশিষ্ট্যের কারণে মানুষ এবং পরিবেশের জন্য সরাসরি হুমকি সৃষ্টি করেছে। বিভিন্ন বিপজ্জনক বর্জ্য অন্তর্ভুক্ত হতে পারে:

1. **সংক্রামক বর্জ্য:** রোগজীবাণু (ব্যাকটেরিয়া, ভাইরাস, পরজীবী, ছত্রাক ইত্যাদি) সংক্রামক বর্জ্য মানুষের জন্য বিপজ্জনক হতে পারে। সংক্রামক বর্জ্যের মধ্যে রয়েছে সংক্রামিত রোগীদের মানুষের/পশুর টিস্যু, মল এবং মূত্র, রক্তে ভিজা ব্যান্ডেজ, অস্ত্রোপচারের গ্লাভস, কালচার, কালচার টিকাতে ব্যবহৃত সোয়াব, বিচ্ছিন্নতা ওয়ার্ডের বর্জ্য, সংক্রামিত রোগীর সংস্পর্শে থাকা সরঞ্জাম ইত্যাদি

2. **প্যাথলজিক্যাল বর্জ্য:** মানুষের টিস্যু বা তরল যেমন, শরীরের অঙ্গ, রক্ত এবং শরীরের অন্যান্য তরল, ভ্রূণ ইত্যাদি

3. **ফার্মাসিউটিক্যাল বর্জ্য:** এতে মেয়াদ শেষ হওয়ার তারিখ, দূষিত ওষুধের বোতল, বাক্স ইত্যাদি রয়েছে

4. **তেজস্ক্রিয় বর্জ্য:** যে চিকিৎসায় তেজস্ক্রিয় আইসোটোপ ব্যবহার করা হয়েছে সেখানে তেজস্ক্রিয় বর্জ্য তৈরি হয়েছে যেমন পারমাণবিক ক্ষত চিকিৎসা, ক্যান্সার থেরাপি এবং চিকিৎসা সরঞ্জাম। তেজস্ক্রিয় বর্জ্য মানুষের স্বাস্থ্যের ক্ষতি করার সম্ভাবনা রাখে।

5. **সাধারণ বর্জ্য:** চিকিৎসা সুবিধাগুলিতে উৎপন্ন বর্জ্য সাধারণ পরিবারের বা অফিসের বর্জ্য থেকে খুব আলাদা নয়। বর্জ্য যেমন কাগজ, প্লাস্টিক, তরল পদার্থ এবং সমস্ত বর্জ্য যা উপরের তিনটি বর্জ্যের অন্তর্ভুক্ত নয়, এই শ্রেণীর আওতায় পড়ে।

4.3 ধাতব বর্জ্য এবং অ-ধাতব বর্জ্য

বিভিন্ন ধরণের ভারী ধাতু যেমন খাদ ইস্পাত, অ্যালুমিনিয়াম, তামা, দস্তা, সীসা ইত্যাদি শিল্প প্রক্রিয়ায় প্রতিদাও প্রচুর পরিমাণে ব্যবহৃত হয়েছে। দ্রুত শিল্পায়ন এই ধাতুর চাহিদা বাড়িয়েছে, একই সাথে উচ্চমানের আকরিকের মজুদও হ্রাস পাচ্ছে। ধাতব বর্জ্য আকারে শিল্প বর্জ্য বিভিন্ন শিল্প প্রক্রিয়ার সময় উৎপন্ন হয়েছে। এই ধাতব বর্জ্যের মধ্যে Au, Ag, Ni, Cu, Zn, Cr ইত্যাদি ভারী ধাতু পাওয়া যায়। এই মূল্যবান ধাতুগুলি এই বর্জ্য পদার্থ থেকে পুনর্ব্যবহারযোগ্য প্রক্রিয়া যেমন ক্যালসিনেশন, রোস্টিং, গন্ধ, পরিশোধন ইত্যাদি এবং পুনরায় ব্যবহার করেছে পুনরুদ্ধার করা যেতে পারে। পেনিসিলিয়াম, অ্যাসপারগিলাস এসিড, থিওব্যাসিলাস ট্রাইঅক্সেন, লেপটোস্পাইরাল ফেরোক্সিডেস এবং সালফুরাস এসিডের মতো অণুজীবও ধাতু পুনরুদ্ধারের জন্য ব্যবহৃত হয়েছে।

ধাতুগুলিকে বারবার পুনর্ব্যবহার করা যেতে পারে তাদের বৈশিষ্ট্যগুলি হ্রাস না করেছে। আমেরিকান আয়রন অ্যান্ড স্টিল ইনস্টিটিউটের (এআইএসআই) মতে, ইস্পাত গ্রহের সবচেয়ে পুনর্ব্যবহৃত উপাদান। অন্যান্য অত্যন্ত পুনর্ব্যবহৃত ধাতুর মধ্যে রয়েছে অ্যালুমিনিয়াম, তামা, রূপা, পিতল এবং স্বর্ণ। তার পুনর্ব্যবহারযোগ্য সম্পত্তির কারণে, স্ক্র্যাপ/বর্জ্য ধাতুর মূল্য আছে, যা মানুষকে বিক্রয় এবং পুনর্ব্যবহার প্রক্রিয়ার জন্য এটি সংগ্রহ করা অনুপ্রাণিত করেছে। আর্থিক সুবিধার পাশাপাশি, পুনর্ব্যবহারের পরিবেশগত প্রভাবও রয়েছে। স্ক্র্যাপ ধাতুর পুনর্ব্যবহার, আমাদের প্রাকৃতিক সম্পদ সংরক্ষণ করা সক্ষম করেছে। এর সামাজিক প্রভাবও রয়েছে কারণ এটি সমাজে কর্মসংস্থান সৃষ্টিতে সহায়তা করেছে। পুনর্ব্যবহার প্রক্রিয়ার মধ্যে রয়েছে স্ক্র্যাপ ধাতু সংগ্রহ, মিশ্র স্ক্র্যাপ ধাতু প্রবাহ থেকে বাছাই, প্রক্রিয়াকরণ, বড় চুল্লিতে গলানো, পরিশোধন, কঠিনকরণ এবং পরিবহন।

4.3.1 অধাতব বর্জ্য

অধাতব বর্জ্যের একটি বড় অংশে রয়েছে বর্জ্য কাগজ, কাঠ, লুব্রিকেন্ট, প্লাস্টিক, কাচ, রাবার টেক্সটাইল, প্রিন্টেড সার্কিট বোর্ড ইত্যাদি। এই বর্জ্য পদার্থগুলির পুনর্ব্যবহার প্রক্রিয়াটি জটিল এবং বিসতৃত ফলাফল যা ডাম্প এবং ল্যান্ডফিলের বর্ধিত পরিমাণে বৃদ্ধি পায়।

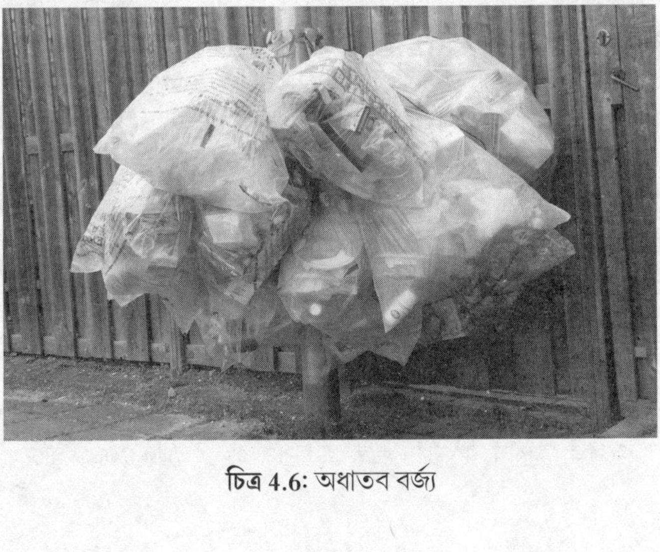

চিত্র 4.6: অধাতব বর্জ্য

4.3.1.1 লুব্রিকেন্ট

এটি এমন একটি পদার্থ যা যন্ত্রপাতির বিভিন্ন অংশের মধ্যে ঘর্ষণ কমাতে ব্যবহৃত হয়েছে এবং এর ফলে পরিধান এবং টিয়ারকে কমিয়ে জীবনকে প্রসারিত করা হয়েছে যা পাল্টা শক্তি এবং সম্পদ সংরক্ষণ করেছে। একটি লুব্রিকেন্ট তরল (তেল, জল ইত্যাদি), বায়বীয় (বায়ু), অথবা এমনকি সেমিসোলিড (গ্রীস) আকারে হতে পারে। এর ব্যবহারের উপর নির্ভর করেছে, লুব্রিকেন্টকে স্বয়ংচালিত, শিল্প এবং সামুদ্রিক তেল হিসাবে শ্রেণীবদ্ধ করা যেতে পারে। ব্যবহৃত তেল যেমন ইঞ্জিন লুব্রিকেশন অয়েল, হাইড্রোলিক ফ্লুইডস, এবং গিয়ার অয়েল যা গাড়ি, বাইক, বা লনমোয়ারে ব্যবহৃত হয়েছে তা পরিবেশকে দূষিত করা পারে, যদি সেগুলি পুনর্ব্যবহারযোগ্য না হয়েছে বা সঠিকভাবে নিষ্পত্তি না হয়েছে। ব্যবহৃত তেল লুব্রিকেন্টে পুনরায় পরিশোধিত হতে পারে, জ্বালানি তেলে প্রক্রিয়াজাত করা যায় এবং পরিশোধন এবং পেট্রোকেমিক্যাল শিল্পের কাঁচামাল হিসাবে ব্যবহার করা যেতে পারে।

4.3.1.2 প্লাস্টিক

আমাদের দৈনন্দিন কাজকর্মের মধ্যে আমরা প্রত্যেকেই প্রতিদাও প্লাস্টিকের ব্যাগ ব্যবহার করি। পাতলা প্লাস্টিকের ব্যাগ প্রায় প্রতিটি খুচরা বিক্রেতা ব্যবহার করেছে ন। যখনই আমরা কেনাকাটা করছি, আপনি প্রায় গ্যারান্টি দিতে পারেন যে আপনি আপনার নতুন পণ্য দিয়ে পূর্ণ একটি প্লাস্টিকের ব্যাগ নিয়ে দোকান ছেড়ে চলে যাচ্ছেন। আমরা যেমন সবাই জানে, বেশিরভাগ প্লাস্টিকই নন-বায়োডিগ্রেডেবল। প্লাস্টিক দূষণ একটি বৈশ্বিক বিপর্যয় এবং দুঃখজনকভাবে এটি একটি মানবসৃষ্ট। প্লাস্টিক দূষণের ফলে বিশেষ করেছে সামুদ্রিক বাস্তুতন্ত্র চরমভাবে ক্ষতিগ্রস্ত হচ্ছে। প্লাস্টিক কমানোর কয়েকটি উপায় হল পাটের ব্যাগ বা কাগজের ব্যাগ ব্যবহার করা অথবা আমাদের নিজস্ব পরিবেশবান্ধব ব্যাগ তৈরি করা। আপনি নিজেও গর্বিত বোধ করবেন যে আপনি নিজের তৈরি একটি ব্যাগ নিয়ে যাচ্ছেন এবং পরিবেশবান্ধব। অনিয়ন্ত্রিত প্লাস্টিকের বর্জ্যের ক্রমবর্ধমান ভর বিশ্বব্যাপী বাস্তুতন্ত্রের উল্লেখযোগ্য ক্ষতি করছে। কয়েকটি মূল প্রবিধান, সেইসাথে পুনর্ব্যবহারযোগ্য প্রযুক্তি, হুমকি প্রতিরোধে সাহায্য করছে।

4.3.1.3 রাবার

অন্যান্য পলিমার উপকরণগুলির মতো, রাবারও অনেকগুলি অ্যাপ্লিকেশনের অপরিহার্য উপকরণগুলির মধ্যে অন্যতম কারণ এর অনন্য বৈশিষ্ট্য যেমন উচ্চ স্থিতিস্থাপকতা, খুব টেকসই এবং পরিবেশগত এজেন্টদের উচ্চ প্রতিরোধ। এই বৈশিষ্ট্যগুলির কারণে, এটি অটোমোবাইল সেক্টর, স্বাস্থ্যসেবা, গৃহস্থালি ইত্যাদি ক্ষেত্রে ব্যাপকভাবে ব্যবহৃত হয়েছে। যাইহোক, রাবারের এই অনন্য সম্পত্তি এটি সহজেই হ্রাস করা খুব কঠিন করেছে তোলে। রাবার পণ্যের চাহিদা ক্রমাগত বৃদ্ধি পাওয়ায়, রাবার বর্জ্য ক্রমাগত বৃদ্ধি পাচ্ছে এবং এটি বিশ্বব্যাপী পরিবেশের জন্য বড় হুমকি হয়ে দাঁড়িয়েছে। জমি ভরাট ডাম্পিং এবং খোলা পোড়ানো বর্জ্য রাবার নিষ্পত্তি করা র সাধারণ পদ্ধতির মধ্যে রয়েছে যা জল, বায়ু এবং মাটি দূষণের দিকে পরিচালিত করেছে। অতএব, পুনর্ব্যবহার, পুনর্ব্যবহার, পুনরুদ্ধার এবং পাইরোলাইসিসের মাধ্যমে এই রাবার বর্জ্যগুলি টেকসই পদ্ধতিতে পরিচালনা করা খুবই গুরুত্বপূর্ণ I প্রক্রিয়া জীর্ণ রাবার পুনরায় ব্যবহার করা অর্থাৎ টায়ারগুলি কেবল পুনরায় নষ্ট হয়েছে তাকে পুনরায় ব্যবহার করা। রাবার বর্জ্যের পুনর্ব্যবহারের মধ্যে রয়েছে ক্ষয় নিয়ন্ত্রণ, ব্যাক ওয়াটার এবং ফ্লোটেটেশন ডিভাইস, সিমেন্ট কংক্রিট, বিটুমেন পণ্য ইত্যাদি বিভিন্ন অ্যাপ্লিকেশনে ফেলে দেওয়া রাবার ব্যবহার, পুনরুদ্ধারের পদ্ধতিতে, বর্জ্য রাবার উচ্চ তাপমাত্রা প্রক্রিয়ায় জ্বালানি উৎস হিসাবে ব্যবহার করা হয়েছে যেমন বাষ্প উৎপাদন, সিমেন্ট ভাটা ইত্যাদি রাবার বর্জ্যের মৌলিক উপাদান যেমন গ্যাস, তেল ইত্যাদি পাইরোলাইসিস প্রক্রিয়া ব্যবহার করেছে উৎপন্ন হয়েছে।

4.4 সংগ্রহ এবং নিষ্পত্তি

মিউনিসিপ্যাল সলিড ওয়েস্ট (MSW) দৈনন্দিন জিনিসপত্র নিয়ে গঠিত, আমরা সেগুলো ব্যবহার করি এবং ফেলে দেই। এটি প্রধানত আমাদের বাড়ি, স্কুল, কলেজ, অফিস, ব্যবসায়িক কেন্দ্র, হাসপাতাল ইত্যাদি থেকে আসে। এই বর্জ্যগুলিকে দুটি ভাগে

ভাগ করা যায়: ফল, কাগজ ইত্যাদি। কঠিন বর্জ্য ব্যবস্থাপনায় তিনটি মৌলিক কার্যকরী উপাদান জড়িত; কঠিন বর্জ্য সংগ্রহ, প্রক্রিয়াকরণ এবং নিষ্পত্তি।

চিত্র 4.7: কঠিন বর্জ্য সংগ্রহ ও নিষ্পত্তি

4.4.1 পৌর কঠিন বর্জ্য সংগ্রহ (MSW)

কঠিন বর্জ্য সংগ্রহ কঠিন বর্জ্য ব্যবস্থাপনার প্রথম কার্যকরী উপাদান। মিউনিসিপাল কঠিন বর্জ্য সংগ্রহ একটি জনসেবা এবং জনস্বাস্থ্য এবং শহর ও শহরগুলির চেহারাতে বড় প্রভাব ফেলে। এটি আবাসিক, প্রাতিষ্ঠানিক, বাণিজ্যিক, পাবলিক পার্ক এবং শিল্প এলাকা থেকেও কঠিন বর্জ্য সংগ্রহকে বোঝায়। কঠিন বর্জ্য সংগ্রহের নিম্নলিখিত মৌলিক সংগ্রহ ব্যবস্থা সেবার প্রাপ্যতার ভিত্তিতে গৃহীত হতে পারে:

- **ডোর-টু-ডোর সংগ্রহ:** এটি কঠিন বর্জ্য সংগ্রহের সর্বাধিক ব্যবহৃত পদ্ধতি। পূর্বনির্ধারিত সময় এবং সময়সূচী অনুযায়ী এটি নিয়মিতভাবে পরিচালিত হয়েছে
- **রাস্তার কার্বসাইড/গলি থেকে সংগ্রহ:** এই সিস্টেমে, বর্জ্য উত্পাদকগুলি তাদের বর্জ্য ধারণকারী বা ব্যাগগুলি রাস্তার কার্বসাইডে বা গলিতে পূর্ব নির্ধারিত দিনে/অথবা সংগ্রহের জন্য দাওগুলিতে রাখে
- **ব্লক সংগ্রহ ব্যবস্থা:** এই ব্যবস্থায় বর্জ্য উৎপাদক তাদের বর্জ্য সংগ্রহের যানবাহনে আনার জন্য দায়ী
- **সাম্প্রদায়িক ব্যবস্থা:** এই ব্যবস্থায়, সংগ্রহ পয়েন্ট/কন্টেইনার একটি পাবলিক প্লেসে অবস্থিত এবং বর্জ্য উৎপাদকদের তাদের বর্জ্য নির্ধারিত স্থানে/পাত্রে রাখতে হবে

ক্রিয়াকলাপের পদ্ধতির উপর ভিত্তি করেছে, সংগ্রহস্থল থেকে কঠিন বর্জ্য সংগ্রহের পদ্ধতি দুটি ধরণের হতে পারে; (i) হোল্ড-কন্টেইনার সিস্টেম এবং (ii) স্টেশনারি-কন্টেইনার সিস্টেম

হাউলড-কন্টেইনার সিস্টেমে, একটি খালি স্টোরেজ কন্টেইনার যাকে ড্রপ-অফ বক্সও বলা হয়েছে, স্টোরেজ সাইটে নিয়ে যাওয়া হয়েছে যাতে বর্জ্যে ভরা কনটেইনার প্রতিস্থাপন করা হয়েছে, যা তারপর প্রসেসিং পয়েন্ট, ট্রান্সফার স্টেশন বা ডিসপোওয়েব সাইটে নিয়ে যাওয়া হয়েছে।

স্টেশনারি-কন্টেইনার সিস্টেমে, বর্জ্য সঞ্চয়ের জন্য ব্যবহৃত পাত্রে, সংগ্রহের স্থানে থাকে। সংগ্রহের গাড়ি স্টোরেজ কন্টেইনারের পাশে থেমে যায়, এবং সংগ্রহের কর্মীরা স্টোরেজ কন্টেইনার থেকে বর্জ্য সংগ্রহের যানবাহনে লোড করেছে এবং তারপর বর্জ্যকে প্রসেসিং পয়েন্ট, ট্রান্সফার স্টেশন বা নিষ্পত্তি স্থানে নিয়ে যায়।

4.4.2 পৌর কঠিন বর্জ্য (MSW) নিষ্পত্তি

সংগ্রহ এবং প্রক্রিয়াকরণের পরে কঠিন বর্জ্য ব্যবস্থাপনার তৃতীয় কার্যকরী উপাদান হলো নিষ্পত্তি। অতীতে, নদী এবং সমুদ্রে ময়লা ফেলা এবং নিষ্পত্তি একটি সাধারণ অভ্যাস ছিল। আজকাল, অন্তর্নিহিত পরিবেশগত সমস্যার কারণে এটি অনুমোদিত নয়। যাইহোক, বর্জ্য ডাম্পিং খোলা এলাকায় এবং জ্বলন্ত ভারতে অন্যতম জনপ্রিয় পদ্ধতি। বেশিরভাগ শহর এবং শহরের বর্জ্যগুলি শহরের উপকণ্ঠে নিম্ন-গলিত এলাকায় ফেলে দেয় যা বিভিন্ন পরিবেশ ও মানব স্বাস্থ্যের সমস্যার দিকে পরিচালিত করেছে। বর্জ্যগুলি রাস্তার পাশে ফেলে দেওয়া হয়েছে, কখনও কখনও ড্রেন থেকে উপচে পড়ে বা নদীর পৃষ্ঠে ভাসতে থাকে ভারতে খুব সাধারণ ঘটনা। বর্তমানে, পৌরসভার কঠিন বর্জ্য নিষ্কাশনের জন্য স্যানিটারি ল্যান্ডফিল পদ্ধতি বেশি ব্যবহার করা হয়েছে।

4.4.3 3 R, নীতি

বর্জ্য হ্রাস, পুন:ব্যবহার এবং সম্পদ এবং পণ্য পুনর্ব্যবহারের নীতি 3Rs হিসাবে উল্লেখ করা হয়েছে। সমস্ত 3R আমাদের উৎপাদিত বর্জ্যের পরিমাণ হ্রাস করা সহায়তা করেছে। এটি কঠিন বর্জ্য ব্যবস্থাপনার অন্যতম নীতি। মূলত, 3R ধারণাটি কীভাবে বর্জ্য সঠিকভাবে পরিচালনা করা যায় তার ধাপগুলির একটি ক্রম।

3Rs এর প্রথম, হ্রাস করা হল কঠিন বর্জ্য ব্যবস্থাপনা করার সর্বোত্তম উপায়। এটি বেশ সহজ, আপনি যত কম ব্যবহার করবেন ততই কম বর্জ্য আপনি উৎপাদন করবেন। বর্জ্য উৎপাদন কমাতে নীচে কিছু উপায়ে সাহায্য করা যেতে পারে:

- পণ্য প্যাকেজিং থেকে উৎপন্ন বর্জ্য কমানোর জন্য কম প্যাকেজিং সহ পণ্য কেনা
- নিষ্পত্তিযোগ্য পণ্য যেমন কাগজের প্লেট, কাপ, ন্যাপকিন ইত্যাদি এড়িয়ে চলা
- ঘন ঘন নিষ্পত্তি এড়াতে টেকসই পণ্য কেনা
- যেখানে সম্ভব যোগাযোগের জন্য ইলেকট্রনিক মেইল ব্যবহার করা

3Rs দ্বিতীয়, পুনরায় ব্যবহার করা হয়েছে। পণ্যগুলিকে পুন:ব্যবহার করা অর্থনৈতিক এবং পরিবেশগত অনুভূতি দেয়। যদি আপনি কিছু নিক্ষেপের বিপরীতে পুনরায় ব্যবহার করেছে ন তবে তা বর্জ্যকে ল্যান্ডফিল থেকে দূরে রাখে। কখনও কখনও এটি সৃজনশীলতাও জড়িত। কিছু উপায় নিচে উল্লেখ করা হল:

পণ্য বিভিন্ন উপায়ে পুন:ব্যবহার করা

উদাহরণস্বরূপ

- টিফিন প্যাক করা র জন্য একটি কফি ক্যান ব্যবহার করা;
- পিকনিক খাবার হিসেবে প্লাস্টিকের মাইক্রোওয়েভ ডিনার ট্রে ব্যবহার করা;
- পুরানো কাপড়, যন্ত্রপাতি, খেলনা এবং আসবাবপত্র বিক্রি করা বা সেগুলি দাতব্য সংস্থায় দান করা;
- কাগজের কাপের পরিবর্তে সিরামিক কফি মগ ব্যবহার করা
- মুদি ব্যাগ ব্যবহার করা অথবা দোকানে আপনার নিজের ব্যাগ নিয়ে আসুন। আপনার প্রয়োজন না হলে দোকান থেকে ব্যাগ নেবেন না

3Rs এর চূড়ান্ত এবং সম্ভবত সর্বাধিক পরিচিত R হল পুনর্ব্যবহারের জন্য। এটি পুরানো এবং ব্যবহৃত উপকরণ থেকে নতুন পণ্য তৈরির সাথে জড়িত, প্রয়োজনীয় পুনর্ব্যবহার প্রক্রিয়া ব্যবহার করেছে। বাড়িতে এবং কর্মক্ষেত্রে পুনর্ব্যবহার শুরু করা:

- পুনর্ব্যবহৃত উপকরণ থেকে পণ্য কিনুন।

- অফিস সরবরাহ, যন্ত্রপাতি ইত্যাদির জন্য পুনর্ব্যবহৃত উপকরণ ক্রয় করা
- লেটারহেড, কপিয়ার পেপার, নিউজলেটার ইত্যাদির জন্য পুনর্ব্যবহৃত কাগজ ব্যবহার করা

4.4.4 শক্তি পুনরুদ্ধার

বর্জ্য থেকে শক্তি পুনরুদ্ধার মানে হল বর্জ্যকে শক্তির বিভিন্ন রূপে রূপান্তর করা যেমন তাপ, বিদ্যুৎ, জ্বালানি ইত্যাদি। এটি বিভিন্ন প্রক্রিয়ার মাধ্যমে করা যেতে পারে, যেমন দহন, গ্যাসিফিকেশন, অ্যানোবিক হজম ইত্যাদি। পৌর কঠিন বর্জ্য (MSW) রয়েছে জৈব এবং অজৈব পদার্থ উভয়ই। তার জৈব ভগ্নাংশে উপস্থিত সুপ্ত শক্তি উপযুক্ত বর্জ্য প্রক্রিয়াকরণ এবং চিকিৎসা পদ্ধতি গ্রহণ করেছে উপযুক্ত ব্যবহারের জন্য পুনরুদ্ধার করা যেতে পারে। শক্তির পুনরুদ্ধারের পাশাপাশি, নীচে উল্লিখিত কয়েকটি অতিরিক্ত সুবিধা রয়েছে:

- বর্জ্যের মোট পরিমাণ ব্যাপকভাবে হ্রাস পায় বর্জ্য গঠন এবং গৃহীত প্রযুক্তির উপর নির্ভর করেছে
- ল্যান্ডফিলিংয়ের জন্য জায়গার চাহিদা কমে যায়। বর্জ্য পরিবহনের খরচ দূরবর্তী স্থল-ভরাট সাইটগুলিতেও আনুপাতিক হারে হ্রাস পায়
- সামগ্রিকভাবে পরিবেশ দূষণ হ্রাস

অতএব, বর্জ্য থেকে শক্তি পুনরুদ্ধারের বিকল্প খোলা রাখা যেতে পারে এবং 3Rs ধারণার সাথে বর্জ্য ব্যবস্থাপনার সর্বাধিক পরিকল্পনায় অন্তর্ভুক্ত করা উচিত। বর্জ্যের জৈব ভগ্নাংশ (বায়োডিগ্রেডেবল এবং নন-বায়োডিগ্রেডেবল) থেকে শক্তি পুনরুদ্ধার করা যেতে পারে মূলত নীচের দুটি পদ্ধতির মাধ্যমে:

(i) **তাপ-রাসায়নিক রূপান্তর:** এই প্রক্রিয়ায়, তাপ শক্তি বা জ্বালানী তেল/গ্যাস উৎপাদনের জন্য তাপীয় ডি-কম্পোজিশন ব্যবহার করেছে জৈব পদার্থগুলি পচে যায়। এই প্রক্রিয়াটি জৈব অ-বায়োডিগ্রেডেবল পদার্থের উচ্চ শতাংশ এবং কম আর্দ্রতা ধারণকারী বর্জ্যের জন্য দরকারী। এই বিভাগের অধীনে প্রধান প্রযুক্তিগত বিকল্পগুলির মধ্যে রয়েছে জ্বালানো এবং পাইরোলাইসিস/ গ্যাসিফিকেশন।

(ii) **জৈব-রাসায়নিক রূপান্তর:** এই প্রক্রিয়ায় জৈব পদার্থগুলি মাইথেন গ্যাস উৎপাদনের জন্য মাইক্রোবায়াল ক্রিয়া দ্বারা পচে যায়। এই প্রক্রিয়া, জৈব বায়ো-ডিগ্রেডেবল পদার্থের উচ্চ মাত্রার আর্দ্রতা/ জলের পরিমাণ সহ বর্জ্যগুলির জন্য পছন্দ করা হয়েছে, যা মাইক্রোবায়াল ক্রিয়াকলাপে সহায়তা করেছে। এই বিভাগের অধীনে প্রধান প্রযুক্তিগত বিকল্প হল অ্যানেরোবিক হজম।

শক্তি পুনরুদ্ধারকে প্রভাবিত করেছে এমন প্যারামিটারগুলি যা বর্জ্য থেকে শক্তি পুনরুদ্ধারকে প্রভাবিত করেছে (MSW সহ) এর মধ্যে রয়েছে: বর্জ্যের পরিমাণ এবং এর শারীরিক এবং রাসায়নিক বৈশিষ্ট্য (গুণমান)। শক্তির প্রকৃত উৎপাদন উপরোক্ত দুটি পরামিতি ছাড়াও নিযুক্ত নির্দিষ্ট চিকিৎসা প্রক্রিয়ার উপর নির্ভর করেছে।

4.4.5 স্যানিটারি ল্যান্ডফিল

স্যানিটারি ল্যান্ডফিল হল বর্জ্য অপসারণের একটি পদ্ধতি যা আজকাল প্রায়শই ব্যবহৃত হয়েছে। এটি একটি ইঞ্জিনিয়ারিং বর্জ্য দাফন। এটি মাটিতে বর্জ্য ছড়িয়ে দেওয়া, কম্প্যাক্ট করা এবং কাজের শেষে বা অন্যান্য উপযুক্ত বিরতিতে মাটি দিয়ে ঢেকে রাখা। স্যানিটারি জমি ভরাটের সাধারণত দুটি পদ্ধতি রয়েছে; এলাকা আমাকে থড এবং ট্রেঞ্চ পদ্ধতি। এলাকা পদ্ধতি ব্যবহার করা হয়েছে, যখন খনন করা সম্ভব হয়েছে না, বিশেষ করেছে যখন ভূগর্ভস্থ জলের স্তর বেশি থাকে। যখন খনন করা সম্ভব হয়েছে, তখন পরিখা পদ্ধতি ব্যবহার করা হয়েছে। এই পদ্ধতিতে পরিখা থেকে খননকৃত পৃথিবী থেকে সরাসরি কভার উপাদান থাকার

সুবিধা রয়েছে। স্যানিটারি ল্যান্ডফিল সাইটগুলি নিরাপদ না হওয়া পর্যন্ত পরিবেশ থেকে বিচ্ছিন্ন রাখা হয়েছে। এটি পরিবেশের জন্য নিরাপদ বলে বিবেচিত হয়েছে যখন এটি জৈবিক, রাসায়নিক এবং শারীরিকভাবে সম্পূর্ণভাবে ক্ষয়প্রাপ্ত হয়েছে। স্যানিটারি ল্যান্ডফিলের দ্বি-পণ্য থেকে উৎপাদিত গ্যাস দহনের জ্বালানি হিসাবে ব্যবহার করা যেতে পারে বা সেগুলি অন্য জ্বালানিতে প্রক্রিয়াজাত করা যেতে পারে।

4.4.6 বিপজ্জনক বর্জ্য

যেসব বর্জ্য শিল্প, হাসপাতাল, গৃহস্থালিতে বিষাক্ত পদার্থ ধারণ করেছে সেগুলোকে বিপজ্জনক বর্জ্য বলা হয়েছে। এই বর্জ্যগুলি কঠিন, তরল বা গ্যাস আকারে হতে পারে। এই বর্জ্যগুলি মানুষের স্বাস্থ্য এবং পরিবেশের উপর খুব ক্ষতিকর প্রভাব ফেলতে পারে, যখন অনুপযুক্তভাবে চিকিৎসা বা পরিচালিত হয়েছে। অনুপযুক্ত বিপজ্জনক বর্জ্য সঞ্চয় বা নিষ্পত্তি ঘন ঘন ভূগর্ভস্থ জল এবং পৃষ্ঠের জল দূষিত করেছে। এটি বিপজ্জনক ভূমি দূষণের উৎসও হতে পারে। অনেক কীটনাশক, ভেষজনাশক, রং, শিল্প দ্রাবক, ফ্লুরোসেন্ট লাইট বাল্ব এবং পারদযুক্ত ব্যাটারিগুলিকে বিপজ্জনক বর্জ্য হিসাবে শ্রেণীবদ্ধ করা হয়েছে, তাই চিকিৎসা বর্জ্য পণ্য যেমন সংস্কৃতি, মানুষের টিস্যু, দূষিত গ্লাভস, শার্প, পিপিই কিট ইত্যাদি বিপজ্জনক বর্জ্য এর ক্ষতিকারক সম্পত্তির, আমাদের দৈনন্দিন জীবনের অন্যান্য উপজাতের মতো সাধারণ উপায়ে নিষ্পত্তি করা যাবে না। বর্জ্যের শারীরিক এবং রাসায়নিক অবস্থার উপর নির্ভর করেছে, চিকিৎসা এবং দৃঢ়ীকরণের প্রক্রিয়াগুলির প্রয়োজন হতে পারে। বিপজ্জনক বর্জ্যকে বৈজ্ঞানিকভাবে চিকিৎসা করা প্রয়োজন। বিপজ্জনক বর্জ্যে বিষাক্ততা, অগ্নিদগ্ধতা, প্রতিক্রিয়াশীলতা, ক্ষয়ক্ষতি এবং এর মতো বৈশিষ্ট্য থাকতে পারে।

চিত্র 4.8: বিপজ্জনক বর্জ্য

বিপজ্জনক বর্জ্য অপসারণ

বিপজ্জনক বর্জ্য সঠিকভাবে নিষ্পত্তি করা নাগরিক এবং ব্যবসার মালিক উভয়ের জন্যই অত্যন্ত প্রয়োজনীয়। ঐতিহাসিকভাবে, এই বর্জ্যগুলি নিয়মিত ল্যান্ডফিলগুলিতে ফেলা হয়েছে। আমাদের প্রাকৃতিক জল ডাম্প করা বর্জ্য থেকে রাসায়নিক পদার্থ অব্যাহতভাবে প্রবেশের কারণে দূষিত হওয়ার জন্য ব্যবহৃত সিস্টেমগুলি যা মানুষের পাশাপাশি প্রাণী এবং জলজ প্রাণীর জন্য খুব ক্ষতিকারক ছিল। অতএব, এটি অত্যন্ত অপরিহার্য হয়ে ওঠে যে বিপজ্জনক বর্জ্যগুলি সঠিকভাবে নিষ্পত্তি করা হয়েছে যাতে এই ক্ষতিকারক প্রভাবগুলি যতটা সম্ভব হ্রাস করা যায়। বিপজ্জনক বর্জ্যের নিরাপদ নিষ্পত্তির জন্য নীচে আলোচনা করা কয়েকটি পদ্ধতি গ্রহণ করা যেতে পারে:

- **পোড়ানো:** উচ্চ তাপমাত্রায় বর্জ্য পদার্থ পুড়িয়ে বিষাক্ত বর্জ্য ধ্বংস করা পারে। যদিও ভস্মীকরণের পদ্ধতি বিষাক্ত গ্যাস নির্গত করেছে যা আমাদের পরিবেশকে প্রভাবিত করা পারে, কিন্তু এখন আরও কার্যকর ইনসিনারেটর তৈরি করা হয়েছে যা বায়ুমণ্ডলে নির্গত নি:সরণের পরিমাণকে সীমাবদ্ধ করেছে। জ্বলনযোগ্য বর্জ্য পুড়িয়েও শক্তির উৎস হিসেবে ব্যবহার করা যায়।

- **পুনর্ব্যবহার:** এটি বিপজ্জনক বর্জ্যের পরিমাণ কমানোর অন্যতম সেরা পদ্ধতি। আমাদের অবশ্যই ব্যবহৃত উপকরণগুলিকে কেবল ফেলে দেওয়ার পরিবর্তে পুনরায় ব্যবহার করার চেষ্টা করা হবে, যদিও এর জন্য কিছু

সৃজনশীলতার প্রয়োজন হতে পারে। বেশিরভাগ জ্বলনযোগ্য সামগ্রী শিল্প জ্বালানিতে পুনর্ব্যবহারযোগ্য। বিপজ্জনক উপাদানগুলির সাথে কিছু উপকরণ পুনর্ব্যবহারযোগ্য হতে পারে, যেমন সীসা অ্যাসিড ব্যাটারী ইত্যাদি।

- **ভাগ করা বা দান করা :** যদি আপনার কাছে অতিরিক্ত কিছু থাকে এবং এটি ব্যবহার অনুপযোগী মনে হয়েছে, তাহলে এটি শেয়ার করা বা দান করা যেতে পারে যার প্রয়োজন। ভাগ করেছে বা দান করেছে, আপনি বিপজ্জনক বর্জ্য উৎপাদন কমাতে সক্ষম হবেন।

4.5 এয়ার কোয়ালিটি অ্যাক্ট 2004

এয়ার কোয়ালিটি অ্যাক্ট, 2004 সরকারী গেজেটে, ভলিউম 476 দক্ষিণ আফ্রিকা প্রজাতন্ত্রের 24 ই ফেব্রুয়ারী 2005 এ আইন নং 39, 2004 এর অধীনে বিজ্ঞপ্তি দেওয়া হয়েছিল।

আইন

দূষণ ও পরিবেশগত অধ:পতন রোধে যুক্তিসঙ্গত ব্যবস্থা প্রদান এবং পরিবেশগতভাবে টেকসই উন্নয়ন নিশ্চিত করা র জন্য পরিবেশগত সুরক্ষার জন্য বাতাসের মান নিয়ন্ত্রণকারী আইন সংস্কার করা; সরকারের সকল ক্ষেত্রে বায়ু গুণমান পর্যবেক্ষণ, ব্যবস্থাপনা ও নিয়ন্ত্রণ নিয়ন্ত্রণকারী জাতীয় মানদণ্ড এবং মানসমূহ প্রদান করা; নির্দিষ্ট বায়ু মানের পরিমাপের জন্য; এবং আনুষঙ্গিক বিষয়গুলির জন্য।

আইনের উদ্দেশ্য

(a) এর জন্য যুক্তিসঙ্গত ব্যবস্থা প্রদান করেছে পরিবেশ রক্ষা করা -

   (i) প্রজাতন্ত্রের বাতাসের মান রক্ষা ও বৃদ্ধি;

   (ii) বায়ু দূষণ এবং পরিবেশগত অবক্ষয় রোধ; এবং

   (iii) ন্যায্য অর্থনৈতিক ও সামাজিক উন্নয়নের জন্য পরিবেশগতভাবে টেকসই উন্নয়ন নিশ্চিত করা; এবং

(b) সাধারনত দক্ষিণ আফ্রিকার সংবিধানের ধারা 24 (b) কে কার্যকর করার জন্য যাতে পরিবেশ এবং মানুষের স্বাস্থ্যের জন্য ক্ষতিকর নয় এমন পরিবেশ সুরক্ষার স্বার্থে পরিবেষ্টিত বাতাসের মান বাড়ানো যায়।

আইনের ধারাগুলির মধ্যে রয়েছে মোট নয়টি অধ্যায়। অধ্যায় 1 ব্যাখ্যা এবং মৌলিক নীতিগুলি নিয়ে আলোচনা করেছে ছে; অধ্যায় 2 জাতীয় কাঠামো এবং জাতীয়, প্রাদেশিক এবং স্থানীয় মান সম্পর্কে; অধ্যায় 3 প্রাতিষ্ঠানিক এবং পরিকল্পনা বিষয়; বায়ু গুণমান ব্যবস্থাপনা ব্যবস্থা 4 অধ্যায়ে আলোচনা করা হয়েছে; গ অধ্যায় 5 তালিকাভুক্ত ক্রিয়াকলাপের লাইসেন্স নিয়ে কাজ করেছে; আন্তর্জাতিক বায়ু মানের ব্যবস্থাপনা Cha অধ্যায়ে বর্ণিত হয়েছে; অধ্যায় 7 অপরাধ এবং শাস্তি সম্পর্কে; সাধারণ বিষয়গুলি অধ্যায় 8 এবং 9 অধ্যায়ে বিবিধ বিষয় নিয়ে আলোচনা করা হয়েছে।

এয়ার কোয়ালিটি অ্যাক্ট 2004 ওয়েবসাইট থেকে ডাউন লোড করা যেতে পারে:"https://www.environment.gov.za/sites/default/files/legislations/nema_amendment_act39.pdf"

4.5.1 বায়ু দূষণ নিয়ন্ত্রণ আইন 1981

এই আইনটি ভারতের সংবিধানের 253 অনুচ্ছেদের অধীনে এবং স্টকহোম সম্মেলনের সিদ্ধান্ত অনুসারে পাস করা হয়েছিল এবং বায়ুদূষণ রোধ, নিয়ন্ত্রণ এবং প্রশমিত করা র লক্ষ্যে ভারত প্রজাতন্ত্রের 32 তম বছরে সংসদ দ্বারা প্রণীত হয়েছিল। এটি পঞ্চাশটিরও বেশি অংশ নিয়ে একটি বিসতৃত আইন।

উদ্দেশ্য:

1. কেন্দ্রীয় এবং রাজ্য বোর্ডগুলি প্রতিষ্ঠা করা এবং তাদের বায়ুর গুণমান এবং দূষণ নিয়ন্ত্রণের ক্ষমতা দেওয়া
2. বায়ু দূষণ প্রতিরোধ, নিয়ন্ত্রণ এবং হ্রাস
3. বোর্ডগুলিকে ক্ষমতা প্রদান করা, আইনের বিধানগুলি বাস্তবায়ন করা এবং দূষণ সংক্রান্ত বোর্ডের কার্যভার অর্পণ করা

বায়ু দূষণ নিয়ন্ত্রণ, নিয়ন্ত্রণ এবং হ্রাসের জন্য 1981 সালে বায়ু (দূষণ নিয়ন্ত্রণ ও নিয়ন্ত্রণ) আইন প্রণয়ন করা হয়েছিল এবং 1987 সালে সংশোধন করা হয়েছিল। এই আইনে কিছু প্রাসঙ্গিক পদ সংজ্ঞায়িত করা হয়েছে যেমন বায়ু দূষণ, বায়ু দূষণকারী, অটোমোবাইল, শিল্প কারখানা ইত্যাদি

ভারী দূষিত এলাকাগুলিকে "বায়ু দূষণ নিয়ন্ত্রণ এলাকা" বলা হচ্ছে এবং যেখানে রাজ্য দূষণ নিয়ন্ত্রণ বোর্ডের (এসপিসিবি) পূর্বানুমতি বা অনুমতি ছাড়া কোন শিল্প কারখানা চালু করা যাবে না। বায়ুদূষণ নিয়ন্ত্রণ ও প্রতিরোধের দায়িত্ব দেওয়া হয়েছে কেন্দ্রীয় ও রাজ্য বোর্ডকে। দূষণকারীকে বায়ু দূষিত করা থেকে বিরত রাখতে আইন আদালতে রাজ্য বোর্ডের চার্জ দেওয়ার ক্ষমতা রয়েছে। বোর্ডের ক্ষমতা আছে যে কোনো ব্যক্তিকে দূষণকারী চত্বরে প্রবেশ ও পরিদর্শন করা র এবং চিমনি, ফ্লু, নালী বা অন্য কোনো আউটলেট থেকে নির্গমন যেমন দূষণকারী বিশ্লেষণের জন্য নমুনা সংগ্রহ কর র ক্ষমতা।

আপনি বায়ু দূষণ নিয়ন্ত্রণ আইন 1981 ওয়েবসাইট থেকে ডাউনলোড করতে পারেন

"https://legislative.gov.in/sites/default/files/A1981-14.pdf"

4.5.2 জল (দূষণ নিয়ন্ত্রণ ও নিয়ন্ত্রণ) আইন 1974

জল দূষণ নিয়ন্ত্রণ ও নিয়ন্ত্রণের জন্য এবং দেশে জলের সুস্বাস্থ্য বজায় রাখার বা পুনরুদ্ধারের জন্য 1974 সালে জল (দূষণ প্রতিরোধ ও নিয়ন্ত্রণ) আইন প্রণয়ন করা হয়েছিল। আইনটি 1988 সালে সংশোধন করা হয়েছিল। 1977 সালে জল (দূষণ নিয়ন্ত্রণ ও নিয়ন্ত্রণ) উপকর আইন প্রণয়ন করা হয়েছিল, যাতে নির্দিষ্ট ধরনের শিল্পকর্ম পরিচালিত এবং বহনকারী ব্যক্তিদের দ্বারা ব্যবহৃত জলের উপর উপকর আদায় ও সংগ্রহ করা যায়। জল (দূষণ নিয়ন্ত্রণ ও নিয়ন্ত্রণ) আইন, 1974 এর অধীনে গঠিত জল দূষণ প্রতিরোধ ও নিয়ন্ত্রণের জন্য কেন্দ্রীয় বোর্ড এবং রাজ্য বোর্ডের সম্পদ বৃদ্ধির লক্ষ্যে এই উপকর সংগ্রহ করা হয়েছে। আইনটি সর্বশেষ 2003 সালে সংশোধন করা হয়েছিল।

এই আইন জল দূষণ রোধ ও নিয়ন্ত্রণ এবং জলের সুস্থতা রক্ষণাবেক্ষণ/ পুনরুদ্ধারের জন্য কর্তৃপক্ষ প্রদান করেছে; এবং একটি বোর্ড প্রতিষ্ঠায় সহায়তা করেছে , যা জল দূষণ রোধ ও নিয়ন্ত্রণের প্রেক্ষিতে কার্যক্রম ও হস্তক্ষেপ পরিচালনার ক্ষমতা ও কার্যাবলী রাখে।

অনুচ্ছেদ 51 A(g) অনুসারে বন, হ্রদ, নদী এবং বন্যপ্রাণীর অন্তর্ভুক্ত প্রাকৃতিক পরিবেশ রক্ষা এবং উন্নত করা এবং জীবিত প্রাণীর প্রতি সহানুভূতি রাখা ভারতের প্রতিটি নাগরিকের মৌলিক কর্তব্য। ভারতে জল দূষণ প্রতিরোধ ও নিয়ন্ত্রণের লক্ষ্যে জল আইন প্রণয়ন করা হয়েছে।

উদ্দেশ্য:

- জল দূষণ প্রতিরোধ, নিয়ন্ত্রণ এবং হ্রাসের ব্যবস্থা করা
- এই আইনে কেন্দ্রীয় ও রাজ্য বোর্ড প্রতিষ্ঠার কথা বলা হয়েছে এবং এই বোর্ডগুলি কীভাবে প্রতিষ্ঠিত হওয়া উচিত তা নির্ধারণ করা হয়েছে

- আইনে দূষণ, পয়: নিষ্কাশন, বাণিজ্যিক দূষণ, বিতরণ ইত্যাদি শর্তাবলী সংজ্ঞায়িত করা হয়েছে
- এই আইন কেন্দ্রীয় ও রাজ্য বোর্ডের কার্যাবলী প্রদান করেছে
- ওয়াটার বোর্ডের তথ্য পাওয়ার ক্ষমতা, যে কোনো শিল্প / এলাকা থেকে দূষণের নমুনা নেওয়া এবং যে কোনো এলাকায় গবেষণা করা এবং প্রবাহ বা আয়তন এবং যে কোনো স্রোত বা উৎসের অন্যান্য দিকের রেকর্ড পরিমাপ ও রক্ষণাবেক্ষণ করার ক্ষমতা রয়েছে

4.6 কেন্দ্রীয় ও রাজ্য দূষণ নিয়ন্ত্রণ বোর্ডের কাঠামো এবং ভূমিকা

সেন্ট্রাল পলিউশন কন্ট্রোল বোর্ড (CPCB), একটি সংবিধিবদ্ধ সংস্থা, 1974 সালের সেপ্টেম্বর মাসে জল (দূষণ নিয়ন্ত্রণ ও নিয়ন্ত্রণ) আইন, 1974 এর অধীনে গঠিত হয়েছিল। CPCB কে বায়ু (দূষণ নিয়ন্ত্রণ ও নিয়ন্ত্রণ) আইন, 1981. এটি একটি ক্ষেত্র গঠনের কাজ করেছে এবং পরিবেশ (সুরক্ষা) আইন, 1986 এর প্রপোজেশনের জন্য পরিবেশ ও বন মন্ত্রণালয়কে প্রযুক্তিগত সেবা প্রদান করেছে।

4.6.1 কেন্দ্রীয় দূষণ নিয়ন্ত্রণ বোর্ডের সাংগঠনিক কাঠামো

কেন্দ্রীয় বোর্ড নিম্নলিখিত সদস্যদের নিয়ে গঠিত:

1. কেন্দ্রীয় সরকার কর্তৃক মনোনীত পরিবেশ সুরক্ষা সংক্রান্ত বিষয়ে জ্ঞান বা বাস্তব অভিজ্ঞতা সম্পন্ন একজন পূর্ণকালীন চেয়ারম্যান।
2. একজন পূর্ণকালীন সদস্য-সচিব, যার জ্ঞান আছে কেন্দ্রীয় সরকার কর্তৃক মনোনীত হওয়ার জন্য দূষণ নিয়ন্ত্রণের প্রকৌশল এবং ব্যবস্থাপনা বিষয়গুলির জ্ঞান এবং অভিজ্ঞতা।
3. রাষ্ট্রীয় বোর্ডের সদস্যদের মধ্যে পাঁচ জনের বেশি নয়, কৃষি মৎস্য, কৃষি-বাণিজ্য ইত্যাদির স্বার্থের প্রতিনিধিত্ব করার জন্য তিনজনের বেশি নয়, সরকার কর্তৃক মনোনীত।
4. বিস্তারিত সাংগঠনিক কাঠামোর জন্য ওয়েবসাইট: www.cpcb.nic.in দেখুন।

4.6.2 জাতীয় পর্যায়ে কেন্দ্রীয় বোর্ডের কার্যাবলী

কেন্দ্রীয় বোর্ডের কার্যাবলী নিচে উল্লেখ করা হলো:

- এটি জল ও বায়ু দূষণ রোধ ও নিয়ন্ত্রণ এবং বাতাসের গুণমানের উন্নতির বিষয়ে কেন্দ্রীয় সরকারকে পরামর্শ দেয়
- জল এবং বায়ু দূষণ প্রতিরোধ, নিয়ন্ত্রণ বা হ্রাসের জন্য একটি দেশব্যাপী কর্মসূচির পরিকল্পনা করা
- রাজ্য বোর্ডের ক্রিয়াকলাপগুলিকে সমন্বয় করা এবং তাদের মধ্যে বিরোধ নিষ্পত্তি করা
- রাজ্য বোর্ডগুলিকে প্রযুক্তিগত সহায়তা এবং দিকনির্দেশনা প্রদান করা, জল এবং বায়ু দূষণের সমস্যা এবং তাদের প্রতিরোধ, নিয়ন্ত্রণ বা হ্রাসের জন্য তদন্ত এবং গবেষণা পরিচালনা এবং পৃষ্ঠপোষকতা করা
- জল এবং বায়ু দূষণ প্রতিরোধ, নিয়ন্ত্রণ বা হ্রাস সংক্রান্ত কর্মসূচিতে নিযুক্ত ব্যক্তিদের প্রশিক্ষণের পরিকল্পনা এবং সংগঠিত করা
- গণমাধ্যমের মাধ্যমে সংগঠিত করা, জল এবং বায়ু দূষণ প্রতিরোধ, নিয়ন্ত্রণ বা হ্রাস সম্পর্কে একটি ব্যাপক গণসচেতনতা কর্মসূচি
- জল এবং বায়ু দূষণ সম্পর্কিত প্রযুক্তিগত এবং পরিসংখ্যানগত তথ্য সংগ্রহ, সংকলন এবং প্রকাশ করা এবং
- তাদের কার্যকর প্রতিরোধ, নিয়ন্ত্রণ বা হ্রাসের জন্য প্রণীত ব্যবস্থা

- পয়: নিষ্কাশন ও বাণিজ্যিক নিষ্কাশন এবং স্ট্যাক গ্যাস পরিষ্কার করার যন্ত্র, স্ট্যাক এবং নালীর জন্য ম্যানুয়াল, কোড এবং নির্দেশিকা প্রস্তুত করা
- জল এবং বায়ু দূষণ এবং তাদের প্রতিরোধ এবং নিয়ন্ত্রণ সম্পর্কিত বিষয়গুলির বিষয়ে তথ্য প্রচার করা
- সংশ্লিষ্ট রাজ্য সরকারের সঙ্গে আলোচনা করেছে , সংশোধন বা বাতিল, প্রবাহ বা ভাল জন্য মান, এবং বাতাসের মানের জন্য মান নির্ধারণ করা
- ভারত সরকার কর্তৃক নির্ধারিত অন্যান্য কার্য সম্পাদন করা

4.6.3 রাজ্য দূষণ নিয়ন্ত্রণ বোর্ডের গঠন এবং ভূমিকা

প্রতিটি রাজ্যের নিজস্ব দূষণ নিয়ন্ত্রণ বোর্ড (PCB) বা দূষণ নিয়ন্ত্রণ কমিটি (PCC) আছে। এটি সংশ্লিষ্ট রাজ্যের এখতিয়ারের মধ্যে পরিবেশ আইন এবং বিধি বাস্তবায়নের জন্য প্রতিষ্ঠিত। প্রতিটি পিসিবি/পিসিসির প্রধান কাজ হল টেকসই উন্নয়ন সম্পর্কে জনগণের মধ্যে সচেতনতা তৈরি করা এবং রাজ্যে দূষণমুক্ত পরিবেশের জন্য সমস্ত অংশীদারদের সহায়তায় হাত মিলানো। রাজ্য দূষণ নিয়ন্ত্রণ বোর্ড CPCB (কেন্দ্রীয় দূষণ নিয়ন্ত্রণ বোর্ড) এর তত্ত্বাবধানে কাজ করেছে। CPCB SPCB- কে তার সমস্ত কাজ এবং ক্ষমতা প্রদান করেছে ছে।

বোর্ডের কার্যাবলী : SPCB- এর প্রাথমিক উদ্দেশ্য হল শিল্প ও উদ্যোক্তাদের পরিবেশ রক্ষায় তাদের দায়িত্ব পালনে সহায়তা করা।

রাজ্য দূষণ নিয়ন্ত্রণ বোর্ডের প্রধান কাজগুলি হল:

- পরিবেষ্টিত বায়ু মানের মূল্যায়ন
- জলের মান নির্ণয়
- পরিবেশ দূষণ বিবেচনায় রেখে এনওসি (নো-অবজেকশন সার্টিফিকেট) প্রদান
- বায়ু দূষণ আইন 1981 এর ধারা 21 এর অধীনে সম্মতি প্রদান
- জল দূষণ আইন 1974 এর 25/26 ধারার অধীনে সম্মতি প্রদান
- জল উপকর আইন 1977 এর বিধানের অধীনে জল উপকর সংগ্রহ ও মূল্যায়ন
- পৌর ও শিল্প দূষণের উৎস এবং নিয়ন্ত্রণের মূল্যায়ন এবং সনাক্তকরণ
- গণ সচেতনতা কর্মসূচির ব্যবস্থা করা
- দূষণ নিয়ন্ত্রণ প্রযুক্তির উন্নয়ন
- নির্গমন এবং নির্গত মানগুলির বিজ্ঞপ্তি
- খেলাপিদের বিরুদ্ধে আইনানুগ ব্যবস্থা গ্রহণ
- জৈব-চিকিৎসা বর্জ্য বিধি বাস্তবায়ন, 1998
- বিপজ্জনক বর্জ্য ব্যবস্থাপনা বিধি, 1989 এর অধীনে অনুমোদন প্রদান

SPCB- এর জন্য প্রযোজ্য আইন: নিম্নলিখিত আইনগুলি SPCB- এর কাজ করার জন্য প্রযোজ্য:

- বায়ু (দূষণ নিয়ন্ত্রণ ও নিয়ন্ত্রণ) আইন, 1981
- জল (দূষণ নিয়ন্ত্রণ ও নিয়ন্ত্রণ) উপকর আইন, 1977।
- পরিবেশ সুরক্ষা আইন, 1986
- জল (দূষণ নিয়ন্ত্রণ ও নিয়ন্ত্রণ) আইন, 1974

4.6.4 কেন্দ্রশাসিত অঞ্চলের রাজ্য বোর্ড হিসাবে কেন্দ্রীয় বোর্ডের কাজ

একটি কেন্দ্রশাসিত অঞ্চলের জন্য এবং একটি কেন্দ্রশাসিত অঞ্চলের জন্য আলাদা রাজ্য বোর্ড গঠন করা হয়েছে না। যেমনটি ভারত সরকারের নীতিগত সিদ্ধান্ত, সিপিসিবি জল (দূষণ নিয়ন্ত্রণ ও নিয়ন্ত্রণ) আইন, 1974, জল (দূষণ নিয়ন্ত্রণ ও নিয়ন্ত্রণ) উপকর আইন, 1977 এবং বায়ু (দূষণ নিয়ন্ত্রণ ও নিয়ন্ত্রণ) আইন, 1981 সংশ্লিষ্ট কেন্দ্রশাসিত অঞ্চলের ক্ষেত্রে সংশ্লিষ্ট স্থানীয় প্রশাসনের প্রতি। সিপিসিবি তার সমকক্ষ রাজ্য দূষণ নিয়ন্ত্রণ বোর্ড (এসপিসিবি) কেন্দ্রশাসিত অঞ্চলের পরিবেশ দূষণ প্রতিরোধ ও নিয়ন্ত্রণ সংক্রান্ত আইন বাস্তবায়নের জন্য দায়ী।

কার্যাবলী: কেন্দ্রশাসিত অঞ্চলের রাজ্য বোর্ড হিসাবে কেন্দ্রীয় বোর্ডের কার্যাবলি নীচে সংক্ষিপ্ত করা হয়েছে:

- কেন্দ্রশাসিত অঞ্চলগুলির সরকারগুলিকে পদক্ষেপ ওঠানোর জন্য যে কোনও প্রাঙ্গণ বা অবস্থানের উপযুক্ততার বিষয়ে পরামর্শ দেওয়া, কোন শিল্প যা একটি স্রোত বা বায়ু দূষণের কারণ হতে পারে
- পয়:নিষ্কাশন এবং বাণিজ্যিক বর্জ্য এবং অটোমোবাইল, শিল্প কারখানা এবং অন্য যে কোনো দূষণকারী উৎস থেকে নির্গমনের জন্য মান নির্ধারণ করা
- জমিতে পয়:নিষ্কাশন এবং বাণিজ্যিক বর্জ্য নিষ্কাশনের জন্য দক্ষ পদ্ধতি উদ্ভাবন
- পয়: নিষ্কাশন, বাণিজ্যিক বর্জ্য এবং বায়ু দূষণ নিয়ন্ত্রণ যন্ত্রের চিকিৎসার নির্ভরযোগ্য এবং অর্থনৈতিকভাবে কার্যকর পদ্ধতি তৈরি করা
- কেন্দ্রশাসিত অঞ্চলের মধ্যে বায়ু দূষণ নিয়ন্ত্রণ এলাকা বা বায়ু (দূষণ নিয়ন্ত্রণ ও নিয়ন্ত্রণ) আইন, 111 এর অধীনে অবহিত করা এলাকা হিসাবে চিহ্নিত করা
- পরিবেষ্টিত জল এবং বাতাসের গুণমান মূল্যায়ন করা এবং বর্জ্য জল শোধনাগার, বায়ু দূষণ নিয়ন্ত্রণ যন্ত্রপাতি, শিল্প কারখানা বা উৎপাদন প্রক্রিয়া পরিদর্শন করা যাতে তাদের কর্মক্ষমতা মূল্যায়ন করা যায় এবং বায়ু ও জল দূষণ প্রতিরোধ, নিয়ন্ত্রণ ও হ্রাসের জন্য পদক্ষেপ গ্রহণ করা হয়েছে

4.7 কার্বন ক্রেডিট, কার্বন ফুটপ্রিন্টের ধারণা

কার্বন ফুট প্রিন্টের ধারণাটি এসেছে ইকোলজিক্যাল ফুট প্রিন্টের পুরনো ধারণা থেকে, একটি ধারণা কানাডিয়ান বাস্তুবিদ উইলিয়াম রিস এবং সুইস-বংশোদ্ভূত আঞ্চলিক পরিকল্পনাকারী ম্যাথিস ওয়াকারনেগেল কর্তৃক ব্রিটিশ কলম্বিয়ার বিশ্ববিদ্যালয়ে উদ্ভাবিত। গ্রীনহাউস গ্যাস নির্গমনের প্রধান কারণ [জিএইচজি] মানুষের কার্যকলাপ। এই প্রভাব/ফলাফল জলবায়ু পরিবর্তন এবং বৈশ্বিক উষ্ণায়ন। জলবায়ু পরিবর্তন হচ্ছে বিদ্যুৎ, জীবাশ্ম জ্বালানি, বন উজাড় ইত্যাদি ব্যবহারে মানুষের নির্ভরশীলতার কারণে কার্বন-ডাই অক্সাইড [CO_2], মিথেন [CH_4] নাইট্রাস অ্যাসিড [N_2O] এবং ফ্লোরিনযুক্ত গ্যাসগুলি সাধারণ GHGs।

একটি কার্বন পদচিহ্ন হল গ্রিনহাউস গ্যাসের পরিমাণ, প্রাথমিকভাবে কার্বন ডাই অক্সাইড বায়ুমণ্ডলে একটি ব্যক্তি, একটি পরিবার, একটি ইভেন্ট, একটি সংস্থা বা এমনকি একটি সম্পূর্ণ জাতির ক্রিয়া দ্বারা নির্গত হয়েছে। এটি সাধারণত প্রতি বছর নির্গত টন CO_2 হিসাবে পরিমাপ করা হয়েছে। সব গ্রিনহাউস গ্যাসের মধ্যে কার্বন ফুট প্রিন্ট কেন CO_2 এর সমান কারণ এটি প্রতিটি গ্রিনহাউসের প্রভাব ভিন্ন, তাদের মোট প্রভাবগুলি একটি সাধারণ উপায়ে পরিমাপ করা প্রয়োজন। উদাহরণস্বরূপ, এক টন মিথেন জলবায়ুর জন্য এক টন CO_2 এর চেয়ে অনেক বেশি ক্ষতিকর। যোগাযোগ সহজ করা র জন্য, সব গ্রীনহাউস CO_2 সমতুল্য পরিমাপ করা হয়েছে। সংখ্যাটি প্রতিনিধিত্ব করেছে যে কতটা বিশুদ্ধ CO_2 জলবায়ুতে একই প্রভাব ফেলবে, যেমন আসলে নির্গত গ্যাসের মিশ্রণ।

কার্বন পদচিহ্ন একটি সাধারণ পায়ের ছাপের মতো এবং আমরা আমাদের পরিবেশে যে চিহ্ন রেখে যাই, তা কিন্তু আমাদের পাদুকাগুলির কারণে নয়, বরং এটি আমাদের প্রতিটি কর্মের কারণে যা কার্বন নিসরণ করেছে। ক্ষতিকারক গ্যাস যেমন CO_2, যা জীবাশ্ম জ্বালানি যেমন তেল, গ্যাস ইত্যাদি জ্বালিয়ে নি:সৃত হয়েছে আপনি যত বেশি জ্বালানী ব্যবহার করবেন ততই আপনার পদচিহ্ন হবে। উদাহরণস্বরূপ, যদি আপনি একটি গাড়ি চালান তাহলে গাড়ির দ্বারা নির্গত CO_2 কেবল কার্বন পদচিহ্নের জন্যই নয়, গাড়ির উৎপাদনের জন্যও দায়ী। মাটি থেকে তেল উত্তোলনের জন্য প্রয়োজনীয় শক্তি, জ্বালানি পরিশোধন, জ্বালানি পরিবহনেও তাদের নিজস্ব কার্বন পদচিহ্ন রয়েছে। মানুষের মালিকানাধীন সবকিছুতে একটি কার্বন পদচিহ্ন রয়েছে। আমরা যে বই পড়ি, যে খাবার আমরা খাই ইত্যাদি কল্পনা করা যে একটি আপেল যা আমরা আমাদের নিকটবর্তী বাজারে পাই তার নিজস্ব কার্বন পদচিহ্নও রয়েছে, কারণ এটি আপনার নিকটবর্তী বাজারে পৌঁছানোর জন্য মাইল পথ পাড়ি দেয়। কোন কার্বন পদচিহ্নকে পিছনে ফেলে রাখা সম্ভব নয় কিন্তু আমাদের কর্মের দ্বারা এটি হ্রাস করা যেতে পারে। আসুন আমরা আমাদের কর্ম এবং পছন্দ সম্পর্কে চিন্তা করি।

আমরা উৎপাদন প্রক্রিয়া চলাকালীন বা যখন প্রক্রিয়াটি পরিকল্পনা/ নকশা করা হচ্ছে তখন কার্বন পদচিহ্নের পূর্বাভাস দেওয়ার চেষ্টা করা পারি। কার্বন নি:সরণ দুই ধরনের হতে পারে:

1. **প্রত্যক্ষ কার্বন নির্গমন:** যে কার্বন নির্গমন সরাসরি শিল্প থেকে আসে যেমন জ্বালানি, ব্যক্তিগত যানবাহন, গ্যাসের চুলা জ্বালানো ইত্যাদি দ্বারা সরাসরি কার্বন নির্গমন বলা যেতে পারে।

2. **পরোক্ষ কার্বন নির্গমন:** যেসব কার্বন নির্গমন পরোক্ষভাবে উৎস যেমন ক্রয়কৃত বিদ্যুৎ, উপকরণ পরিবহন, চিকিৎসা, পণ্য বিক্রয় ইত্যাদির সাথে সম্পর্কিত তাদের পরোক্ষ কার্বন নির্গমন বলা যেতে পারে।

আমরা সৌর এবং বায়ু শক্তি শক্তির মতো বিকল্প শক্তি সম্পদের উন্নয়নের মাধ্যমে কার্বন পদচিহ্ন কমাতে পারি যা নবায়নযোগ্য সম্পদ। এছাড়াও আমাদের দৈনন্দিন জীবনের ধরন পরিবর্তন করেছে, আমরা আমাদের শক্তির খরচ কমাতে পারি যেমন এয়ার কন্ডিশনারগুলির উপর নির্ভরশীলতা কমিয়ে আনা, সিএফএল লাইট বাল্ব ব্যবহার করা, এনার্জি স্টার যন্ত্রপাতি কেনা, রিসাইক্লিং, জ্বালানি সাশ্রয়ী যান ব্যবহার করা। এছাড়াও যখন প্রয়োজন হয়েছে না তখন আলো এবং ফ্যান বন্ধ করা র জন্য সচেতনতা এবং উৎসাহ তৈরি করেছে।

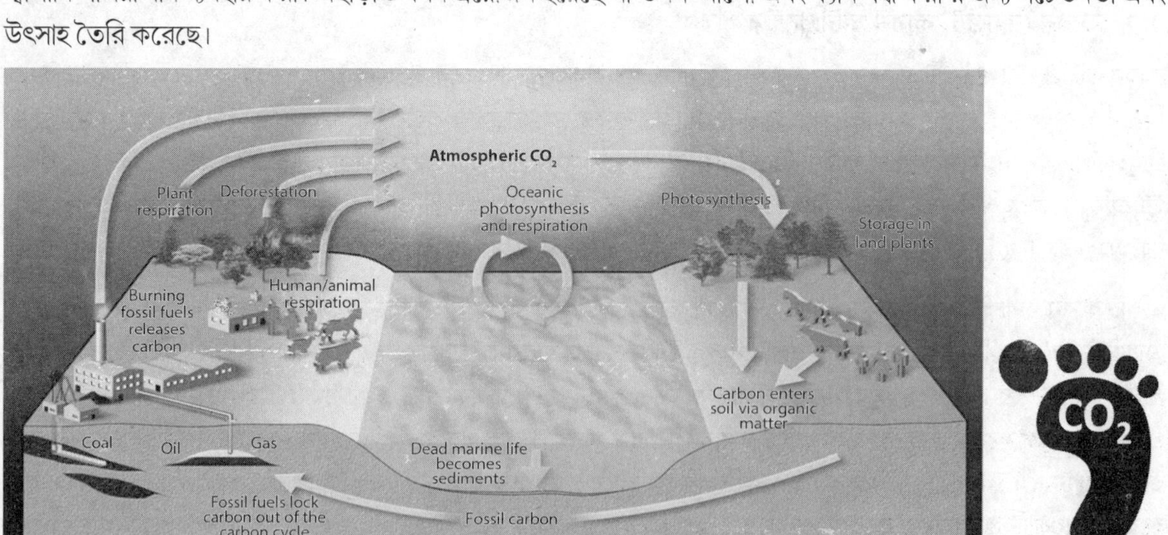

চিত্র 4.9: কার্বন ক্রেডিট এবং কার্বন পদচিহ্নের ধারণা

4.7.1 কার্বন ক্রেডিট

GHGs নির্গমন নিয়ন্ত্রণের প্রয়োজনীয়তার প্রতি সচেতনতা বৃদ্ধির জন্য কার্বন ক্রেডিট বিদ্যমান। এটি একটি ট্রেডযোগ্য সার্টিফিকেট বা পারমিটের জন্য একটি সাধারণ শব্দ যা এক টন CO_2 বা সমান পরিমাণ GHG নির্গত করার অধিকারকে প্রতিনিধিত্ব করেছে। একটি কার্বন ক্রেডিট এক টন CO_2 এর সমান।

কার্বন ক্রেডিট তৈরির প্রধান লক্ষ্য হল বৈশ্বিক উষ্ণায়নের প্রভাব কমাতে শিল্প কার্যক্রম থেকে CO_2 বা অন্যান্য গ্রিন হাউস গ্যাসের নির্গমন হ্রাস করা। কার্বন ক্রেডিট গ্রিনহো হ্রাসের জন্য একটি বাজার তৈরি করেছে দূষণকারী বাতাসের খরচকে আর্থিক মূল্য দিয়ে নির্গমন ব্যবহার করা। মিথেন এবং নাইট্রাস অক্সাইডের যথাক্রমে প্রায় 21 গুণ এবং 310 গুণ, CO_2 এর তাপ আটকে রাখার ক্ষমতা রয়েছে। 1 টন দ্বারা মিথেন কমানো CO_2 কে 21 টন কমানোর সমতুল্য।

4.8 বুনন শিল্পে পরিবেশ ব্যবস্থাপনা

একটি পরিবেশ ব্যবস্থাপনা ব্যবস্থা, যাকে প্রায়ই ইএমএস বলা হয়েছে, এটি একটি কাঠামোগত ব্যবস্থা যা তৈরি করা হয়েছে শিল্প উৎপাদন শিল্পসহ তাদের পরিবেশগত প্রভাবগুলি পরিচালনা করা তাদের পণ্য দ্বারা সৃষ্ট পরিবেশগত কর্মক্ষমতা উন্নত। ফ্যাব্রিকেশন শিল্পকে এমন কৌশল এবং কার্যক্রম গ্রহণ করা হবে যা পরিবেশগত প্রভাব কমাতে সাহায্য করেছে। ISO14001: 2015 একটি পরিবেশ ব্যবস্থাপনা ব্যবস্থার মানদণ্ড নির্ধারণ করেছে যা একটি সংগঠনকে তার কার্যকলাপ এবং সেক্টর নির্বিশেষে তাদের কার্যকর পরিবেশ ব্যবস্থাপনা ব্যবস্থা স্থাপন করা সাহায্য করেছে।

ISO14001: 2015 একটি EMS- এর প্রয়োজনীয়তা নির্দিষ্ট করেছে যেটি একটি প্রতিষ্ঠান বা শিল্প তার পরিবেশগত কর্মক্ষমতা উন্নত করা এবং পরিবেশগত স্থায়িত্বের জন্য অবদান রাখে এমন একটি পদ্ধতিগত পদ্ধতিতে তার পরিবেশগত দায়িত্বগুলি পরিচালনা করা পারে। এটি একটি প্রতিষ্ঠান/শিল্পকে তার EMS এর প্রত্যাশিত ফলাফল অর্জন করা সাহায্য করেছে, যা পরিবেশের জন্য মূল্য প্রদান করেছে। একটি ইএমএস এর প্রত্যাশিত ফলাফলগুলির মধ্যে রয়েছে:

- পরিবেশগত কর্মক্ষমতা বৃদ্ধি
- সম্মতি বাধ্যবাধকতা পূরণ
- পরিবেশগত উদ্দেশ্য অর্জন

4.9 ISO 14000

ISO 14000 হল শিল্পের বর্জ্য এবং পরিবেশগত ক্ষতি কমাতে শিল্পগুলিকে সাহায্য করা র জন্য তৈরি করা নিয়ম এবং মানগুলির একটি সেট। এটি শিল্পকে পরিবেশ বান্ধব ব্যবসায়িক লক্ষ্য ও উদ্দেশ্য অর্জনে সহায়তা করেছে। আইএসও 14000 সিরিজের স্ট্যান্ডার্ডস ইন্টারন্যাশনাল অর্গানাইজেশন অফ স্ট্যান্ডার্ডস দ্বারা 1996 সালে চালু করা হয়েছিল এবং সম্প্রতি 2015 সালে সংশোধিত হয়েছিল।

ISO 14000 সার্টিফিকেশন পরিবেশ সচেতন সচেতন ভোক্তাদের আকৃষ্ট করা র জন্য একটি বিপণন সরঞ্জাম হিসাবে ব্যবহার করা যেতে পারে এবং শিল্পগুলিকে বাধ্যতামূলক পরিবেশ বিধি গ্রহণে সাহায্য করা পারে। যদি একটি ম্যানুফ্যাকচারিং ইউনিট ISO 14000 প্রবিধানের সাথে একমত হয়েছে, তার মানে হল যে এটি টেকসই উন্নয়ন এবং পরিবেশ সংরক্ষণের নীতির প্রতি নিবেদিত, এবং কিছু নীতি মেনে চলতে হবে, যার মধ্যে কিছু হচ্ছে;

1. সর্বোচ্চ অগ্রাধিকার হিসাবে পরিবেশ ব্যবস্থাপনা।
2. একটি উৎপাদন প্রক্রিয়া চলাকালীন পরিবেশ সুরক্ষার জন্য আইনগত প্রয়োজনীয়তা অনুসরণ করা।
3. উৎপাদন প্রক্রিয়ার প্রতিটি ধাপে পরিবেশ পরিকল্পনা নিশ্চিত করা

4. ম্যানুফ্যাকচারিং প্রক্রিয়ায় নিয়োজিত সকলকে রিসোর্স উপাদান এবং প্রশিক্ষণ প্রদান করা
5. পরিবেশ রক্ষার প্রতি সংগঠনের প্রত্যেকের কাছ থেকে প্রতিশ্রুতি দাবি করা এবং স্পষ্টভাবে দায়িত্ব ও জবাবদিহিতা প্রদান করা
6. লক্ষ্যভিত্তিক কর্মক্ষমতা অর্জনের জন্য ব্যবস্থাপনা শৃঙ্খলা প্রতিষ্ঠা করা
7. ঘন ঘন বিরতিতে অনুসরণ করা পরিবেশ ব্যবস্থাপনা ব্যবস্থা পর্যালোচনা করা এবং উন্নতির সুযোগগুলি চিহ্নিত করা

ISO 14000 শিল্পগুলিকে পরিবেশের উপাদান যেমন জল, বায়ু, উদ্ভিদ, প্রাণী ইত্যাদি রক্ষা করা সাহায্য করেছে যা মানুষের স্বাস্থ্য সুরক্ষা, পরিবেশের মান বজায় রাখতে, গ্রাহকদের পরিবেশগত প্রত্যাশা পূরণে, জনসাধারণ এবং সম্প্রদায়ের সম্পর্ক স্থাপনে সহায়তা করেছে, ইত্যাদি।

4.10 ইউনিট সারাংশ

1. কঠিন বর্জ্য বিভিন্ন উপকরণের একটি জটিল মিশ্রণ। কঠিন বর্জ্য উভয়ই সমজাতীয় এবং ভিন্নধর্মী বর্জ্য নিয়ে গঠিত
2. কঠিন বর্জ্যকে শিল্প বর্জ্য, কৃষি বর্জ্য, খাদ্য প্রক্রিয়াকরণের বর্জ্য, খনির বর্জ্য, পৌর বর্জ্য এবং বিশেষ বর্জ্য হিসাবে শ্রেণীবদ্ধ করা যেতে পারে
3. পৌরসভার বর্জ্য পৌরসভা কর্তৃক বা তার দ্বারা সংগৃহীত এবং শোধিত বর্জ্য হিসেবে সংজ্ঞায়িত করা হয়েছে। এটি তরল এবং কঠিন বর্জ্য উভয় নিয়ে গঠিত
4. বৈদ্যুতিন বর্জ্য বা ই-বর্জ্য বর্জন করা বৈদ্যুতিক বা ইলেকট্রনিক ডিভাইসগুলির বর্ণনা দেয়। ই-বর্জ্য তাদের উপাদানগুলিতে বিপজ্জনক এবং অ-বিপজ্জনক উভয় পদার্থ ধারণ করেছে
5. বায়োমেডিক্যাল বর্জ্যকে বর্জ্য হিসাবে সংজ্ঞায়িত করা যেতে পারে যা সাধারণত হাসপাতাল, জৈবিক ক্রিয়াকলাপ, পশুচিকিৎসা ক্লিনিক এবং স্বাস্থ্যসেবা ইউনিটগুলিতে উত্পন্ন হয়েছে
6. সাধারণত পাঁচটি ভিন্ন ধরনের মেডিক্যাল বর্জ্য থাকে; সংক্রামক বর্জ্য, প্যাথলজিক্যাল বর্জ্য, রেডিও-সক্রিয় বর্জ্য, ওষুধ ও সাধারণ বর্জ্য
7. শিল্পায়ন ভারী ধাতুর চাহিদা বাড়িয়েছে, কিন্তু উচ্চমানের আকরিকের মজুদ হ্রাস পাচ্ছে। বিভিন্ন শিল্প থেকে উৎপাদিত শিল্প বর্জ্য এই বর্জ্যগুলি প্রকৃতিতে বিষাক্ত
8. ধাতব বর্জ্যে Au, Ag, Ni, Mo, Co, Cu, Zn, Cr এর মত ভারী ধাতু পাওয়া যায়
9. অধাতব বর্জ্যের সবচেয়ে বড় অংশে রয়েছে বর্জ্য কাগজ, কাঠ, প্লাস্টিক, কাচ, টেক্সটাইল, লুব্রিকেন্ট এবং রাবার
10. মিউনিসিপ্যাল সলিড বর্জ্য (MSW) হল শহর, শহর এবং বিভিন্ন ধরণের গৃহস্থালীর কাজ থেকে বিভিন্ন কঠিন বর্জ্যের একটি পুকুর
11. এমএসডব্লিউতে বায়োডিগ্রেডেবল বর্জ্য, বৈদ্যুতিক এবং ইলেকট্রনিক বর্জ্য এবং যৌগিক বর্জ্য যেমন পোশাক, বিপজ্জনক বর্জ্য (রং, স্প্রে এবং রাসায়নিক) এবং চিকিৎসা বর্জ্য অন্তর্ভুক্ত থাকতে পারে
12. বর্জ্য জেনশিল্প, হাসপাতাল, কিছু ধরণের গৃহস্থালির বর্জ্য যা বিষাক্ত পদার্থ ধারণ করা পারে তা থেকে বিপজ্জনক বর্জ্য নামে পরিচিত
13. বায়ু দূষণকে বায়ুমণ্ডলে উপস্থিত কোন কঠিন, তরল বা বায়বীয় পদার্থ হিসাবে সংজ্ঞায়িত করা হয়েছে যা মানুষ এবং পরিবেশের জন্য হুমকি হতে পারে

14. দক্ষিণ আফ্রিকায় 2004 সালে বায়ু মানের আইন গৃহীত হয়েছিল
15. আইনটি ভারতের সংবিধানের 253 অনুচ্ছেদের অধীনে এবং স্টকহোম সম্মেলনের সিদ্ধান্ত অনুসারে পাস করা হয়েছিল এবং বায়ু দূষণ রোধ, নিয়ন্ত্রণ এবং প্রশমন করার লক্ষ্যে ভারত প্রজাতন্ত্রের 32 তম বছরে সংসদ দ্বারা প্রণীত হয়েছিল
16. জল দূষণ রোধ ও নিয়ন্ত্রণের জন্য এবং দেশে জলের সুস্বাস্থ্য বজায় রাখার বা পুনরুদ্ধারের জন্য 1 (সালে জল (দূষণ প্রতিরোধ ও নিয়ন্ত্রণ) আইন প্রণীত হয়েছিল। আইনটি 1988 সালে সংশোধন করা হয়েছিল
17. সেন্ট্রাল পলিউশন কন্ট্রোল বোর্ড (CPCB), একটি সংবিধিবদ্ধ সংস্থা, 1974 সালের সেপ্টেম্বরে জল (দূষণ নিয়ন্ত্রণ ও নিয়ন্ত্রণ) আইন, 1974 এর অধীনে গঠিত হয়েছিল
18. সিপিসিবিকে বায়ু (দূষণ নিয়ন্ত্রণ ও দূষণ) আইন, 1981 এর অধীনে ক্ষমতা ও কার্যাবলী অর্পণ করা হয়েছিল
19. প্রতিটি রাজ্যের নিজস্ব দূষণ নিয়ন্ত্রণ বোর্ড (PCB) বা দূষণ নিয়ন্ত্রণ কমিটি (PCC) আছে
20. প্রতিটি পিসিবি/পিসিসির প্রধান কাজ হচ্ছে স্থায়ী উন্নয়নের জন্য জনগণের মধ্যে সচেতনতা সৃষ্টি করা এবং সমস্ত স্টেকহোল্ডারদের সহায়তায় রাজ্যে দূষণমুক্ত পরিবেশ তৈরি করা
21. কার্বন ফুটপ্রিন্ট ধারণাটি তৈরি করেছে ছিলেন উইলিয়াম ই রেস এবং ম্যাথিস ওয়েকারনেগেল এবং নামটি পরিবেশগত পদচিহ্ন ধারণা থেকে উদ্ভূত হয়েছিল
22. কার্বন পদচিহ্ন গ্যাসের নির্গমন পরিমাপ করেছে যা জলবায়ু পরিবর্তনের জন্য দায়ী বায়ুমণ্ডল
23. কার্বন ক্রেডিট দূষিত বাতাসের খরচকে আর্থিক মূল্য দিয়ে গ্রিনহাউস নির্গমন কমানোর জন্য একটি বাজার তৈরি করেছে।
24. মিথেন এবং নাইট্রাস অক্সাইডের যথাক্রমে প্রায় 21 গুণ এবং 310 গুণ, CO_2 এর তাপ আটকে রাখার ক্ষমতা। 1 টন দ্বারা মিথেন কমানো CO_2 কে 21 টন কমানোর সমতুল্য।
25. একটি পরিবেশ ব্যবস্থাপনা ব্যবস্থা, যা প্রায়শই একটি ইএমএস নামে পরিচিত, একটি কাঠামোগত ব্যবস্থা যা ফ্যাব্রিকেশন শিল্প সহ উৎপাদন শিল্পগুলিকে তাদের পরিবেশগত প্রভাবগুলি পরিচালনা করা এবং তাদের পণ্যগুলির কারণে পরিবেশগত কর্মক্ষমতা উন্নত করা সহায়তা করা র জন্য ডিজাইন করা হয়েছে।
26. আইএসও 14000 নিয়ম আমাদের প্রাকৃতিক সম্পদ থেকে সুবিধা গ্রহণ এবং ভবিষ্যতের সভ্যতার জন্য পরিবেশ সংরক্ষণে সাহায্য করেছে।

4.11 আকর্ষণীয় তথ্য

1. দূষণ বিশ্বের অন্যতম বড় হত্যাকারী, যা ১০০ মিলিয়নেরও বেশি মানুষকে প্রভাবিত করেছে। এটি ম্যালেরিয়া এবং এইচআইভির মতো বৈশ্বিক রোগের সাথে তুলনীয়
2. প্রতি বছর 1 মিলিয়নেরও বেশি সামুদ্রিক পাখি এবং 100,000 সামুদ্রিক স্তন্যপায়ী প্রাণী দূষণের কারণে মারা যায়
3. যেসব মানুষ উচ্চ মাত্রার বায়ু দূষণকারী স্থানে থাকেন তাদের ফুসফুসের ক্যান্সারে মৃত্যুর ঝুঁকি কম দূষিত এলাকায় বসবাসকারীদের তুলনায় 20% বেশি
4. মিসিসিপি নদী প্রতি বছর মেক্সিকো উপসাগরে আনুমানিক 1.5 মিলিয়ন মেট্রিক টন নাইট্রোজেন দূষণ বহন করেছে, নিউ জার্সির আয়তন সম্পর্কে প্রতি গ্রীষ্মে উপসাগরে একটি “ডেড জোন” তৈরি করেছে

5. আমেরিকার প্রায় 40% হ্রদ মাছ ধরা, জলজ জীবন বা সাঁতারের জন্য খুব দূষিত

6. আমেরিকানরা বিশ্বের জনসংখ্যার আনুমানিক 5%। যাইহোক, মার্কিন যুক্তরাষ্ট্র বিশ্বের সম্পদের 25% ব্যবহার করেছে - প্রায় 25% কয়লা, 26% তেল এবং 27% বিশ্বের প্রাকৃতিক গ্যাস পুড়িয়ে দেয়

7. শিশুরা যখন বিশ্বের জনসংখ্যার 10%, তখন বিশ্বব্যাপী রোগের 40% বোঝা তাদের উপর পড়ে। প্রতি বছর পাঁচ বছরের কম বয়সী মিলিয়নেরও বেশি শিশু পরিবেশগত কারণে মারা যায়

8. পুনর্ব্যবহার এবং কম্পোস্ট 2010 সালে 18 মিলিয়ন টন থেকে 2010 সালে 85 মিলিয়ন টন উপাদান নিষ্পত্তি হতে বাধা দেয়

9. ভারতে, বছরে তেতাল্লিশ মিলিয়ন টন কঠিন বর্জ্য সংগ্রহ করা হয়, যার মধ্যে মাত্র 11.9 মিলিয়ন, অর্থাৎ 22-28% চিকিৎসা করা হয়েছে, যখন প্রায় 31 মিলিয়ন টন বর্জ্য অপচয় করা হয়েছে এবং ল্যান্ডফিল এ ফেলে দেওয়া হয়েছে সাইট

10. দিল্লি, মুম্বাই, চেন্নাই, হায়দারাবাদ, বেঙ্গালুরু এবং কলকাতার মতো প্রধান মহানগরগুলি প্রতিদাও প্রায় 10 মিলিয়ন টন আবর্জনা তৈরি করেছে।

11. একটি কেন্দ্রীয় দূষণ নিয়ন্ত্রণ বোর্ডের (CPCB) রিপোর্ট অনুযায়ী, কঠিন বর্জ্যে মহারাষ্ট্র শীর্ষে

4.12 উদ্ভাবনী কার্যক্রম

1. **সেমিনার:** উপস্থাপনার জন্য 8 থেকে 10 জন শিক্ষার্থীর মধ্যে একটি বিষয়কে সাব-সাবজেক্টে ভাগ করা যেতে পারে।

2. **সিম্পোজিয়াম:** শিক্ষার্থীরা তাদের পছন্দের বিষয়ে কাগজ উপস্থাপনা।

3. **গ্রুপ আলোচনা:** ১০ জন ছাত্রের একটি গ্রুপে একজন গ্রুপ লিডার, একজন মডারেটর এবং একজন রিপোর্ডার। সকল ছাত্রদের অংশগ্রহণ নিশ্চিত করা র জন্য গ্রুপ লিডার, মডারেটর যাতে কোন ক্রস টক নিশ্চিত না করেছে এবং তার নিজের সহ পর্যবেক্ষণ রেকর্ড করা র জন্য রেকর্ডার।

4. **প্রকল্পের কাজ:** একটি উপযুক্ত বিষয়ের উপর প্রকল্পের কাজ 3 থেকে 4 জন শিক্ষার্থীর একটি গ্রুপের জন্য নির্ধারিত হতে পারে। প্রকল্পটি পরীক্ষামূলক বা তদন্তের ধরন হতে পারে।

5. **শিক্ষাগত সফর:** কেন্দ্রীয় ও রাজ্য দূষণ নিয়ন্ত্রণ বোর্ডের একটি শিক্ষা সফর।

6. **সামাজিক কর্মকাণ্ড:** বাড়ির বর্জ্য উৎপাদন কমানোর জন্য একদল শিক্ষার্থী ঘরে ঘরে অভিযানের জন্য জড়িত হতে পারে।

4.13 অনুশীলন

A- বিষয়গত প্রশ্ন:

1. ই-বর্জ্যের উৎস এবং বৈশিষ্ট্য বর্ণনা কর।

2. প্লাস্টিক দূষণ কেন বিপদ? এটা কিভাবে কমানো যায়?

3. পৌরসভার কঠিন বর্জ্য সংগ্রহের জন্য কিছু পদ্ধতির তালিকা দাও
4. বিপজ্জনক বর্জ্য এবং এর ধরন ব্যাখ্যা কর
5. বায়ু মানের আইন 2004 আলোচনা কর
6. কেন্দ্রীয় দূষণ নিয়ন্ত্রণ বোর্ডের গঠন ও ভূমিকা ব্যাখ্যা কর
7. কার্বন পদচিহ্ন ব্যাখ্যা কর?
8. ISO 14000 এবং এর সুবিধা বর্ণনা কর?
9. পিপিই কিট এবং সার্জিক্যাল মাস্ক কোভিড 119-এর সময় ব্যবহৃত হয়েছিল, তাদের ডিসপোজালের কিছু পদ্ধতি এবং রিচক্র করার কৌশলগুলি সুপারিশ কর।
10. প্লাস্টিকের ব্যবহার কমাতে তুমি কিভাবে মানুষের মধ্যে সচেতনতা সৃষ্টি করবে?

B- উদ্দেশ্যমূলক প্রশ্ন:

1. আবর্জনা শব্দটি কী বোঝায়?

   (a) বায়োডিগ্রেডেবল বর্জ্য

   (b) নন-বায়োডিগ্রেডেবল বর্জ্য

   (c) ই-বর্জ্য

   (d) বায়োমেডিক্যাল বর্জ্য

   (e) উপরের সবগুলো

2. নিচের কোনটি মেটালিক বর্জ্য নয়?

   (a) Au

   (b) Ni

   (c) Cu

   (d) Gas

3. নিচের কোনটি লুব্রিকেন্ট পুনর্ব্যবহারযোগ্য এবং পরিশোধন ও পেট্রোকেমিক্যাল শিল্পের জন্য ব্যবহার করা যেতে পারে:

   (a) জল

   (b) ফুটান

   (c) গ্রীস

   (d) ভ্যাসলিন

4. নিচের কোনটি 3R তে আসে না?

(a) কমানো

(b) রিচক্র

(c) প্রত্যাখ্যান

(d) পুন:ব্যবহার

5. নিচের কোনটি ই-বর্জ্যের আওতায় পড়ে না?

(a) টিভি

(b) সার্জিক্যাল মাস্ক

(c) স্পিকার

(d) এসি

6. কোন প্রক্রিয়া টায়ার তৈরিতে ব্যবহৃত হয়েছে?

(a) কাস্টিং

(b) ফাউন্ড্রি

(c) ঢালাই

(d) ভলকানাইজেশন

7. কোন বছর বায়ু দূষণ নিয়ন্ত্রণ আইন প্রতিষ্ঠিত হয়েছিল?

(a) 1979

(b) 1980

(c) 1981

(d) 1982

8. কোনটি চিকিৎসা বর্জ্য নয়?

(a) সংক্রামক বর্জ্য

(b) পৌর বর্জ্য

(c) তেজস্ক্রিয় বর্জ্য

(d) সাধারণ বর্জ্য

9. কেন্দ্রীয় দূষণ নিয়ন্ত্রণ বোর্ডের নেতৃত্বে আছেন:

(a) সদস্য সচিব

(b) যুগ্ম সচিব

(c) চেয়ারম্যান

(d) অতিরিক্ত সচিব

10. নিচের কোনটি কঠিন বর্জ্যের চূড়ান্ত নিষ্পত্তি নয়?

(a) জমিতে ডাম্পিং

(b) জলতে ডাম্পিং

(c) খোলা ডাম্পিং

(d) পোড়ানো

উত্তরের চাবিকাঠি

1(e), 2(d), 3(b), 4(c), 5(b), 6(d), 7(c), 8(b), 9(c), 10(c)

4.14 প্রস্তাবিত শিক্ষার সংস্থান

(ক) রেফারেন্স বই:

- G.S. Sodhi, Fundamental Concepts of Environmental Chemistry, Marisa, 2011.
- Dr SS Dara and Dr DD Mishra, A textbook of environmental chemistry and pollution control, S. Chand, 2011.
- Khopkar, Environmental Pollution Analysis, New age international publishers, 2011.
- R. Rajagopalan, Environmental Studies, Oxford University Press, 2005.
- Arceivala, Soli Asilekar, Shyam, Waste Water Treatment for Pollution Control and Reuse, Mc-Graw Hill Education India Pvt. Ltd., New York, 2007, ISBN:978-07-062099-5.
- Patwardhan, A.D, Industrial Solid Waste, Teri Press, New Delhi, 2013, ISBN:978-81-7993- 502-6.
- Metcalf & Eddy, Waste Water Engineering, Mc-Graw Hill, New York, 2013, ISBN:077441206

(b) ওপেনসোর্স সফটওয়্যার এবং ওয়েবসাইট:

- https://advisera.com/14001academy/what-is-iso-14001/
- www.cpcb.nic.in
- www.cpcb.gov.in
- www.indiawaterportal.org
- www.sustainebledevelopment.un.org
- https://celitron.com › types-of-biomedical-waste-definition.
- https://enterslice.com › state-pollution-control-board
- https://vikaspedia.in/energy/environment/waste-management/municipal-sol-id-waste-

management

- https://onlinelibrary.wiley.com/doi/abs/10.1002/9781118991978.hces092
- https://advisera.com/14001academy/what-is-iso-14001/
- https://www.indiawaterportal.org

চিত্র : সৌজন্যে সৃজনশীল সাধারণ

(গ) ভিডিও সম্পদ:

Solid waste generation

Metallic wastes and Non-Metallic wastes

Collection and disposal of MSW

Structure and role of Central and state W control board.

পরিবেশ সম্পর্কিত গুরুত্বপূর্ণ দিন

গুরুত্বপূর্ণ দিন	তারিখ
বিশ্ব বন দিবস	21 শে মার্চ
বিশ্ব স্বাস্থ্য দিবস	7 এপ্রিল
পৃথিবী দিবস	22 এপ্রিল
তামাক বিরোধী দিবস	31 মে
বিশ্ব পরিবেশ দিবস	5 জুন
বিশ্ব জনসংখ্যা দিবস	11 জুলাই
ওজোন দিবস	16 সেপ্টেম্বর
বন্যজীবন সপ্তাহ	অক্টোবরের প্রথম সপ্তাহ
বিশ্ব প্রকৃতি দিবস	3 অক্টোবর
বিশ্ব খাদ্য দিবস	16 অক্টোবর
জাতিসংঘ দিবস	24 অক্টোবর
জাতীয় পরিবেশ সচেতনতা মাস	19 নভেম্বর - 18 ডিসেম্বর

CO এবং PO অর্জনের জন্য টেবিল

এই কোর্সের জন্য কোর্স ফলাফল (COs) কোর্স সমাপ্তির পর প্রোগ্রাম ফলাফল (POs) এর সাথে ম্যাপ করা যেতে পারে এবং PO গুলি অর্জনের জন্য ব্যবধান বিশ্লেষণ করা পারস্পরিক সম্পর্ক তৈরি করা যেতে পারে। পিও অর্জনের ফাঁকগুলির যথাযথ বিশ্লেষণের পরে ফাঁকগুলি কাটিয়ে উঠতে প্রয়োজনীয় ব্যবস্থা নেওয়া যেতে পারে।

CO এবং PO প্রাপ্তির জন্য টেবিল

কোর্সের ফলাফল	প্রোগ্রামের ফলাফল প্রাপ্তি (1- দুর্বল সম্পর্ক; 2- মাঝারি সম্পর্ক; 3- শক্তিশালী সম্পর্ক)						
	PO-1	PO-2	PO-3	PO-4	PO-5	PO-6	PO-7
CO-1							
CO-2							
CO-3							
CO-4							
CO-5							

উপরের টেবিলে ভরা ডেটা ফাঁক বিশ্লেষণের জন্য ব্যবহার করা যেতে পারে।

সূচি